엔트리
블록코딩
100제

초등 고학년부터 중학생까지
스스로 탐구하는 자기주도 코딩 학습

엔트리 블록코딩 100제

김현정 지음

"코딩 오류를 잡으며 문제해결능력과 사고력을 키운다!"

궁리 KungRee

들어가며

2018년 소프트웨어 교육 의무화로 우리나라는 초등학생 때부터 블록코딩을 배우고 있습니다. 이 과정에서 우리 친구들은 게임을 만들어보기도 하고, 도전 과제를 통해 문제를 해결해보기도 하는데요. 다양한 교과목과 연계하여 코딩을 재미있게 배우는 모습도 보이는군요!

재미로 접근하는 코딩 교육의 첫 출발이 너무나 순조로워 보입니다. 물론 교육의 시작은 재미와 호기심으로 가득 차야겠지만, 언젠가는 진지한 교육 방법으로 전환해야 한답니다. 코딩을 제대로 공부하지 않는다면 우리가 상상하는 것을 구현하지 못할 수 있기 때문이지요.

우리나라 초등학교 소프트웨어 수업시간은 고작 17시간 정도입니다. 반면, 영국과 인도의 수업시간은 우리나라보다 10배 이상인데요. 절대적인 시간만 비교하더라도 우리나라 수업시간은 턱없이 부족한 상황이지요. 상황이 이러하다 보니 저는 집에서 아이들에게 코딩을 직접 가르치고 있습니다.

오랜 기간 코딩을 가르치며 저에겐 노하우가 생겼습니다. 이것은 아이들의 코딩 능력을 키우기 위한 방법으로 바로 다음과 같습니다.

첫번째, 수업시간마다 아이들에게 코드 읽는 연습을 시킵니다. 각각의 코드가 어떤 의미를 가지고, 어떻게 동작하는지 이해할 수 있어야 지식의 응용이 가능해지기 때문이지요. 그래야 자기가 생각하는 바를 코드로 작성할 수 있거든요.

두번째, 문제를 해결하는 연습을 시킵니다. 책에 있는 코드만 따라 하기보다 코드를 바꾸는 시간을 꼭 가집니다. 도전 과제를 던져주고 문제를 해결하는 시간을 통해 사고력을 높이기 위해서 이지요.

이런 방식으로 아이들을 가르치다 보니 코딩을 연습할 수 있는 책이 필요하다는 생각이 들었습니다. 이것이 『엔트리 블록코딩 100제』를 집필하게 된 이유이지요.

이 책은 문제집이 아닙니다. 도전 과제를 제시하고 생각하는 연습을 시켜주는 사고력 책입니다. 문제를 해결하는 과정에서 코드를 유심히 살펴보게 하고, 자연스럽게 코딩의 원리를 진지하게 공부하게 하는 책이지요.

어떤 분야든 제대로 알고 넘어가는 것이 중요합니다. 코딩도 마찬가지인데요. 블록코딩을 제대로 이해하고 넘어가야 그다음 단계인 텍스트 코딩을 수월하게 배울 수 있습니다. 이런 배경에서 이 책에서는 학교에서 배운 코딩을 새로운 시각으로 복습할 수 있도록 재미있는 도전 문제로 가득 차 있습니다.

"설명할 수 있어야 아는 것이다"라는 말이 있듯이 스스로 코드를 작성할 수 있어야 정말 코딩을 할 수 있는 것입니다. 하루아침에 코딩 능력이 생기는 것이 아니기 때문에 다양한 문제를 경험하며 코딩 실력을 높이기 위한 과정이 필요합니다. 이런 이유에서 『엔트리 블록코딩 100제』는 우리 아이들의 코딩 실력 향상을 위해 꼭 필요한 책이라고 생각합니다.

그런 의미에서 아무쪼록 이 책이 코딩의 이해력을 높여주고 문제해결능력을 키울 수 있도록 여러분에게 도움을 주었으면 좋겠습니다.

2021년 9월

김현정

차례

2부 | 학교 코딩 확장하기

이 책의 사용법

문제
코딩의 핵심 개념을 연습해볼 수 있도록
다양한 도전 문제로 가득 차 있습니다.

개념 다지기
문제 해결 길잡이에서 배운 코딩의 개념을
탄탄히 다질 수 있도록 중요한 블록을 뽑아
다시 설명하고 있어요.

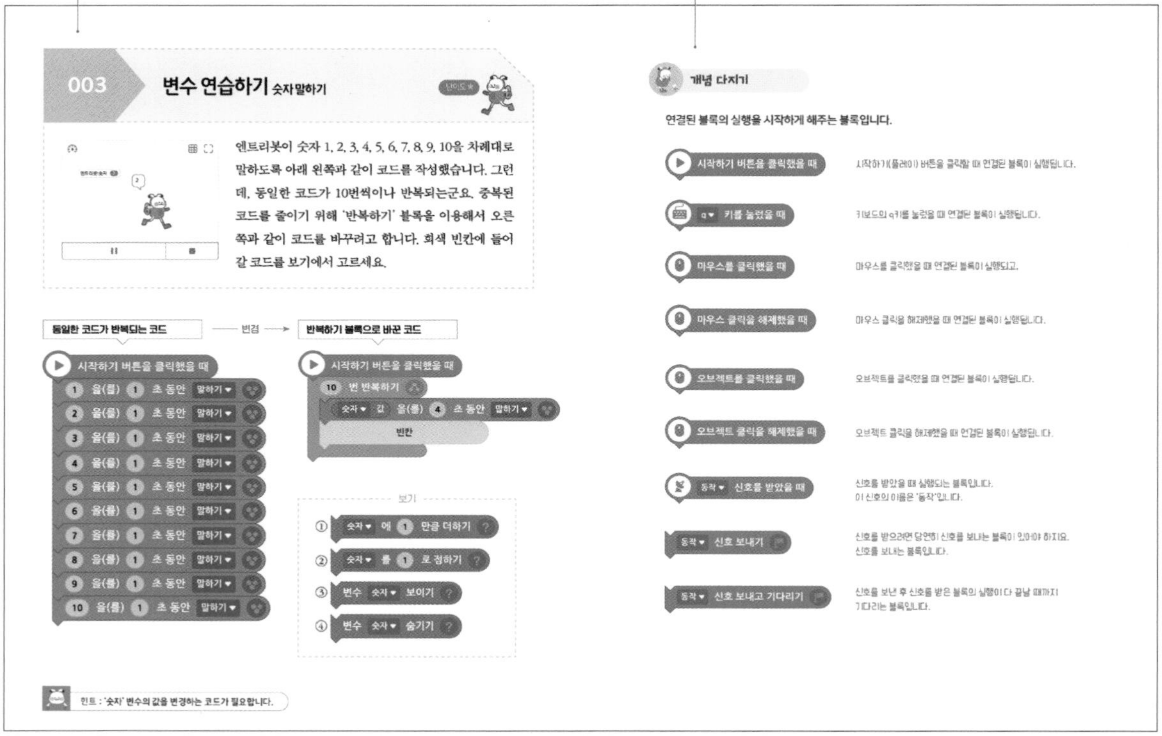
003
변수 연습하기 숫자 말하기
난이도★
엔트리봇이 숫자 1, 2, 3, 4, 5, 6, 7, 8, 9, 10을 차례대로 말하도록 아래 왼쪽과 같이 코드를 작성했습니다. 그런데, 동일한 코드가 10번씩이나 반복되는군요. 중복된 코드를 줄이기 위해 '반복하기' 블록을 이용해서 오른쪽과 같이 코드를 바꾸려고 합니다. 회색 빈칸에 들어갈 코드를 보기에서 고르세요.
동일한 코드가 반복되는 코드
변경
반복하기 블록으로 바꾼 코드
시작하기 버튼을 클릭했을 때
1 을(를) 1 초 동안 말하기
2 을(를) 1 초 동안 말하기
3 을(를) 1 초 동안 말하기
4 을(를) 1 초 동안 말하기
5 을(를) 1 초 동안 말하기
6 을(를) 1 초 동안 말하기
7 을(를) 1 초 동안 말하기
8 을(를) 1 초 동안 말하기
9 을(를) 1 초 동안 말하기
10 을(를) 1 초 동안 말하기
시작하기 버튼을 클릭했을 때
10 번 반복하기
숫자 값 을(를) 4 초 동안 말하기
빈칸
보기
① 숫자 에 1 만큼 더하기
② 숫자 를 1 로 정하기
③ 변수 숫자 보이기
④ 변수 숫자 숨기기
힌트 : '숫자' 변수의 값을 변경하는 코드가 필요합니다.
개념 다지기
연결된 블록의 실행을 시작하게 해주는 블록입니다.
시작하기 버튼을 클릭했을 때
시작하기(플레이) 버튼을 클릭할 때 연결된 블록이 실행됩니다.
q 키를 눌렀을 때
키보드의 q키를 눌렀을 때 연결된 블록이 실행됩니다.
마우스를 클릭했을 때
마우스를 클릭했을 때 연결된 블록이 실행되고,
마우스 클릭을 해제했을 때
마우스 클릭을 해제했을 때 연결된 블록이 실행됩니다.
오브젝트를 클릭했을 때
오브젝트를 클릭했을 때 연결된 블록이 실행됩니다.
오브젝트 클릭을 해제했을 때
오브젝트 클릭을 해제했을 때 연결된 블록이 실행됩니다.
동작 신호를 받았을 때
신호를 받았을 때 실행되는 블록입니다.
이 신호의 이름은 '동작'입니다.
동작 신호 보내기
신호를 받으려면 당연히 신호를 보내는 블록이 있어야 하지요.
신호를 보내는 블록입니다.
동작 신호 보내고 기다리기
신호를 보낸 후 신호를 받은 블록의 실행이 다 끝날 때까지
기다리는 블록입니다.

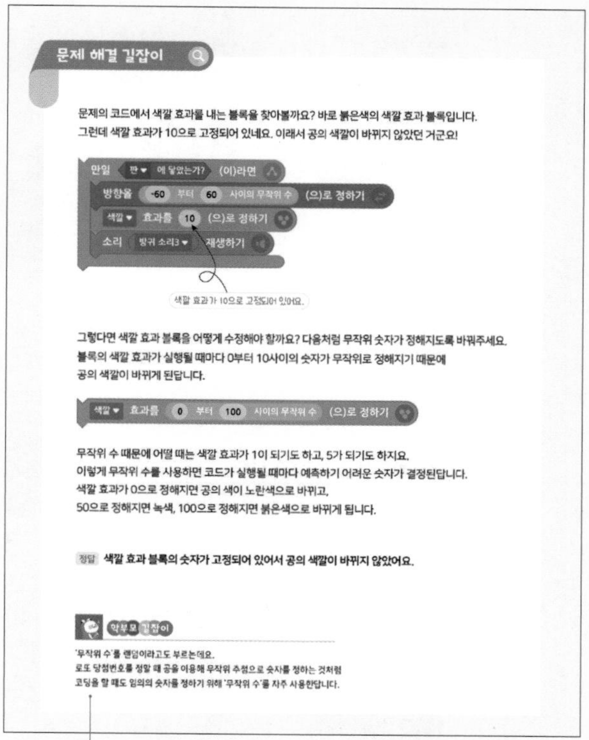

문제 해결 길잡이

문제의 코드에서 색깔 효과를 내는 블록을 찾아볼까요? 바로 붉은색의 색깔 효과 블록입니다.
그런데 색깔 효과가 10으로 고정되어 있네요. 이래서 공의 색깔이 바뀌지 않았던 거군요!

만일 판 에 닿았는가? (이)라면
방향을 -60 부터 60 사이의 무작위 수 (으)로 정하기
색깔 효과를 10 (으)로 정하기
소리 방귀 소리3 재생하기
색깔 효과가 10으로 고정되어 있어요.

그렇다면 색깔 효과 블록을 어떻게 수정해야 할까요? 다음처럼 무작위 숫자가 정해지도록 바꿔주세요.
블록의 색깔 효과가 실행될 때마다 0부터 10사이의 숫자가 무작위로 정해지기 때문에
공의 색깔이 바뀌게 된답니다.

색깔 효과를 0 부터 100 사이의 무작위 수 (으)로 정하기

무작위 수 때문에 어떨 때는 색깔 효과가 1이 되기도 하고, 5가 되기도 하지요.
이렇게 무작위 수를 사용하면 코드가 실행될 때마다 예측하기 어려운 숫자가 결정된답니다.
색깔 효과가 0으로 정해지면 공의 색이 노란색으로 바뀌고,
50으로 정해지면 녹색, 100으로 정해지면 붉은색으로 바뀌게 됩니다.

정답 **색깔 효과 블록의 숫자가 고정되어 있어서 공의 색깔이 바뀌지 않았어요.**

학부모 길잡이

'무작위 수'를 랜덤이라고도 부르는데요.
로또 당첨번호를 정할 때 공을 이용해 무작위 추첨으로 숫자를 정하는 것처럼
코딩을 할 때도 임의의 숫자를 정하기 위해 '무작위 수'를 자주 사용한답니다.

문제 해결 길잡이
도전 문제를 해결할 수 있도록
코딩의 개념과 실행 흐름을 설명합니다.

학부모 길잡이
코딩 교육의 길잡이가 될 수 있는 학부모 팁을
담았어요.

우리 아이들의 코딩 실력을 높일 수 있도록 다양한 도전 문제로 가득 차 있습니다.

코드의 버그를 찾는 문제

002 무작위 수 연습하기 달에서 공 튀기기 게임

난이도★★

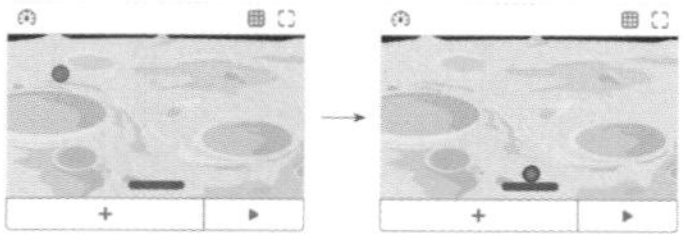

'달에서 공 튀기기 게임'을 만들었습니다. 보라색 판을 좌우로 움직여서 아래로 떨어지는 공을 받혀 튕길 때 오른쪽 그림과 같이 공의 색깔이 바뀌도록 설정했습니다. 앗, 그런데 아래 코드가 잘못되었는지 공의 색깔이 바뀌질 않는군요. 왜 그럴까요? 문제의 원인을 찾아봅시다. 코드에서 잘못된 부분을 찾아 동그라미 표시를 하고 그 이유를 설명해보세요.

```
만일 <판 ▾ 에 닿았는가?> (이)라면
    방향을 (-60) 부터 (60) 사이의 무작위 수 (으)로 정하기
    색깔 ▾ 효과를 (10) (으)로 정하기
    소리 방귀 소리3 ▾ 재생하기
```

힌트 : 색깔을 바꾸는 블록을 유심히 살펴보세요.

판단식을 연습하는 문제

004 판단 연습하기 팔 벌려 뛰기

난이도★

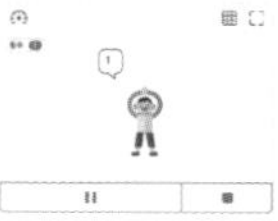

한 아이가 팔 벌려 뛰기 연습을 하고 있습니다. 앗! 그런데 '계속 반복하기' 블록을 사용하고 있어서 팔 벌려 뛰기를 멈추지 않고 계속해야 하네요. 이러다가 픽 쓰러지겠는데요. 아이가 팔 벌려 뛰기를 100번만 하도록 코드를 고쳐야겠습니다. 이를 위해 빈칸에 들어갈 블록을 보기에서 고르세요.

팔 벌려 뛰기 연습 코드 —— 변경 ——→ 팔 벌려 뛰기를 100번만 하는 코드

```
시작하기 버튼을 클릭했을 때
횟수 ▾ 를 (1) (으)로 정하기
계속 반복하기
    다음 ▾ 모양으로 바꾸기
    (횟수 ▾ 값) 을(를) (1) 초 동안 말하기 ▾
    횟수 ▾ 에 (1) 만큼 더하기
```

```
시작하기 버튼을 클릭했을 때
횟수 ▾ 를 (1) (으)로 정하기
계속 반복하기
    다음 ▾ 모양으로 바꾸기
    (횟수 ▾ 값) 을(를) (1) 초 동안 말하기 ▾
    만일 <빈칸> (이)라면
        반복 중단하기
    횟수 ▾ 에 (1) 만큼 더하기
```

보기

① <(횟수 ▾ 값) = (100)>
② <(횟수 ▾ 값) > (100)>
③ <(횟수 ▾ 값) < (100)>

변수와 신호를 연습하는 문제

015 변수 연습하기 구구단 맞히기 게임

난이도★

다음은 구구단 맞히기 게임의 코드입니다. 이 코드에서 사용된 변수의 개수와 신호의 개수의 합을 구하세요.

- 코드에 사용된 변수의 개수는?
- 코드에 사용된 신호의 개수는?
- 두 개수의 합은?

```
시작하기 버튼을 클릭했을 때
(선생님이 내는 구구단 문제를 맞혀보세요~) 을(를) (3) 초 동안 말하기 ▾
계속 반복하기
    단 ▾ 를 (2) 부터 (9) 사이의 무작위 수 (으)로 정하기
    수 ▾ 를 (1) 부터 (9) 사이의 무작위 수 (으)로 정하기
    정답 ▾ 를 ((단 ▾ 값) x (수 ▾ 값)) (으)로 정하기
    ((단 ▾ 값) 과(와) (X) 과(와) (수 ▾ 값) 를 합치기 를 합치기) 을(를) 묻고 대답 기다리기
    만일 <(정답 ▾ 값) = (대답)> (이)라면
        정답 ▾ 신호 보내고 기다리기
    아니면
        오답 ▾ 신호 보내고 기다리기
```

코드의 실행 흐름 연습하는 문제

023 실행 흐름 이해하기 무기상점에 간 해적

난이도★

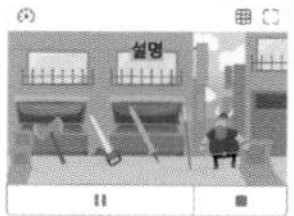

다음은 무기상점에 간 해적 프로그램입니다. 마우스로 도끼 오브젝트를 클릭했을 때 코드가 실행되는 순서대로 블록 번호를 작성해보세요.

도끼 오브젝트

```
① 오브젝트를 클릭했을 때
② x: (79) y: (-46) 위치로 이동하기
③ 도끼 ▾ 신호 보내기

④ r ▾ 키를 눌렀을 때
⑤ x: (-176) y: (-50) 위치로 이동하기
```

해적 오브젝트

```
⑥ 도끼 ▾ 신호를 받았을 때
⑦ (공격력: +20) 을(를) (1) 초 동안 말하기 ▾
```

힌트 : 문제에서 r 키는 누르지 않았기 때문에 관련 블록은 실행되지 않아요.

코딩 융합 능력을 키우기 위해 교과목과 연계된 문제를 제공합니다.

수학 연계

053 확률 계산(1)

다음은 동전의 앞면과 뒷면이 나올 확률을 계산하는 프로그램 코드입니다. 동전 오브젝트를 클릭했을 때 뒷면이 나왔다면 어떤 블록이 실행된 것인지 블록번호를 실행순서대로 작성해보세요. 참고로, 동전 앞면의 모양번호는 1이고 뒷면의 모양번호는 2입니다.

게임 만들기 연계

057 미로 탈출 게임

다음은 미로 탈출 게임을 위한 프로그램 코드입니다. 시작하기 버튼을 클릭하면 좀비가 좌우로 왔다갔다 하며 모양을 바꾸고, 좀비가 자동차에 닿으면 사라지도록 하고 싶다면 빈칸 가, 나에 어떤 블록이 들어가야 하는지 작성해보세요.

생활학습 연계

077 버킷 리스트 만들기

다음은 버킷 리스트 만들기 코드입니다. 실행화면에서 마우스로 '지우기' 버튼을 클릭하면 아래 코드에서 어떤 블록이 실행되는지 동그라미 표시를 하세요.

힌트 : 마우스로 오브젝트를 클릭하면 (오브젝트를 클릭했을 때)가 실행됩니다. '지우기'버튼을 클릭했으므로 '버킷리스트'에서 항목을 삭제하는 블록이 실행되어야 합니다.

미술 연계

064 그림판 만들기

그림판 만들기 프로그램의 … 다면 블록의 실행 순서에 …

- 1단계: 파란색 물감 …
- 2단계: 위쪽 화살표 …
- 3단계: 마우스를 클릭해 … 우스 클릭을 해제한다.
- 4단계: 지우기 버튼 지우기을 클릭한다.

블록 실행 순서: 21, 22, 9, 10, ( ), ( ), ( ), ( ), ( ), 1, 2, 3, 4, ( ), ( ), 15, 16

과학 연계

…력 시뮬레이션

다음은 중력 시뮬레이션을 위한 코드입니다. ①번에서 속도 변수에 -0.5만큼 더하면 '나'와 같은 포물선이 그려집니다. '가'와 '다' 포물선을 보고 아래 보기의 설명이 참 또는 거짓인지 판단하세요.

보기

- '가' 포물선이 그려지기 위해서는 속도에 -0.5보다 큰 값(예: -0.4)을 더해야 한다. ( )
- '다' 포물선이 그려지기 위해서는 속도에 -0.5보다 작은 값(예: -0.6)을 더해야 한다. ( )

1부

학교 코딩 연습하기

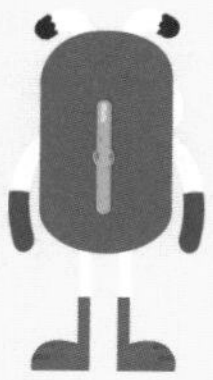

001 반복하기 연습하기 꽃송이 만들기

난이도★

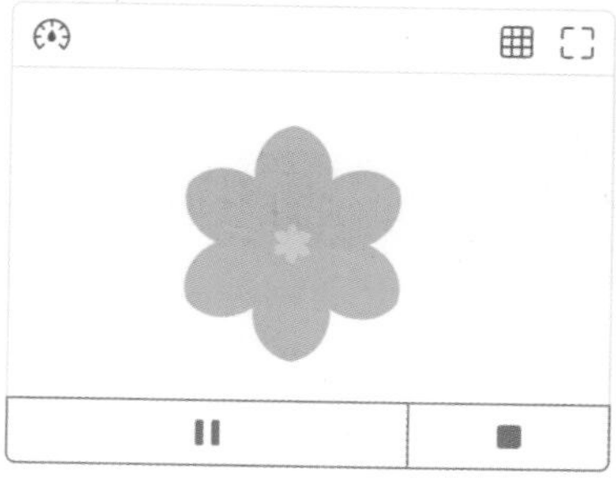

아래 왼쪽 코드는 꽃잎을 이용해 실행화면처럼 꽃송이를 만드는 코드입니다. 그런데, 아래 오른쪽과 같이 반복하기 블록을 이용하면 꽃송이를 더 간단히 만들 수 있습니다. 왼쪽 코드에 비해 길이가 짧아졌지요. 그렇다면 오른쪽 코드의 물음표 ? 위치에는 어떤 값이 들어가야 할까요?

꽃송이를 만드는 코드 —— 변경 → 반복하기 블록으로 꽃송이를 만드는 코드

시작하기 버튼을 클릭했을 때
도장 찍기
방향을 60° 만큼 회전하기
도장 찍기
방향을 60° 만큼 회전하기
도장 찍기
방향을 60° 만큼 회전하기
도장 찍기
방향을 60° 만큼 회전하기
도장 찍기
방향을 60° 만큼 회전하기
도장 찍기
방향을 60° 만큼 회전하기

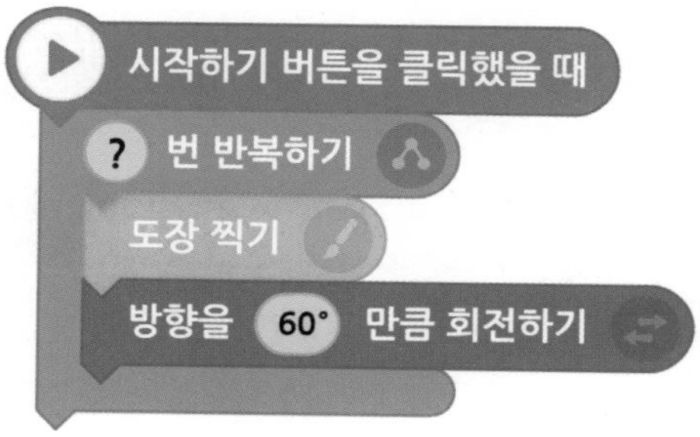
시작하기 버튼을 클릭했을 때
? 번 반복하기
도장 찍기
방향을 60° 만큼 회전하기

힌트 : 도장을 몇 번 반복적으로 찍었는지 확인해보세요.

문제 해결 길잡이

시작하기 버튼을 클릭했을 때
도장 찍기
방향을 60° 만큼 회전하기
도장 찍기
방향을 60° 만큼 회전하기
도장 찍기
방향을 60° 만큼 회전하기
도장 찍기
방향을 60° 만큼 회전하기
도장 찍기
방향을 60° 만큼 회전하기
도장 찍기
방향을 60° 만큼 회전하기

문제에 나온 긴 코드입니다.
아래 두 블록이 여러 번 반복되어 있네요.

도장 찍기
방향을 60° 만큼 회전하기

이처럼 코드에서 같은 블록이 반복된다면 '반복하기' 블록을 사용하는 것이 좋습니다. 다음처럼 반복되어야 하는 블록들을 파란색 블록으로 꽉 묶어주세요.

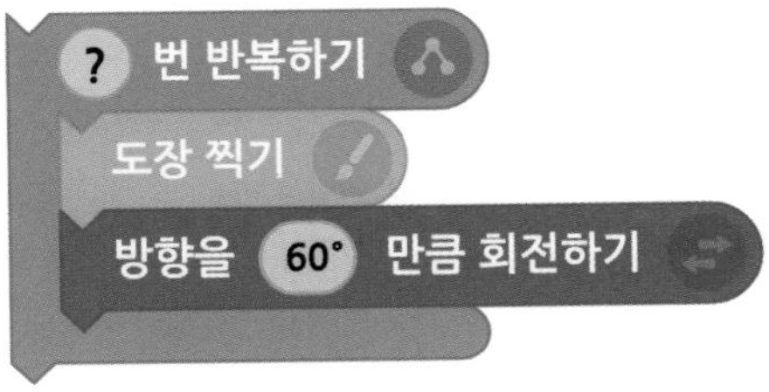

? 번 반복하기
도장 찍기
방향을 60° 만큼 회전하기

이제, '도장 찍기'와 '방향을 …만큼 회전하기' 블록쌍이 몇 번 반복되었는지 세어볼까요?
코드가 여섯 번 반복하므로 물음표 위치에 6을 넣어주면 된답니다!

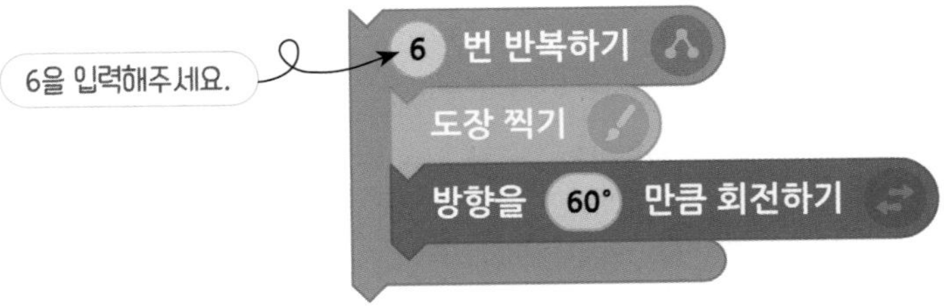

6을 입력해주세요.
6 번 반복하기
도장 찍기
방향을 60° 만큼 회전하기

정답 6

학부모 길잡이

'코드 재사용'이란 이미 있는 코드를 활용해 새로운 소프트웨어를 만드는 것을 의미하는데요. 코드 재사용성이 높을수록 잘 만들어진 소프트웨어라고 말합니다. 문제와 같이 동일한 코드가 반복된다면 재사용성이 낮기 때문에 좋은 코드가 아닙니다. 그러므로 이럴 땐 계속 반복하기 블록을 사용할 수 있도록 가이드해주세요.

002 무작위 수 연습하기 달에서 공 튀기기 게임

난이도★★

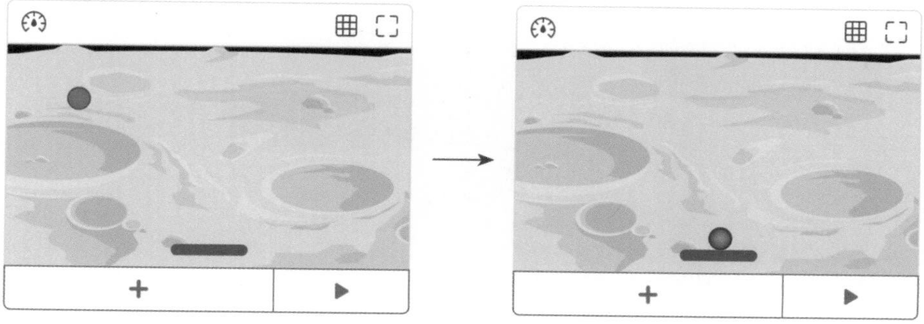

'달에서 공 튀기기 게임'을 만들었습니다. 보라색 판을 좌우로 움직여서 아래로 떨어지는 공을 받쳐 튕길 때 오른쪽 그림과 같이 공의 색깔이 바뀌도록 설정했습니다. 앗, 그런데 아래 코드가 잘못되었는지 공의 색깔이 바뀌질 않는군요. 왜 그럴까요? 문제의 원인을 찾아봅시다. 코드에서 잘못된 부분을 찾아 동그라미 표시를 하고 그 이유를 설명해보세요.

만일 판 에 닿았는가? (이)라면
방향을 -60 부터 60 사이의 무작위 수 (으)로 정하기
색깔 효과를 10 (으)로 정하기
소리 방귀 소리3 재생하기

힌트 : 색깔을 바꾸는 블록을 유심히 살펴보세요.

문제 해결 길잡이

문제의 코드에서 색깔 효과를 내는 블록을 찾아볼까요? 바로 붉은색의 색깔 효과 블록입니다.
그런데 색깔 효과가 10으로 고정되어 있네요. 이래서 공의 색깔이 바뀌지 않았던 거군요!

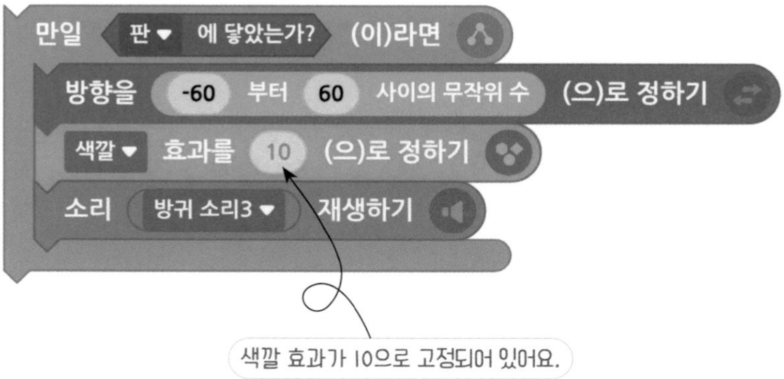
만일 판 ▾ 에 닿았는가? (이)라면
방향을 -60 부터 60 사이의 무작위 수 (으)로 정하기
색깔 ▾ 효과를 10 (으)로 정하기
소리 방귀 소리3 ▾ 재생하기
색깔 효과가 10으로 고정되어 있어요.

그렇다면 색깔 효과 블록을 어떻게 수정해야 할까요? 다음처럼 무작위 숫자가 정해지도록 바꿔주세요.
블록의 색깔 효과가 실행될 때마다 0부터 10사이의 숫자가 무작위로 정해지기 때문에
공의 색깔이 바뀌게 된답니다.

색깔 ▾ 효과를 0 부터 100 사이의 무작위 수 (으)로 정하기

무작위 수 때문에 어떨 때는 색깔 효과가 1이 되기도 하고, 5가 되기도 하지요.
이렇게 무작위 수를 사용하면 코드가 실행될 때마다 예측하기 어려운 숫자가 결정된답니다.
색깔 효과가 0으로 정해지면 공의 색이 노란색으로 바뀌고,
50으로 정해지면 녹색, 100으로 정해지면 붉은색으로 바뀌게 됩니다.

정답 **색깔 효과 블록의 숫자가 고정되어 있어서 공의 색깔이 바뀌지 않았어요.**

학부모 길잡이

'무작위 수'를 랜덤이라고도 부르는데요.
로또 당첨번호를 정할 때 공을 이용해 무작위 추첨으로 숫자를 정하는 것처럼
코딩을 할 때도 임의의 숫자를 정하기 위해 '무작위 수'를 자주 사용한답니다.

003 변수 연습하기 숫자 말하기

난이도★

엔트리봇:숫자 2
2

엔트리봇이 숫자 1, 2, 3, 4, 5, 6, 7, 8, 9, 10을 차례대로 말하도록 아래 왼쪽과 같이 코드를 작성했습니다. 그런데, 동일한 코드가 10번씩이나 반복되는군요. 중복된 코드를 줄이기 위해 '반복하기' 블록을 이용해서 오른쪽과 같이 코드를 바꾸려고 합니다. 회색 빈칸에 들어갈 코드를 보기에서 고르세요.

동일한 코드가 반복되는 코드 —— 변경 → 반복하기 블록으로 바꾼 코드

시작하기 버튼을 클릭했을 때
1 을(를) 1 초 동안 말하기▾
2 을(를) 1 초 동안 말하기▾
3 을(를) 1 초 동안 말하기▾
4 을(를) 1 초 동안 말하기▾
5 을(를) 1 초 동안 말하기▾
6 을(를) 1 초 동안 말하기▾
7 을(를) 1 초 동안 말하기▾
8 을(를) 1 초 동안 말하기▾
9 을(를) 1 초 동안 말하기▾
10 을(를) 1 초 동안 말하기▾

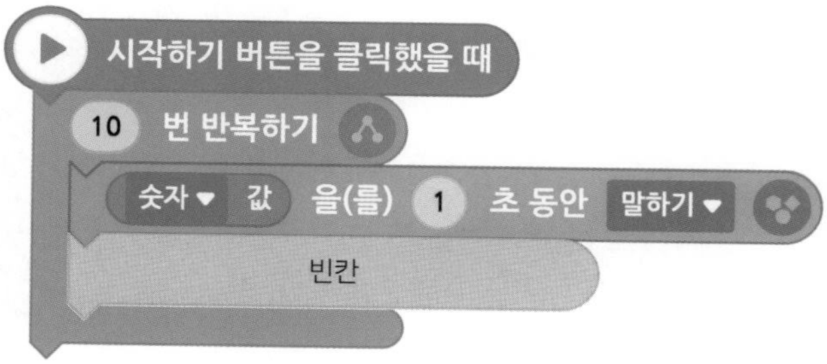
시작하기 버튼을 클릭했을 때
10 번 반복하기
숫자▾ 값 을(를) 1 초 동안 말하기▾
빈칸

보기

① 숫자▾ 에 1 만큼 더하기

② 숫자▾ 를 1 로 정하기

③ 변수 숫자▾ 보이기

④ 변수 숫자▾ 숨기기

힌트 : '숫자' 변수의 값을 변경하는 코드가 필요합니다.

문제 해결 길잡이

코드에서 '숫자'라는 변수가 사용되었군요. 변수는 숫자를 담는 상자와도 같습니다. 그래서 변수를 '변하는 수'라고 하지요.

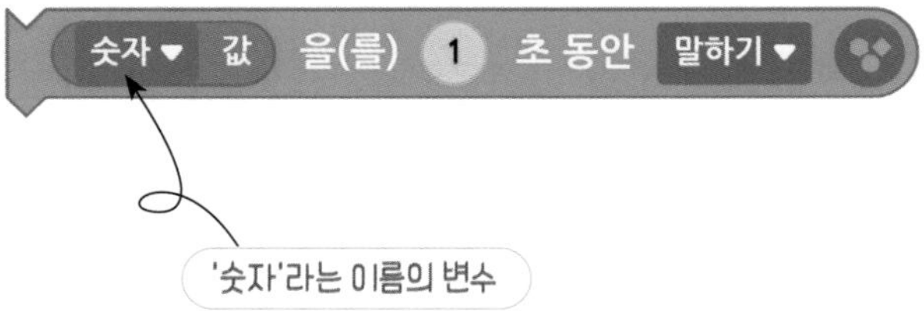

'숫자' 변수의 기본값에 1이 들어가 있습니다. '속성'창(오른쪽 그림)에서 변수를 추가할 때 기본값을 1로 정했기 때문입니다. 엔트리봇이 숫자를 1씩 높여가며 말하려면, 변수의 값을 바꾸는 블록이 필요합니다.

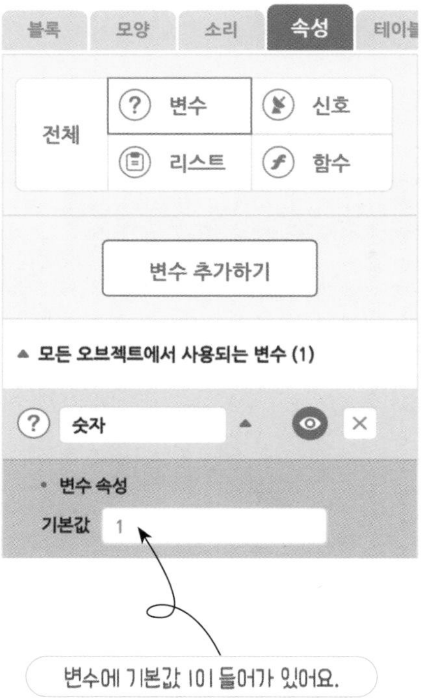

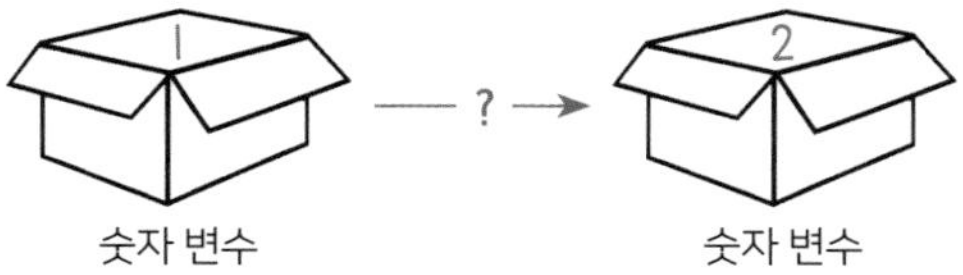

그래서 다음처럼 숫자 변수의 값에 1을 더하는 블록을 사용한답니다.

정답 ①

004 판단 연습하기 팔 벌려 뛰기

난이도★

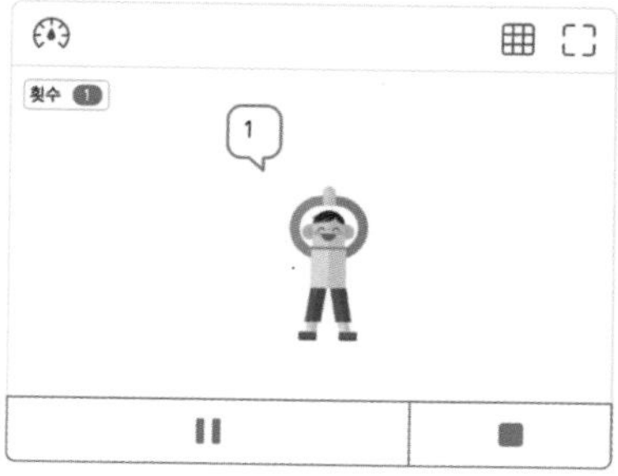

횟수 1
1

한 아이가 팔 벌려 뛰기 연습을 하고 있습니다. 앗! 그런데 '계속 반복하기' 블록을 사용하고 있어서 팔 벌려 뛰기를 멈추지 않고 계속해야 하네요. 이러다가 쓰러지겠는데요. 아이가 팔 벌려 뛰기를 100번만 하도록 코드를 고쳐야겠습니다. 이를 위해 빈칸에 들어갈 블록을 보기에서 고르세요.

팔 벌려 뛰기 연습 코드 —— 변경 ——> 팔 벌려 뛰기를 100번만 하는 코드

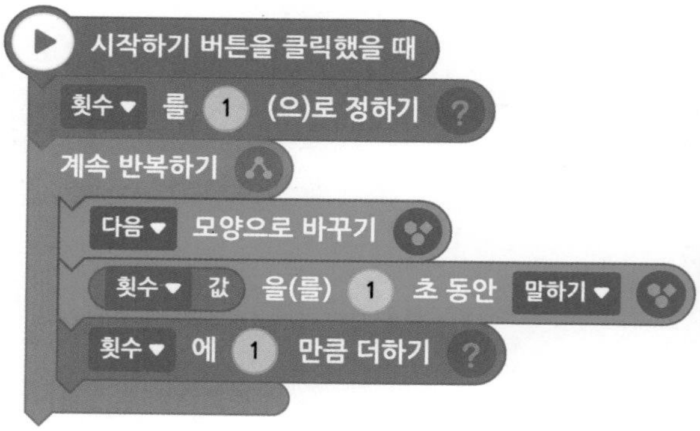

시작하기 버튼을 클릭했을 때
횟수 를 1 (으)로 정하기
계속 반복하기
다음 모양으로 바꾸기
횟수 값 을(를) 1 초 동안 말하기
횟수 에 1 만큼 더하기

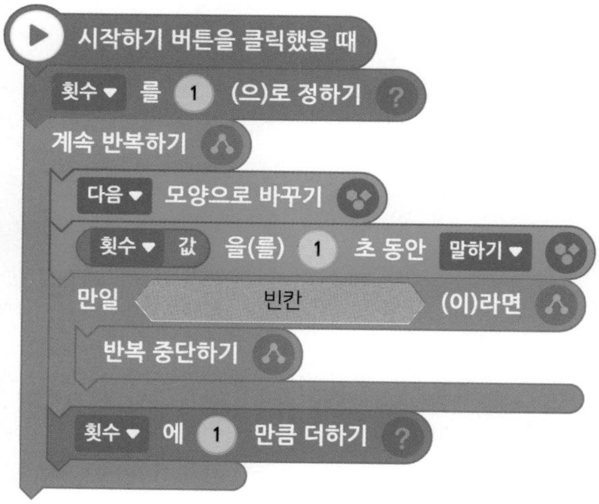

시작하기 버튼을 클릭했을 때
횟수 를 1 (으)로 정하기
계속 반복하기
다음 모양으로 바꾸기
횟수 값 을(를) 1 초 동안 말하기
만일 빈칸 (이)라면
반복 중단하기
횟수 에 1 만큼 더하기

보기

① 횟수 값 = 100
② 횟수 값 > 100
③ 횟수 값 < 100

문제 해결 길잡이

우선 문제에 나온 코드의 의미를 하나씩 살펴보겠습니다.

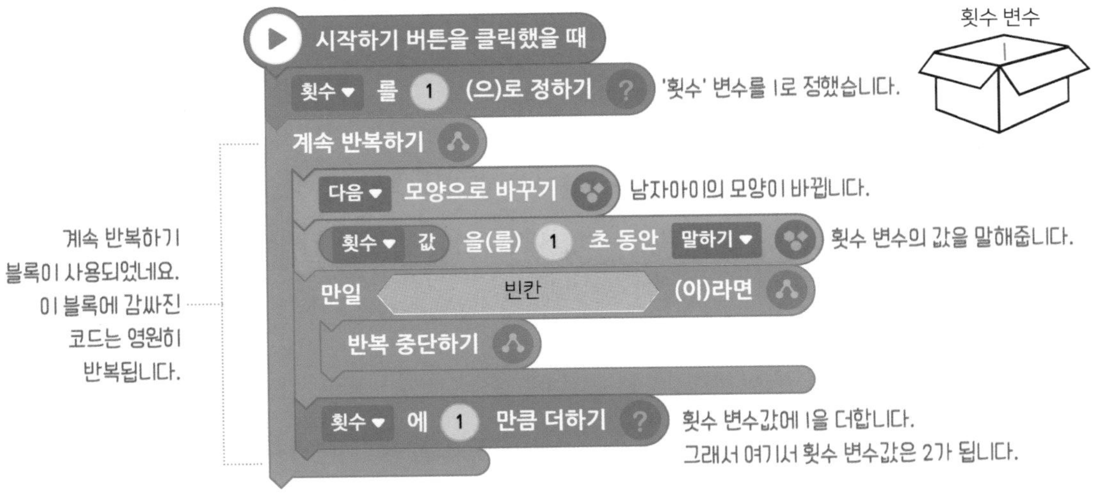
횟수 변수
시작하기 버튼을 클릭했을 때
횟수 를 1 (으)로 정하기
'횟수' 변수를 1로 정했습니다.
계속 반복하기
다음 모양으로 바꾸기
남자아이의 모양이 바뀝니다.
횟수 값 을(를) 1 초 동안 말하기
횟수 변수의 값을 말해줍니다.
만일 빈칸 (이)라면
반복 중단하기
횟수 에 1 만큼 더하기
횟수 변수값에 1을 더합니다.
그래서 여기서 횟수 변수값은 2가 됩니다.
계속 반복하기
블록이 사용되었네요.
이 블록에 감싸진
코드는 영원히
반복됩니다.

여기서 빈칸이 있는 '만일 …이라면' 블록은 보통 다음처럼 짙은 파란색 판단 블록을 포함하고 있습니다. 판단식이 '참'이 되면 '반복 중단하기'가 실행되는 코드입니다.

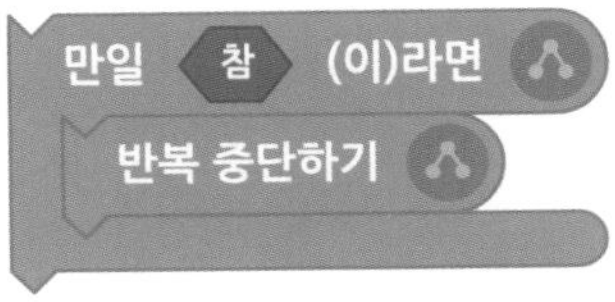
만일 참 (이)라면
반복 중단하기

그래서 아이가 팔 벌려 뛰기를 100번만 하고 멈추게 하려면 [참] 부분에 참과 거짓을 판별할 수 있는 판단식을 넣어주어야 하는데요. 횟수가 100인지 판단하도록 보기 ①번의 [횟수 값 = 100] 판단식 블록을 넣어야 합니다. 그래야 '횟수' 변수값이 100이 되었을 때 참이 되어 [반복 중단하기] 블록이 실행되거든요.

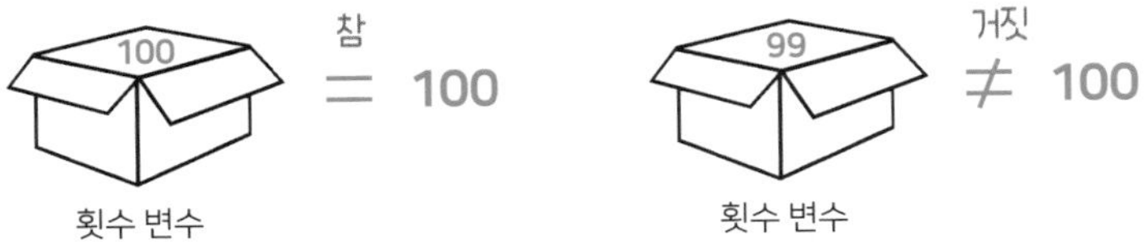
100
참
= 100
횟수 변수
99
거짓
≠ 100
횟수 변수

'횟수' 변수값과 100이 동일하므로 참이 됩니다.

'횟수' 변수값과 100이 동일하지 않으므로 거짓이 됩니다.

보기 ②번의 
횟수▼ 값 < 100
판단식 블록은 왜 답이 되지 않을까요? '횟수' 값이 100보다 작은 경우에 판단식이 참이 되기 때문에 '횟수' 값이 1이 되자마자 '반복 중단하기'가 실행되어 팔 벌려 뛰기를 멈추게 합니다.

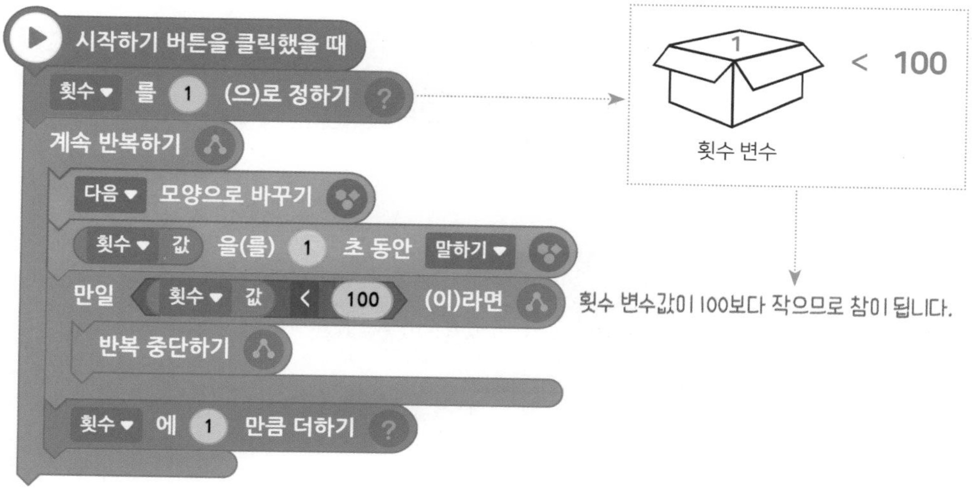
시작하기 버튼을 클릭했을 때
횟수▼ 를 1 (으)로 정하기
계속 반복하기
다음▼ 모양으로 바꾸기
횟수▼ 값 을(를) 1 초 동안 말하기▼
만일 횟수▼ 값 < 100 (이)라면
반복 중단하기
횟수▼ 에 1 만큼 더하기
1
< 100
횟수 변수
횟수 변수값이 100보다 작으므로 참이 됩니다.

보기 ③번의 
횟수▼ 값 > 100
판단식 블록도 답이 아닙니다. '횟수' 값이 100보다 큰 경우에 참이 되기 때문에 '횟수' 값이 101이 될 때 '반복 중단하기'가 실행되어 팔 벌려 뛰기를 멈추게 합니다. 우리는 100번까지만 반복하게 하고 싶은데, 이 코드는 101번까지 반복하게 만드니 잘못된 코드입니다.

정답 ①

학부모 길잡이

처음 코딩을 하다 보면, 판단식을 충분히 이해하지 않고 사용하는 경우가 있습니다.
판단식을 정확하게 사용할 수 있도록 지도해주세요.
판단식을 잘못 사용하면 코드가 아예 실행되지 않거나 생각과 다르게 실행될 수 있다는 점을 설명해주세요.

개념 다지기

반복하기 블록도 이렇게 다양하다는 사실!

'안녕!' 말하기 블록을 10번 반복하는 코드입니다.

10 번 반복하기
안녕! 을(를) 말하기

'안녕!' 말하기 블록을 계속 반복하는 코드입니다. 언제까지 하냐고요? 실행화면이 닫힐 때까지 계속 반복한답니다.

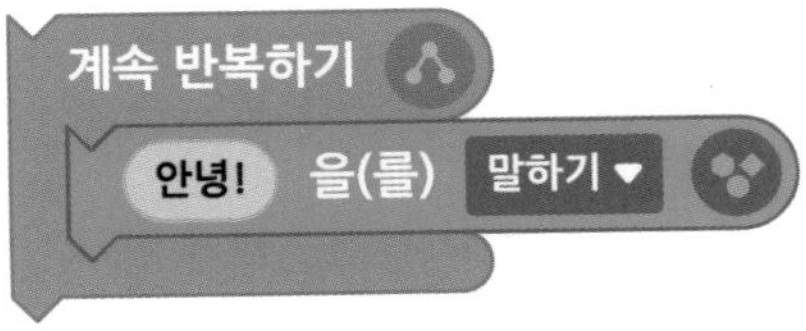

계속 반복하기
안녕! 을(를) 말하기

이 블록은 0부터 100까지 말해줍니다.

말하기 블록을 계속 반복하는 코드입니다. 다만, 횟수값이 100이 되면 반복을 멈춥니다.

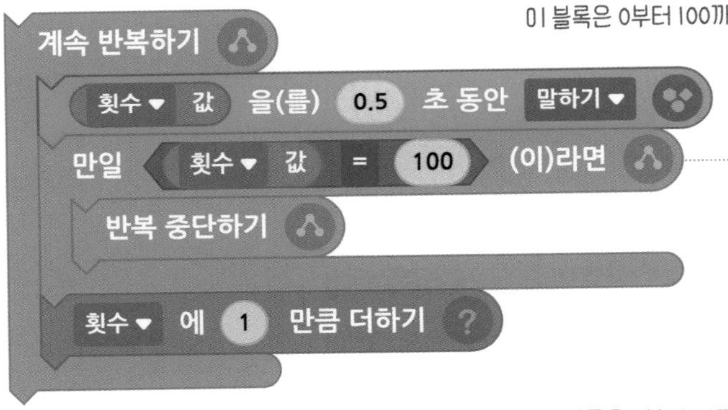

계속 반복하기
횟수 값 을(를) 0.5 초 동안 말하기
만일 횟수 값 = 100 (이)라면
반복 중단하기
횟수 에 1 만큼 더하기

이 블록은 0부터 99까지 말해줍니다.

횟수값이 100이 될 때까지 말하기 블록을 반복하는 코드입니다.

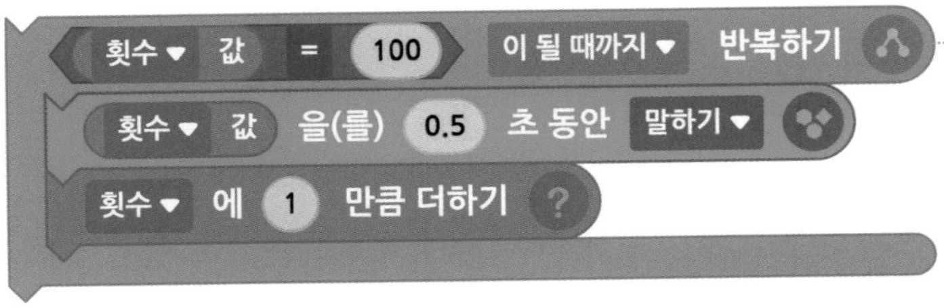

횟수 값 = 100 이 될 때까지 반복하기
횟수 값 을(를) 0.5 초 동안 말하기
횟수 에 1 만큼 더하기

005 반복하기 연습하기 로봇 청소기(1)

난이도★

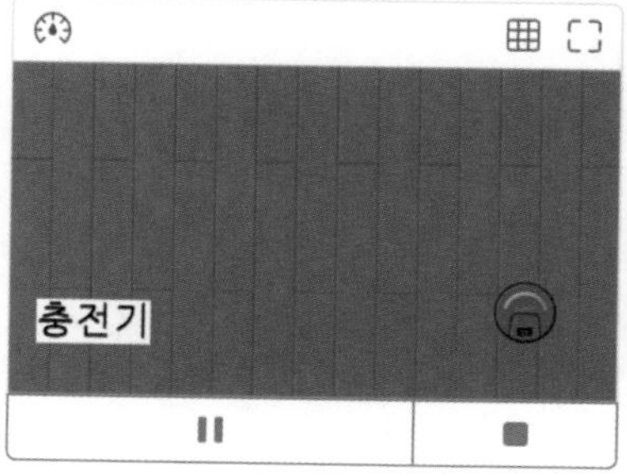
충전기

로봇 청소기가 마룻바닥을 청소하고 있습니다. 's'키를 누르면 청소를 멈추고, 'q'키를 누르면 로봇 청소기가 충전기로 이동하는 코드를 작성하려고 합니다. 회색 빈 칸에 들어갈 블록을 보기에서 고르세요.

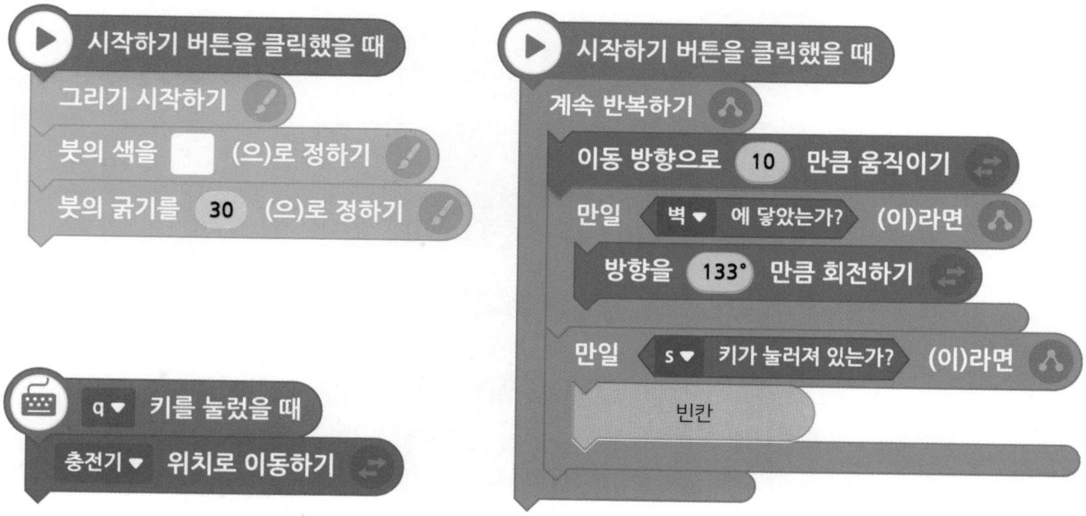
시작하기 버튼을 클릭했을 때
그리기 시작하기
붓의 색을 (으)로 정하기
붓의 굵기를 30 (으)로 정하기
q 키를 눌렀을 때
충전기 위치로 이동하기
시작하기 버튼을 클릭했을 때
계속 반복하기
이동 방향으로 10 만큼 움직이기
만일 벽 에 닿았는가? (이)라면
방향을 133° 만큼 회전하기
만일 s 키가 눌러져 있는가? (이)라면
빈칸

보기

① 처음부터 다시 실행하기
② 이 복제본 삭제하기
③ 반복 중단하기
④ 2 초 기다리기

문제 해결 길잡이

시작하기 버튼을 클릭했을 때
계속 반복하기
이동 방향으로 10 만큼 움직이기
만일 벽 에 닿았는가? (이)라면
방향을 133° 만큼 회전하기
만일 s 키가 눌러져 있는가? (이)라면
반복 중단하기

'계속 반복하기' 안에 있는 블록들은 멈추지 않고 계속 실행됩니다.
이 블록의 실행을 멈추게 하기 위해서 다음과 같이 판단식이 들어간 블록을 추가했는데요.

만일 s 키가 눌러져 있는가? (이)라면

's' 키를 눌렀을 반복문 실행을 멈춰야 하기 때문에 [s 키가 눌러져 있는가?]라는 판단 블록이 필요하고 '만일 …이라면' 흐름 블록 안에는 [반복 중단하기] 블록이 들어가야 합니다.
'반복 중단하기'는 '계속 반복하기'를 멈추게 하는 블록이거든요.

정답 ③

학부모 길잡이

블록들을 따라가며 어떻게 실행되는지 머릿속으로 그려나갈 수 있도록 도와주세요.
아이의 논리력을 높이는 데 많은 도움이 된답니다.

006 반복하기 연습하기 로봇 청소기(2)

난이도★★

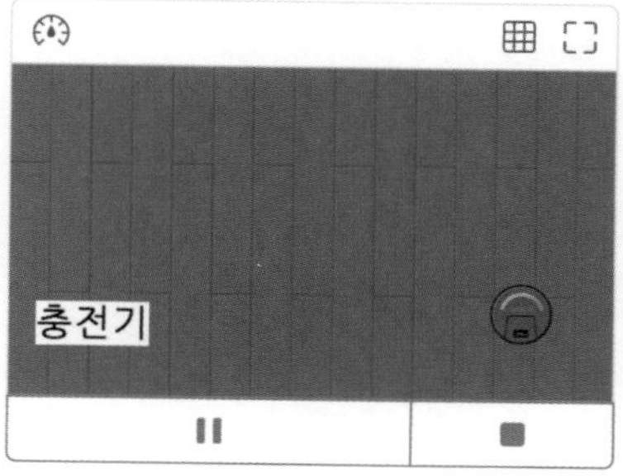

로봇 청소기가 마룻바닥을 청소하고 있습니다. 아래와 같이 's'키를 누르면 청소를 멈추고, 'q'키를 누르면 로봇 청소기가 충전기로 이동하는 코드를 작성했습니다. 's'키나 'q'키를 누르지 않는다면, 어떤 블록이 반복해서 실행될까요? 보기에서 고르세요.

```
시작하기 버튼을 클릭했을 때
계속 반복하기
    이동 방향으로 10 만큼 움직이기
    만일 <벽 에 닿았는가?> (이)라면
        방향을 133° 만큼 회전하기
    만일 <s 키가 눌려져 있는가?> (이)라면
        반복 중단하기
```

```
q 키를 눌렀을 때
충전기 위치로 이동하기
```

보기

①
```
이동 방향으로 10 만큼 움직이기
만일 <벽 에 닿았는가?> (이)라면
    방향을 133° 만큼 회전하기
만일 <s 키가 눌려져 있는가?> (이)라면
    반복 중단하기
```

②
```
이동 방향으로 10 만큼 움직이기
```

③
```
충전기 위치로 이동하기
```

④
```
이동 방향으로 10 만큼 움직이기
만일 <벽 에 닿았는가?> (이)라면
    이동 방향을 133° 만큼 회전하기
```

문제 해결 길잡이

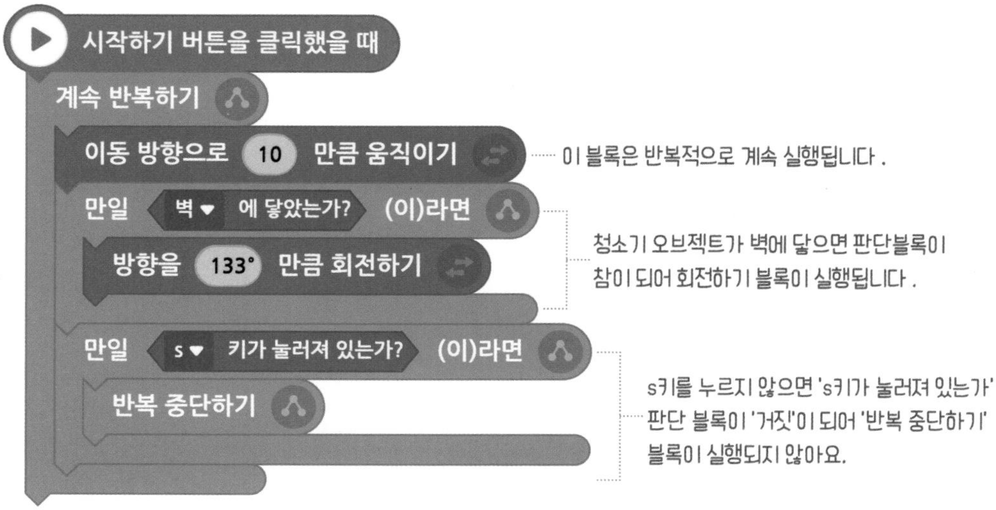
시작하기 버튼을 클릭했을 때
계속 반복하기
이동 방향으로 10 만큼 움직이기
만일 벽 에 닿았는가? (이)라면
방향을 133° 만큼 회전하기
만일 s 키가 눌러져 있는가? (이)라면
반복 중단하기
이 블록은 반복적으로 계속 실행됩니다.
청소기 오브젝트가 벽에 닿으면 판단블록이 참이 되어 회전하기 블록이 실행됩니다.
s키를 누르지 않으면 's키가 눌러져 있는가' 판단 블록이 '거짓'이 되어 '반복 중단하기' 블록이 실행되지 않아요.

q 키를 눌렀을 때
충전기 위치로 이동하기
q키를 누르지 않으면, 아래 연결된 블록이 실행되지 않아요.

정답 ④

개념 다지기

q키를 눌렀을 때 원하는 블록을 실행하고 싶다고요? 아래 두 가지 방법이 있습니다.

'계속 반복하기' 블록을 이용

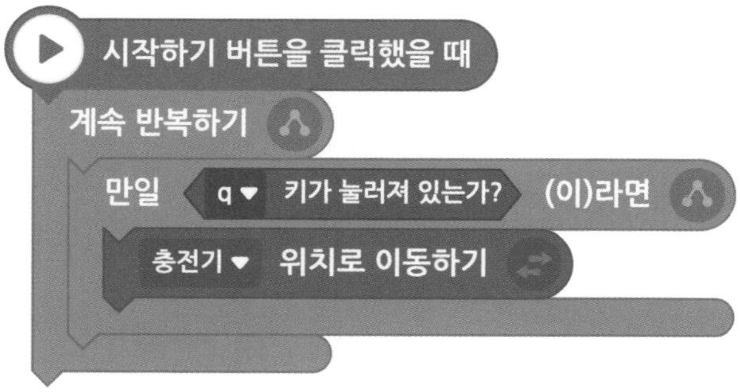
시작하기 버튼을 클릭했을 때
계속 반복하기
만일 q 키가 눌러져 있는가? (이)라면
충전기 위치로 이동하기

'q키를 눌렀을 때' 블록을 이용

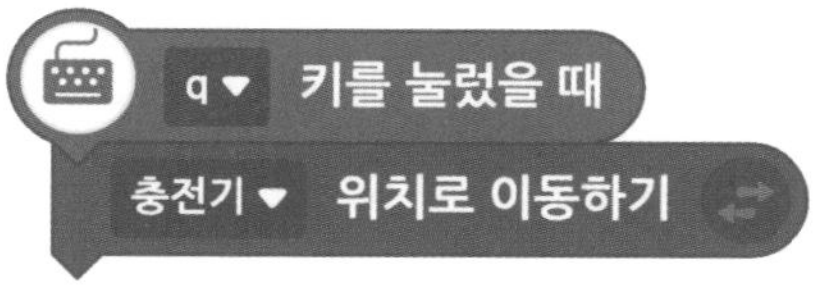
q 키를 눌렀을 때
충전기 위치로 이동하기

007 신호 연습하기 나만의 그림판(1)

난이도★

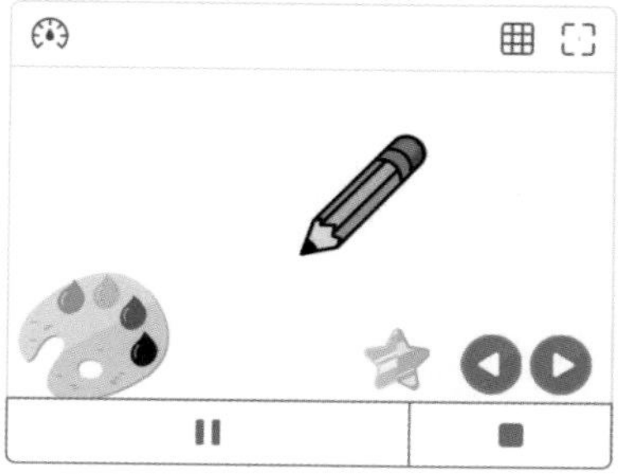

나만의 그림판을 만드는 코드입니다. 그런데, 어디엔가 버그(오류)가 있는 것 같아요. 팔레트에서 빨간색을 선택했는데, 왜 파란색 선이 그려지는 것일까요? 다음 코드에서 어떤 블록이 잘못되었는지 동그라미로 표시하고 이유를 설명해보세요.

연필 오브젝트
시작하기 버튼을 클릭했을 때
계속 반복하기
마우스포인터 ▾ 위치로 이동하기
마우스를 클릭했을 때
그리기 시작하기
마우스 클릭을 해제했을 때
그리기 멈추기
노랑 ▾ 신호를 받았을 때
붓의 색을 (으)로 정하기
빨강 ▾ 신호를 받았을 때
붓의 색을 (으)로 정하기
파랑 ▾ 신호를 받았을 때
붓의 색을 (으)로 정하기
검정 ▾ 신호를 받았을 때
붓의 색을 (으)로 정하기
노랑 오브젝트
오브젝트를 클릭했을 때
노랑 ▾ 신호 보내기
파랑 오브젝트
오브젝트를 클릭했을 때
파랑 ▾ 신호 보내기
빨강 오브젝트
오브젝트를 클릭했을 때
빨강 ▾ 신호 보내기
검정 오브젝트
오브젝트를 클릭했을 때
검정 ▾ 신호 보내기

문제 해결 길잡이

팔레트에서 선택한 색과 연필로 그려지는 색이 다르므로 색깔 신호를 받았을 때 붓의 색을 정하는 블록들을 살펴보아야 합니다. 신호의 색과 붓의 색이 다르게 사용된 블록을 찾아보세요.

```
노랑▾ 신호를 받았을 때
  붓의 색을 [ ] (으)로 정하기

빨강▾ 신호를 받았을 때
  붓의 색을 [ ] (으)로 정하기

파랑▾ 신호를 받았을 때
  붓의 색을 [ ] (으)로 정하기

검정▾ 신호를 받았을 때
  붓의 색을 [ ] (으)로 정하기
```

빨강 신호를 받았는데 붓의 색을 파란색으로 정하고 있군요. 여기에 버그가 있었네요. 코드를 아래와 같이 변경하면 프로그램이 제대로 동작할 거예요.

```
빨강▾ 신호를 받았을 때
  붓의 색을 [ ] (으)로 정하기
```

정답 신호의 색(빨강)과 붓의 색(파랑)이 다르게 연결되었습니다.

```
빨강▾ 신호를 받았을 때
  붓의 색을 [ ] (으)로 정하기
```

개념 다지기

코드의 실행 과정을 이해하자!

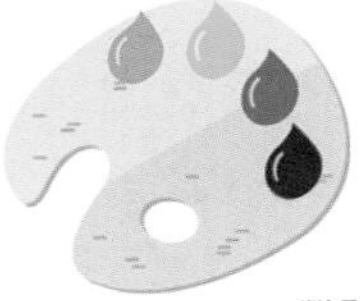

마우스로 빨간색 오브젝트를 클릭!

```
오브젝트를 클릭했을 때
  빨강▾ 신호 보내기
```

빨강 신호 전송

```
빨강▾ 신호를 받았을 때
  붓의 색을 [ ] (으)로 정하기
```

008 신호 연습하기 나만의 그림판(2)

난이도★

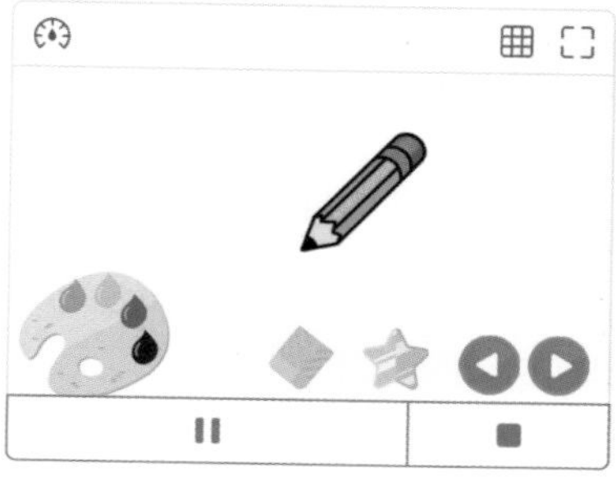

나만의 그림판에 지우개 오브젝트를 추가했습니다. 지우개를 클릭하면 그림판의 그림들이 모두 지워지도록 코드를 작성해야 합니다. 다음 코드 속 두 곳의 빈칸에 공통으로 들어갈 신호 이름을 작성해보세요.

연필
오브젝트
시작하기 버튼을 클릭했을 때
계속 반복하기
마우스포인터▾ 위치로 이동하기
마우스를 클릭했을 때
그리기 시작하기
마우스 클릭을 해제했을 때
그리기 멈추기
빈칸 신호를 받았을 때
모든 붓 지우기
노랑▾ 신호를 받았을 때
붓의 색을 (으)로 정하기
빨강▾ 신호를 받았을 때
붓의 색을 (으)로 정하기
파랑▾ 신호를 받았을 때
붓의 색을 (으)로 정하기
검정▾ 신호를 받았을 때
붓의 색을 (으)로 정하기
노랑
오브젝트
오브젝트를 클릭했을 때
노랑▾ 신호 보내기
파랑
오브젝트
오브젝트를 클릭했을 때
파랑▾ 신호 보내기
빨강
오브젝트
오브젝트를 클릭했을 때
빨강▾ 신호 보내기
검정
오브젝트
오브젝트를 클릭했을 때
검정▾ 신호 보내기
지우개
오브젝트
오브젝트를 클릭했을 때
빈칸 신호 보내기

문제 해결 길잡이

'신호 보내기' 블록과 '신호를 받았을 때' 블록의 이름이 같아야 신호를 주고받을 수 있어요. 그렇기 때문에 빈칸의 이름이 동일해야 합니다.

오브젝트를 클릭했을 때
빈칸 신호 보내기
빈칸 신호를 받았을 때
모든 붓 지우기

이미 '노랑', '파랑', '검정', '빨강' 신호 이름이 사용되었기 때문에 신호 이름을 정할 때 이 이름을 사용하면 안 됩니다. 빈칸에는 이것들을 제외한 이름을 정해주면 된답니다.

오브젝트를 클릭했을 때
노랑 신호 보내기
오브젝트를 클릭했을 때
파랑 신호 보내기
오브젝트를 클릭했을 때
빨강 신호 보내기
오브젝트를 클릭했을 때
검정 신호 보내기

그래서 신호의 이름을 '지워라'라고 정해주었습니다.

오브젝트를 클릭했을 때
지워라 신호 보내기
지워라 신호를 받았을 때
모든 붓 지우기

정답 **지워라**

('지워라'뿐만 아니라 다른 이름도 가능합니다.
다만 '신호 보내기'와 '신호를 받았을 때' 블록에서
동일한 신호 이름을 사용해야 합니다.)

개념 다지기

코드의 실행 과정을 이해하자!

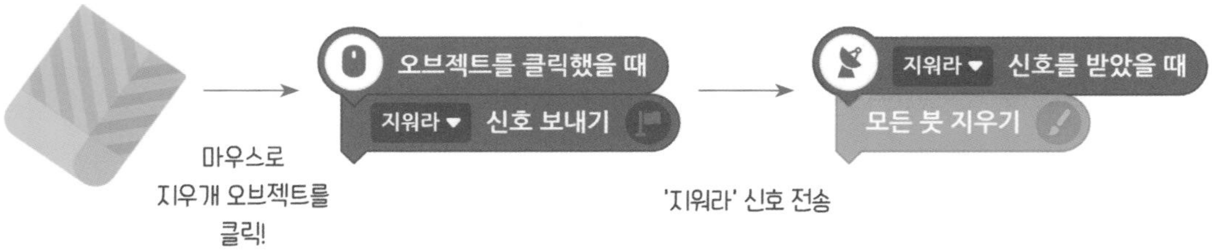

마우스로 지우개 오브젝트를 클릭!
오브젝트를 클릭했을 때
지워라 신호 보내기
'지워라' 신호 전송
지워라 신호를 받았을 때
모든 붓 지우기

009 코드 완성하기 나만의 그림판(3)

난이도★

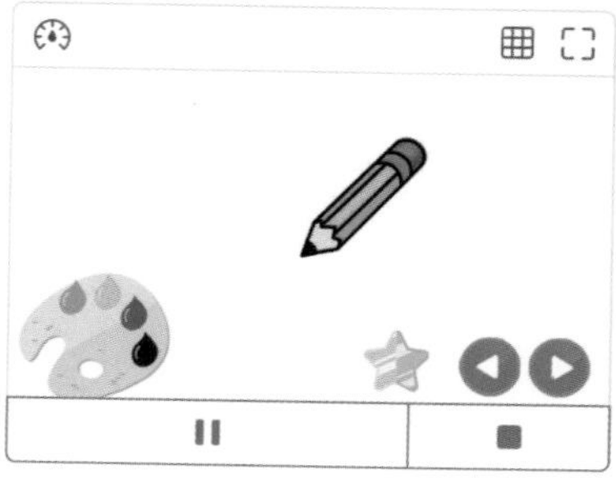

나만의 그림판에서 노랑별을 클릭할 때마다 붓의 투명도가 매번 다른 값으로 변경되도록 코드를 추가하려고 합니다. 다음 코드의 빈칸 가와 나에 들어갈 블록을 보기에서 고르세요.

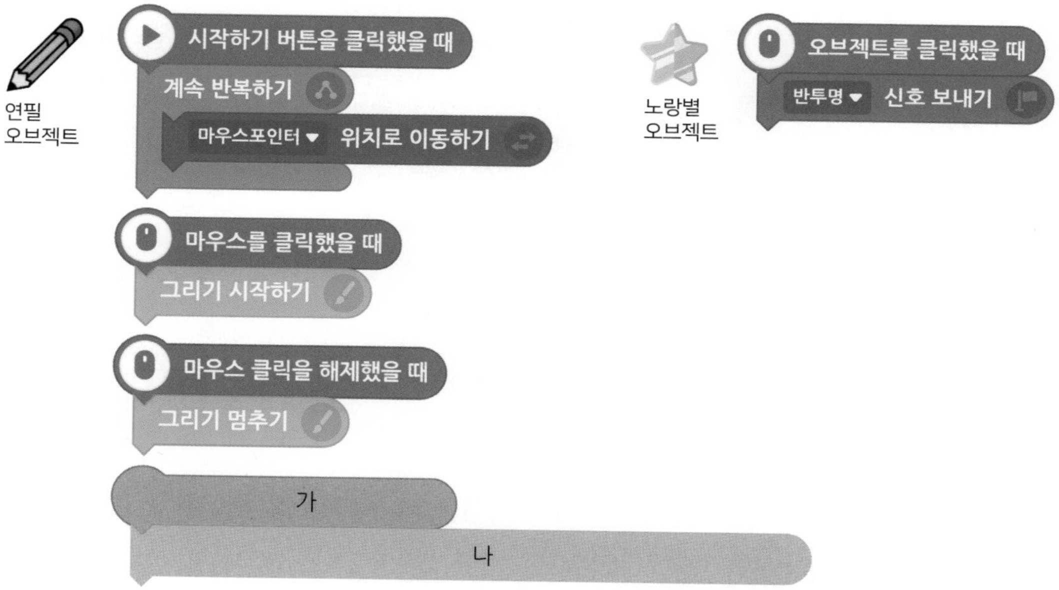

연필 오브젝트
시작하기 버튼을 클릭했을 때
계속 반복하기
마우스포인터 ▾ 위치로 이동하기
마우스를 클릭했을 때
그리기 시작하기
마우스 클릭을 해제했을 때
그리기 멈추기
가
나
노랑별 오브젝트
오브젝트를 클릭했을 때
반투명 ▾ 신호 보내기

보기

① 오브젝트를 클릭했을 때

② 반투명 ▾ 신호 보내기

③ 반투명 ▾ 신호를 받았을 때

④ 붓의 투명도를 50 % 로 정하기

⑤ 붓의 투명도를 0 부터 50 사이의 무작위 수 % 로 정하기

문제 해결 길잡이

노랑별 오브젝트를 클릭할 때마다 붓의 투명도가 달라져야 하므로, 노랑별 오브젝트의 '반투명' 신호 보내기 블록에 대응해 신호를 받을 블록이 필요합니다.

오브젝트를 클릭했을 때
반투명 신호 보내기

보기에서 신호를 받는 블록은 ③번이기 때문에 다음과 같이 블록을 추가합니다.

반투명 신호를 받았을 때

붓의 투명도를 매번 다르게 지정하기 위해서는 무작위 수가 필요합니다.
이를 위해서는 ⑤번 블록을 사용해야 한답니다.

반투명 신호를 받았을 때
붓의 투명도를 0 부터 50 사이의 무작위 수 % 로 정하기

정답 가: ③, 나: ⑤

개념 다지기

텍스트 코딩으로 확장하기

텍스트 코딩에서는 엔트리의 '신호를 받았을 때'를 when_get_signal()로 사용합니다.

엔트리 블록코드

반투명 신호를 받았을 때
붓의 투명도를 0 부터 50 사이의 무작위 수 % 로 정하기

↓

파이썬 코드

```
def when_get_signal("반투명"):
    Entry.add_brush_transparency(random.randint("0", "50"))
```

010 판단 연습하기 로봇 청소기

난이도★★

로봇 청소기를 수동모드로 동작시키는 코드를 작성했습니다. 키보드에서 방향키 [←]를 누르면 청소기가 왼쪽으로 이동하고, [→]를 누르면 오른쪽으로 이동해야 합니다. 그리고 [↑]를 누르면 위로 이동하고, [↓]를 누르면 아래로 이동해야 하는데요. 프로그램을 실행해 보니, 위쪽과 아래쪽 화살표를 누르면 로봇 청소기가 위아래로 잘 움직이지만, 왼쪽과 오른쪽 화살표를 누르면 청소기가 움직이질 않습니다. 다음에서 어떤 코드가 잘못되었는지 찾아보세요. 그리고 잘못된 이유를 설명해보세요.

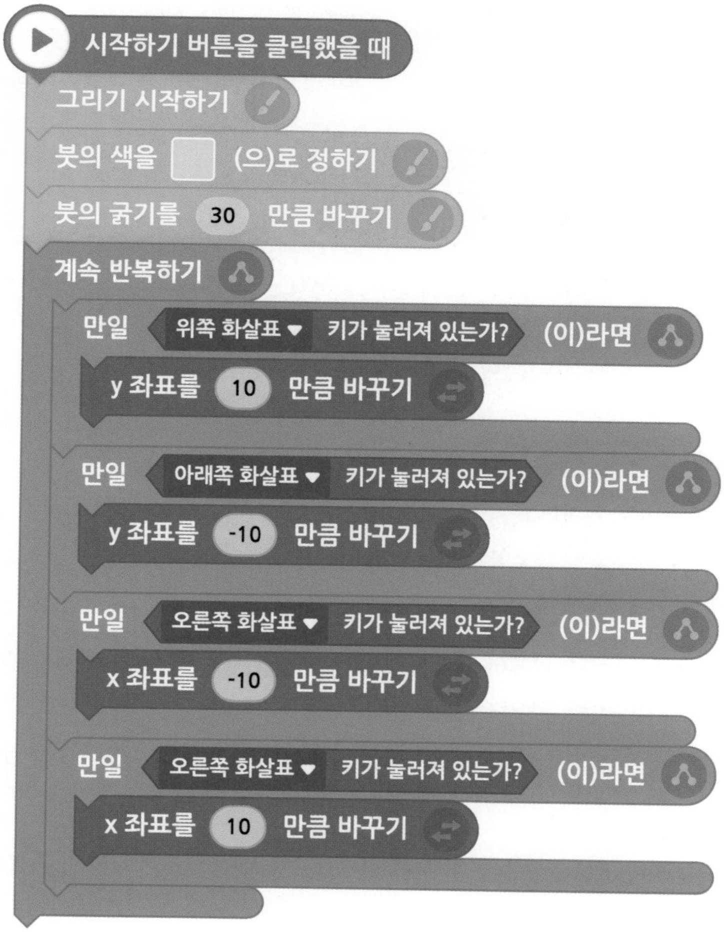
시작하기 버튼을 클릭했을 때
그리기 시작하기
붓의 색을 (으)로 정하기
붓의 굵기를 30 만큼 바꾸기
계속 반복하기
만일 위쪽 화살표 키가 눌러져 있는가? (이)라면
y 좌표를 10 만큼 바꾸기
만일 아래쪽 화살표 키가 눌러져 있는가? (이)라면
y 좌표를 -10 만큼 바꾸기
만일 오른쪽 화살표 키가 눌러져 있는가? (이)라면
x 좌표를 -10 만큼 바꾸기
만일 오른쪽 화살표 키가 눌러져 있는가? (이)라면
x 좌표를 10 만큼 바꾸기

문제 해결 길잡이

문제 해결을 위해서는 원인을 정확하게 파악하는 것이 가장 중요합니다. 어디가 잘못되었는지 함께 생각해볼까요? 위쪽 화살표와 아래쪽 화살표는 잘 동작하는 것을 보니, y좌표 움직임을 조정하는 ①번 블록에는 문제가 없는 것이 확실합니다. 아무래도 왼쪽과 오른쪽 방향의 x좌표 움직임을 조정하는 ②번 블록들에 의심이 가는군요.

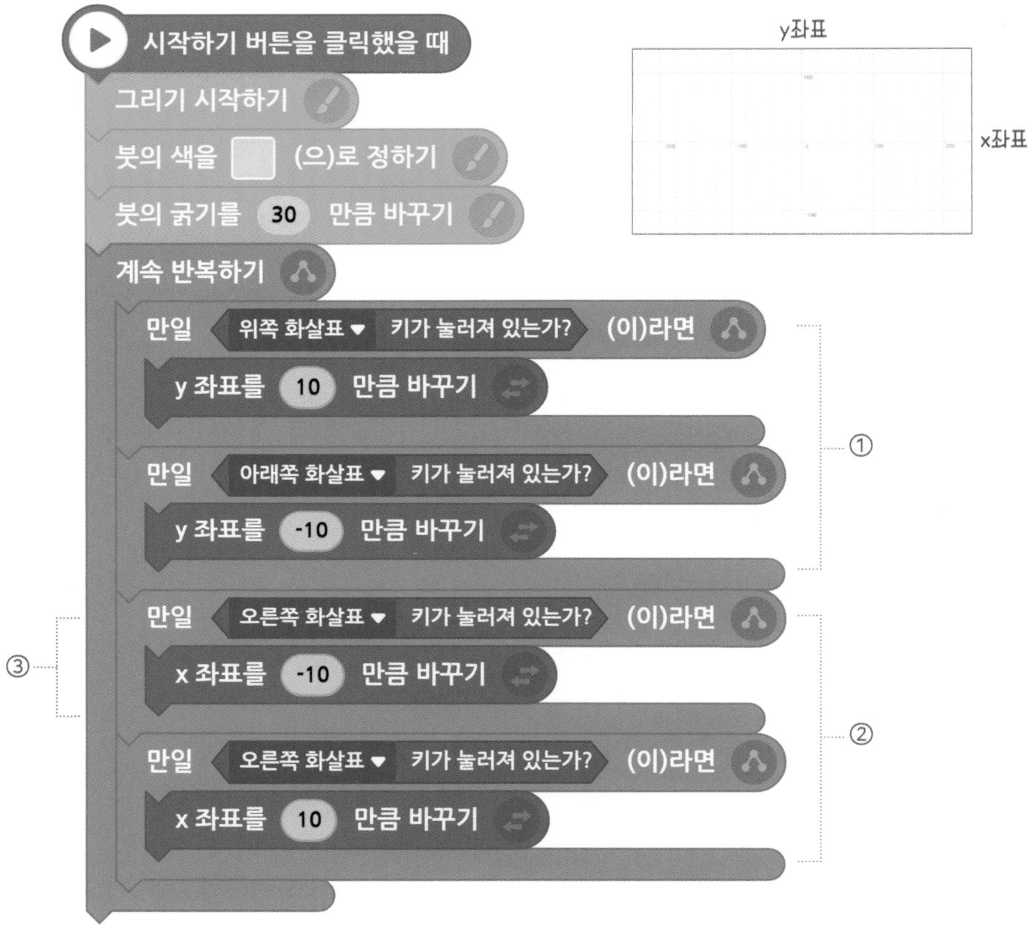

시작하기 버튼을 클릭했을 때
그리기 시작하기
붓의 색을 (으)로 정하기
붓의 굵기를 30 만큼 바꾸기
계속 반복하기
만일 위쪽 화살표 키가 눌러져 있는가? (이)라면
y 좌표를 10 만큼 바꾸기
만일 아래쪽 화살표 키가 눌러져 있는가? (이)라면
y 좌표를 -10 만큼 바꾸기
만일 오른쪽 화살표 키가 눌러져 있는가? (이)라면
x 좌표를 -10 만큼 바꾸기
만일 오른쪽 화살표 키가 눌러져 있는가? (이)라면
x 좌표를 10 만큼 바꾸기
①
②
③
y좌표
x좌표

코드를 유심히 살펴보니 ②번 블록에 [오른쪽 화살표 ▾ 키가 눌러져 있는가?] 판단 블록이 두 번이나 사용되었네요. 동일한 판단 블록이 사용되면 안 되는데 말입니다.
그러므로 ③번 블록의 판단식을 [왼쪽 화살표 ▾ 키가 눌러져 있는가?] 블록으로 변경하면 잘 동작할 거예요.

정답 **오른쪽 화살표에 대한 판단 블록이 중복되어 있고 왼쪽 화살표에 대한 판단 블록이 없습니다.**

011 실행 흐름 이해하기 보물상자(1)

난이도★

암호값 0
대답 0
암호를 입력하세요.

다음은 암호를 입력해 보물상자를 여는 코드입니다. 그런데 코드를 실행해 암호를 입력해도 '암호를 입력하세요'라는 질문만 계속 나타나는 문제가 생겼습니다. 아래 코드에서 잘못된 위치에 동그라미 표시하고, 그 이유를 설명하세요.

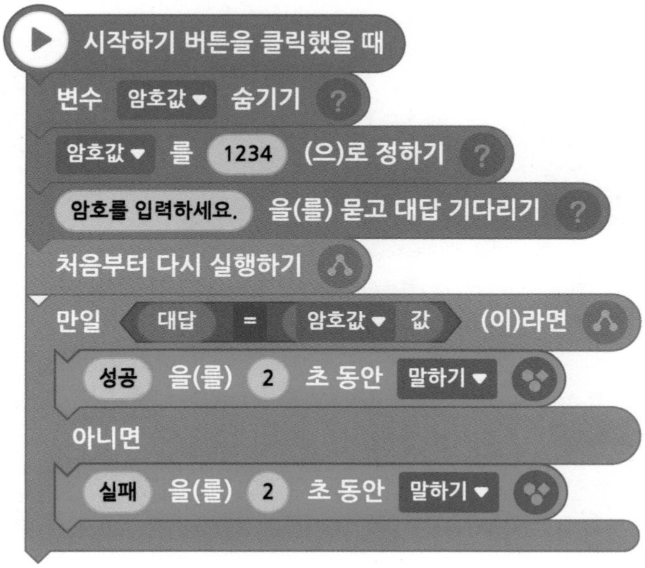
시작하기 버튼을 클릭했을 때
변수 암호값 숨기기
암호값 를 1234 (으)로 정하기
암호를 입력하세요. 을(를) 묻고 대답 기다리기
처음부터 다시 실행하기
만일 대답 = 암호값 값 (이)라면
성공 을(를) 2 초 동안 말하기
아니면
실패 을(를) 2 초 동안 말하기

힌트 : 코드가 어떻게 동작해야 하는지 머릿속으로 생각해보세요. 올바른 암호를 입력하면 '성공'이라고 말하고, 잘못된 암호를 입력하면 '실패'라고 말해줍니다. 코드를 실행했을 때 '암호를 입력하세요'라는 질문은 나오지만 '성공'과 '실패'라는 말하기 창이 나오지 않는 것을 보니 이 근처의 코드가 잘못되었다는 신호입니다.

문제 해결 길잡이

[시작하기 버튼을 클릭했을 때] 블록은 실행화면에서 시작하기 ▶ 버튼을 클릭할 때 실행됩니다. 블록으로 연결된 코드는 위에서 아래로 순서대로 실행되기 때문에 시작하기 ▶ 버튼을 클릭하면 ①→②→③→④ 순으로 동작합니다.

하지만 [처음부터 다시 실행하기] 블록이 실행되면 코드가 처음부터 다시 실행되므로 아래 ⑤번 블록들이 실행되지 않고 다시 ①번 블록부터 실행됩니다. 아하! 이 블록이 문제였네요.

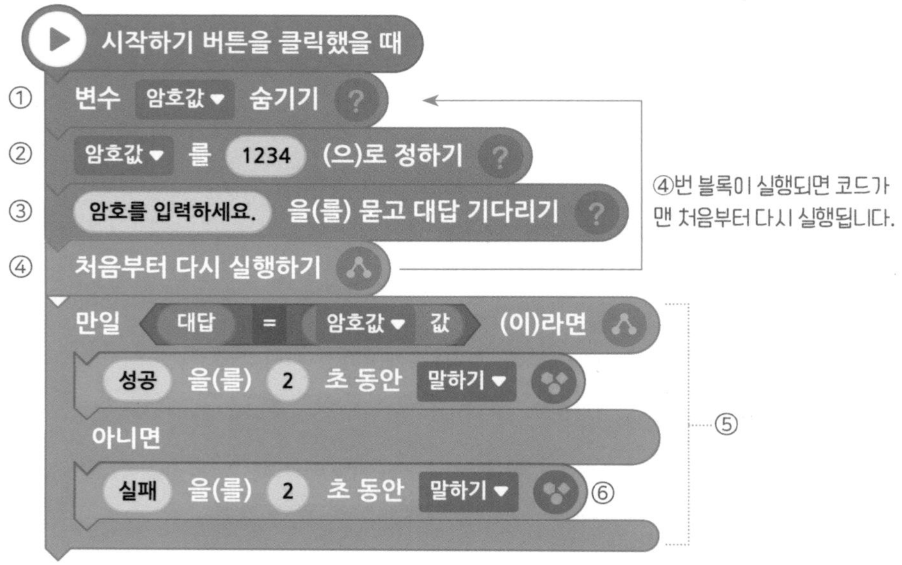

시작하기 버튼을 클릭했을 때
① 변수 암호값 숨기기
② 암호값 를 1234 (으)로 정하기
③ 암호를 입력하세요. 을(를) 묻고 대답 기다리기
④ 처음부터 다시 실행하기
만일 대답 = 암호값 값 (이)라면
성공 을(를) 2 초 동안 말하기
아니면
실패 을(를) 2 초 동안 말하기 ⑥
⑤
④번 블록이 실행되면 코드가 맨 처음부터 다시 실행됩니다.

암호를 입력해 보물상자를 여는 코드가 제대로 실행되기 위해서는 [처음부터 다시 실행하기] 블록을 ⑥번 블록 다음에 끼워주면 된답니다. 그러면 암호를 잘못 입력했을 경우에만 코드가 처음부터 실행됩니다.

정답 [처음부터 다시 실행하기] **블록의 위치가 잘못되었습니다.**

012 버그 수정하기 보물상자(2)

난이도★★

암호값 0
대답 0
암호를 입력하세요.

암호를 입력해 보물상자를 여는 코드입니다. 그런데, 암호를 정확히 입력했을 때는 보물상자가 열리지 않다가, 오히려 잘못된 비밀번호를 입력하니 보물상자가 열려버렸습니다. 코드를 보니 블록의 위치를 변경해 버그(오류)를 고칠 수 있겠는데요. 아래 오른쪽 코드의 빈칸 가, 나, 다, 라에 들어갈 블록을 보기에서 골라 버그를 잡아주세요.

버그가 있는 코드

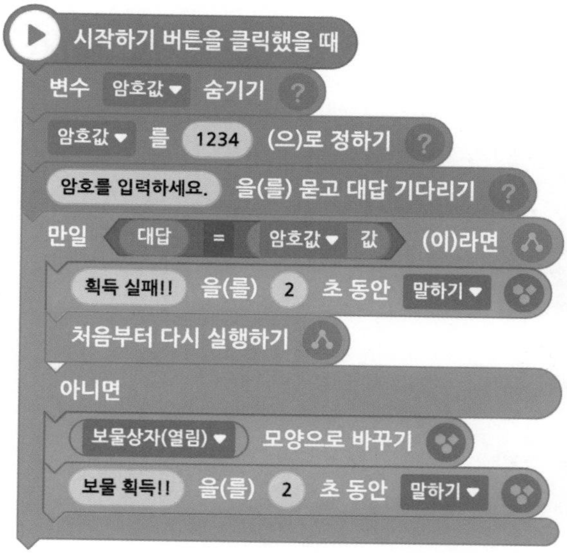
시작하기 버튼을 클릭했을 때
변수 암호값 숨기기
암호값 를 1234 (으)로 정하기
암호를 입력하세요. 을(를) 묻고 대답 기다리기
만일 대답 = 암호값 값 (이)라면
획득 실패!! 을(를) 2 초 동안 말하기
처음부터 다시 실행하기
아니면
보물상자(열림) 모양으로 바꾸기
보물 획득!! 을(를) 2 초 동안 말하기

버그를 수정한 코드

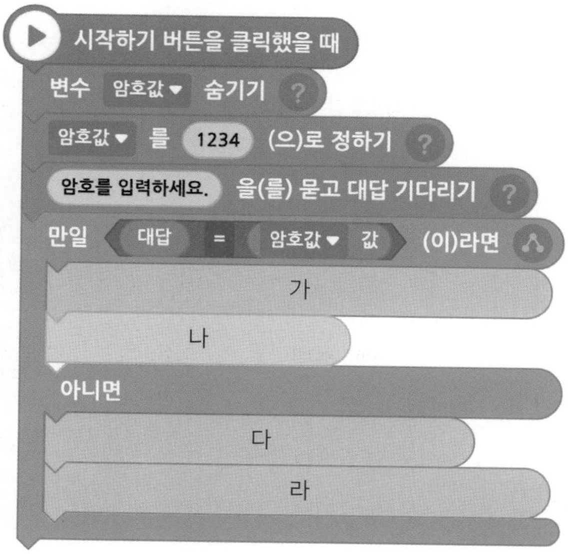
시작하기 버튼을 클릭했을 때
변수 암호값 숨기기
암호값 를 1234 (으)로 정하기
암호를 입력하세요. 을(를) 묻고 대답 기다리기
만일 대답 = 암호값 값 (이)라면
가
나
아니면
다
라

보기

① 획득 실패!! 을(를) 2 초 동안 말하기
② 보물상자(열림) 모양으로 바꾸기
③ 처음부터 다시 실행하기
④ 보물 획득!! 을(를) 2 초 동안 말하기

문제 해결 길잡이

코드에서 `만일 〈대답 = 암호값▾ 값〉 (이)라면` 블록이 실행되면, 대답과 암호값을 비교합니다. 대답과 암호값이 같으면 보기에서 어떤 블록이 실행되어야 할까요?

보기

① `획득 실패!! 을(를) 2 초 동안 말하기▾`

② `보물상자(열림)▾ 모양으로 바꾸기`

③ `처음부터 다시 실행하기`

④ `보물 획득!! 을(를) 2 초 동안 말하기▾`

대답과 암호값이 같다는 것은 암호를 정확히 입력했다는 의미입니다. 그러므로 ②번과 ④번 블록이 실행되어야 합니다. 만약 대답과 암호값이 다르다면 ①번과 ③번 블록이 실행되어야 하지요. 짠! 완성된 코드의 모습은 다음과 같습니다.

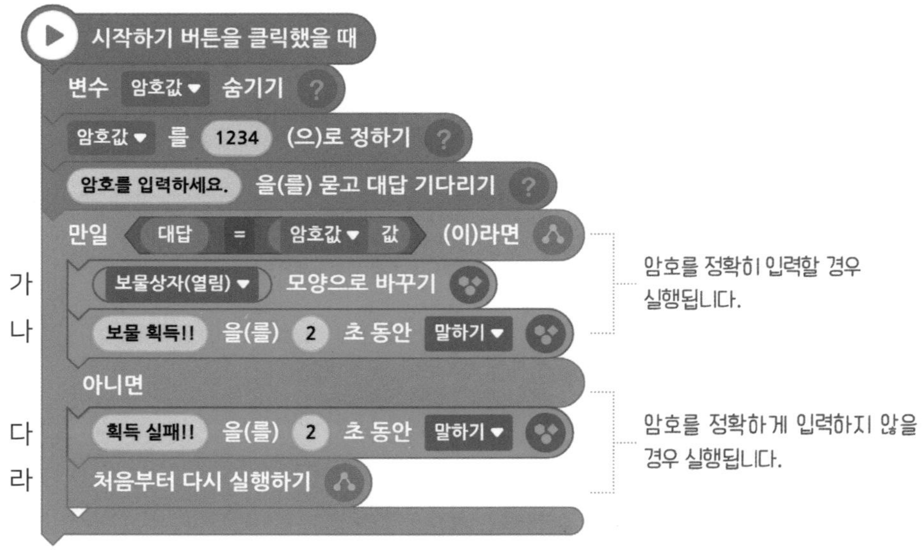

시작하기 버튼을 클릭했을 때
변수 암호값▾ 숨기기
암호값▾ 를 1234 (으)로 정하기
암호를 입력하세요. 을(를) 묻고 대답 기다리기
만일 대답 = 암호값▾ 값 (이)라면
가 보물상자(열림)▾ 모양으로 바꾸기
나 보물 획득!! 을(를) 2 초 동안 말하기▾
아니면
다 획득 실패!! 을(를) 2 초 동안 말하기▾
라 처음부터 다시 실행하기
암호를 정확히 입력할 경우 실행됩니다.
암호를 정확하게 입력하지 않을 경우 실행됩니다.

정답 가와 나 블록의 경우 서로 순서가 바뀌어도 문제없습니다.
가: ②, 나: ④, 다: ①, 라: ③ 또는
가: ④, 나: ②, 다: ①, 라: ③

013 버그 수정하기 두더지 잡기 게임

난이도★★

점수 0
초시계 30.0

다음은 두더지 잡기 게임의 코드 일부입니다. '시작하기' 버튼을 클릭했는데도 게임이 실행되지 않고 멈춰 있습니다. 그 이유가 무엇일까요? 잘못된 코드에 동그라미 표시를 하고 올바르게 고쳐보세요.

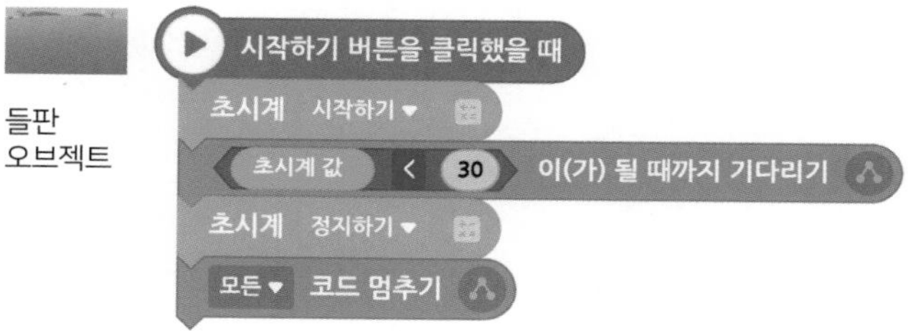
들판 오브젝트
시작하기 버튼을 클릭했을 때
초시계 시작하기
초시계 값 < 30 이(가) 될 때까지 기다리기
초시계 정지하기
모든 코드 멈추기

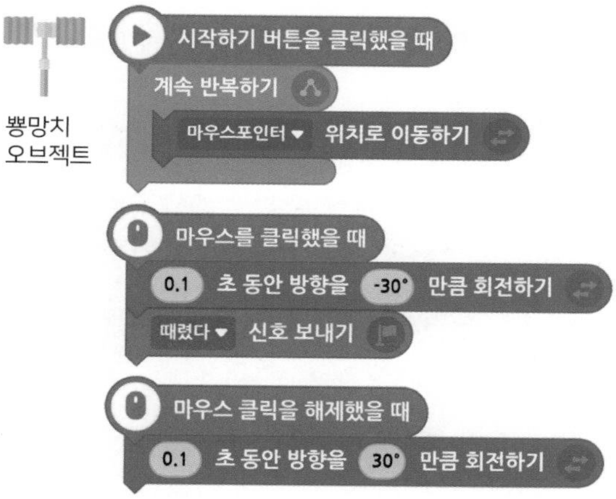
뿅망치 오브젝트
시작하기 버튼을 클릭했을 때
계속 반복하기
마우스포인터 위치로 이동하기
마우스를 클릭했을 때
0.1 초 동안 방향을 -30° 만큼 회전하기
때렸다 신호 보내기
마우스 클릭을 해제했을 때
0.1 초 동안 방향을 30° 만큼 회전하기

두더지 오브젝트
시작하기 버튼을 클릭했을 때
계속 반복하기
모양 숨기기
0.5 부터 3 사이의 무작위 수 초 기다리기
x: -200 부터 200 사이의 무작위 수 y: -100 부터 100 사이의 무작위 수 위치로 이동하기
모양 보이기
0.5 부터 3 사이의 무작위 수 초 기다리기

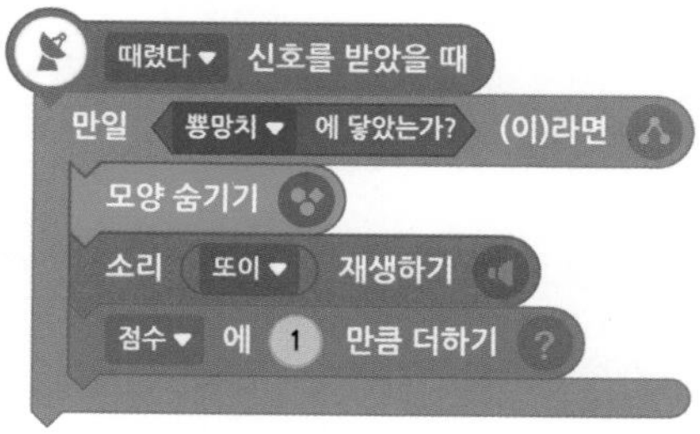
때렸다 신호를 받았을 때
만일 뿅망치 에 닿았는가? (이)라면
모양 숨기기
소리 또이 재생하기
점수 에 1 만큼 더하기

힌트 : 참 이(가) 될 때까지 기다리기 블록은 판단식이 '참'이 될 때까지 실행을 멈추고 기다리는 흐름 블록입니다.

문제 해결 길잡이

시작하기 버튼을 클릭하면 초시계가 움직이기 시작하고, 30초를 기다린 후 초시계가 정지해야 하는데요. 들판 오브젝트 코드를 보니 초시계가 바로 정지하도록 작성되어 있네요.

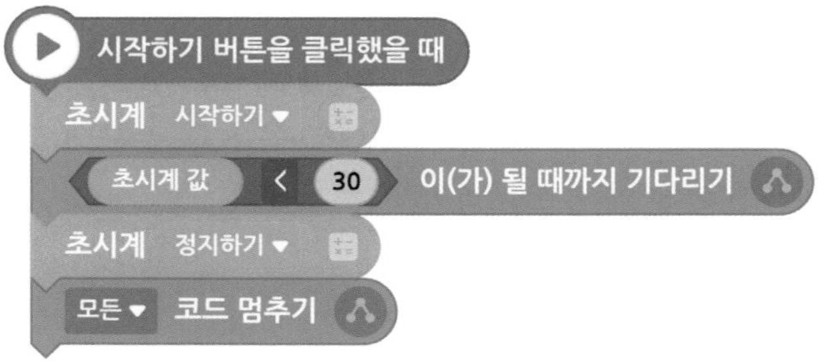

시작하기 버튼을 클릭했을 때
초시계 시작하기
초시계 값 < 30 이(가) 될 때까지 기다리기
초시계 정지하기
모든 코드 멈추기

초시계가 시작되자마자 판단식(0.1 < 30)이 참이 되므로 아래 연결된 블록이 실행되어 모든 코드를 멈춥니다.

(초시계 값 < 30) 코드를 (초시계 값 > 30) 코드로 바꾸면 시작하기 버튼을 클릭하고 30초가 지난 후 초시계가 멈추게 됩니다.

버그가 수정된 코드는 다음과 같습니다.

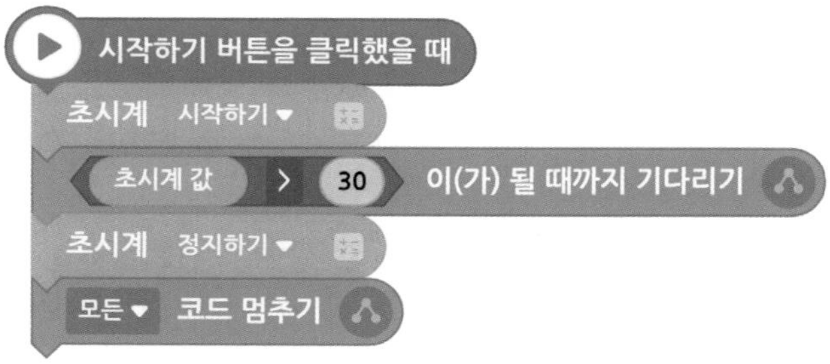

시작하기 버튼을 클릭했을 때
초시계 시작하기
초시계 값 > 30 이(가) 될 때까지 기다리기
초시계 정지하기
모든 코드 멈추기

초시계 값이 30보다 커질 때까지 기다립니다. 초시계값이 30보다 커지면 판단식이 참이 되어 아래 연결된 블록이 실행됩니다.

정답 (초시계 값 < 30) **판단식의 부등호가 잘못 지정되었습니다.**

학부모 길잡이

코딩을 하다 보면 판단식의 부등호를 잘못 설정해서 버그가 생기는 경우가 종종 있습니다.
그러므로 판단식이 언제 '참'이 될 수 있는지 확인하는 연습이 필요하답니다.

014 코드 변경하기 점프 게임

난이도★★★

다음은 육상선수의 점프 게임을 위한 코드입니다. 육상선수가 하늘에 떠 있는 노랑별에 몸이 닿으면 1점을 얻고, 바닥에 있는 뱀에 닿으면 진행을 멈추는 게임입니다. 그런데, 코드를 수정해서 육상선수가 노랑별에 몸이 닿으면 2점을 얻고, 뱀에 닿으면 1점을 감점하도록 하고 싶습니다. 이때 뱀은 오른쪽 끝으로 이동해야 하고 게임이 멈추지 않아야 합니다. 코드를 어떻게 고쳐야 하는지 설명해보세요.

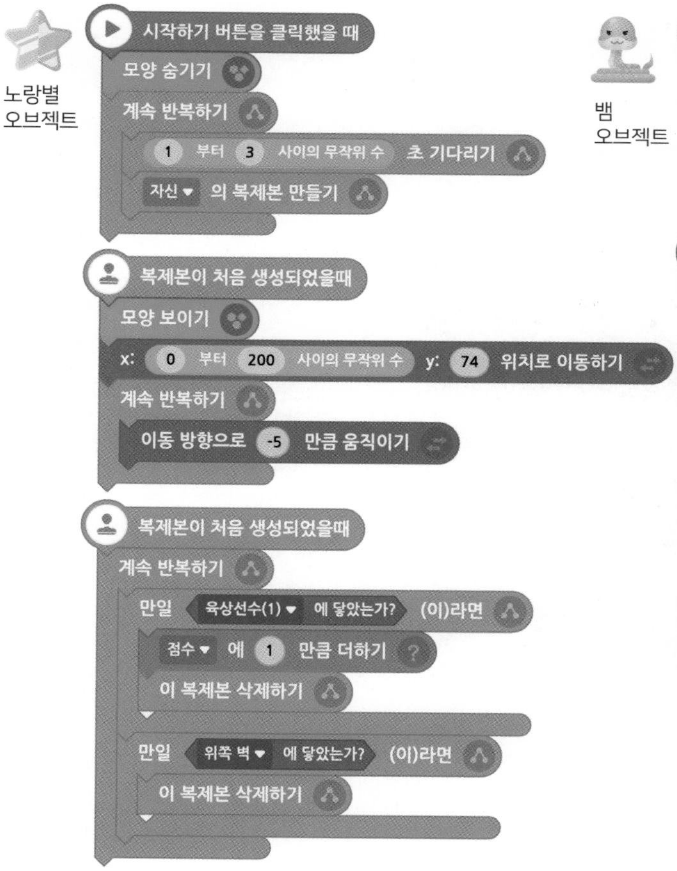

문제 해결 길잡이

주어진 문제를 해결하기 위해서는 노랑별이든 뱀이든 '육상선수(1)에 닿았는가?' 판단 블록에 포함된 부분을 수정해야 합니다. 노랑별이 육상선수에 닿으면 [점수▾ 에 1 만큼 더하기] 블록이 실행되어 점수가 1점 올라갑니다. 2점 올라가도록 하려면, 노란색 영역의 숫자를 1에서 2로 바꿔주면 됩니다.

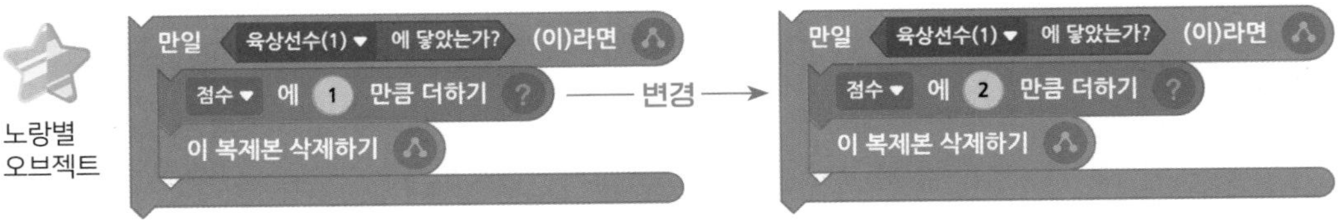

다음으로 뱀 오브젝트의 해당 부분을 살펴보면, 뱀이 육상선수에 닿을 때 초시계가 정지하고 모든 코드가 멈추도록 작성되어 있습니다. 점수를 1점 감점하고 게임을 계속하기 위해서는 우선 [초시계 정지하기▾] 블록과 [모든▾ 코드 멈추기] 블록을 삭제해야 합니다.

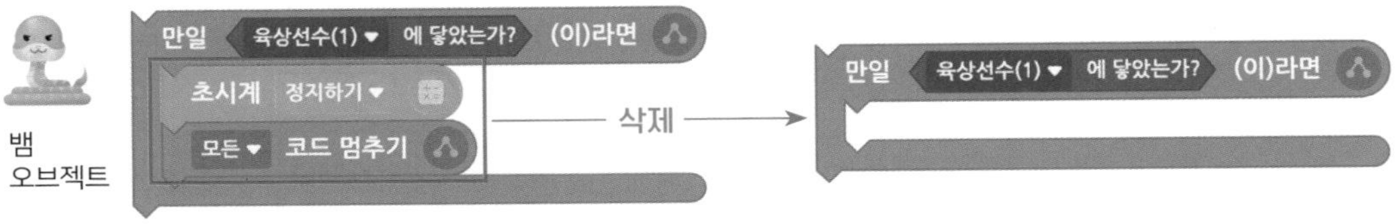

그리고 해당 위치에 점수를 감점하기 위한 [점수▾ 에 -1 만큼 더하기] 블록과 뱀이 화면 오른쪽 끝으로 이동하도록 하는 [x: 200 위치로 이동하기] 블록을 추가해주면 됩니다. 더하여, 게임이 동적으로 보이도록 뱀이 오른쪽으로 이동할 때는 0~3초 사이 시간 동안 기다리도록 [0 부터 3 사이의 무작위 수 초 기다리기] 블록을 추가해주었답니다. 수정된 코드는 다음과 같습니다.

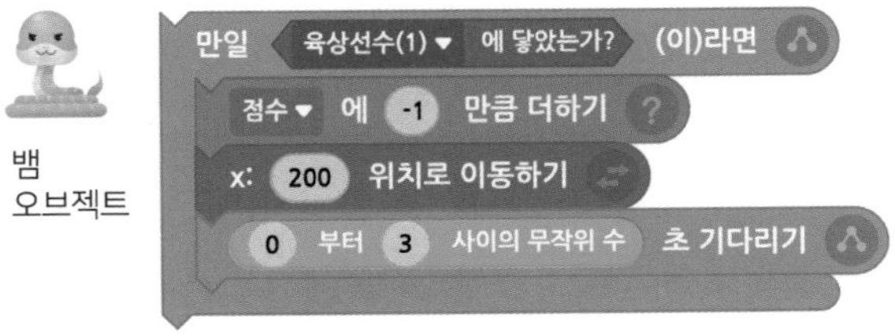

정답 위 해설을 참조하세요.

015 변수 연습하기 구구단 맞히기 게임

난이도★

다음은 구구단 맞히기 게임의 코드입니다. 이 코드에서 사용된 변수의 개수와 신호의 개수의 합을 구하세요.

· 코드에 사용된 변수의 개수는?

· 코드에 사용된 신호의 개수는?

· 두 개수의 합은?

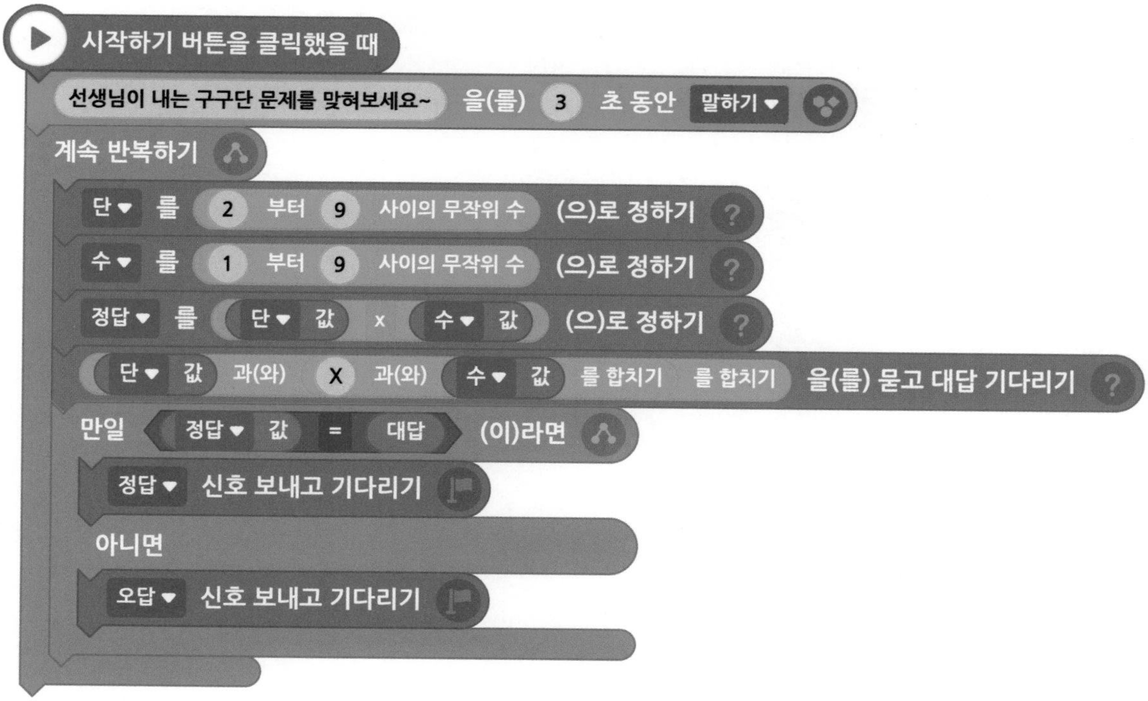

문제 해결 길잡이

문제의 코드에서 변수는 '~로 정하기' 블록이 사용된 것을 보면 알 수 있습니다.
'단', '수', '정답' 이렇게 3개의 변수가 사용되었네요. 그리고 '대답'도 변수에 해당합니다.
신호는 '정답'과 '오답' 이렇게 2개가 사용되었습니다.

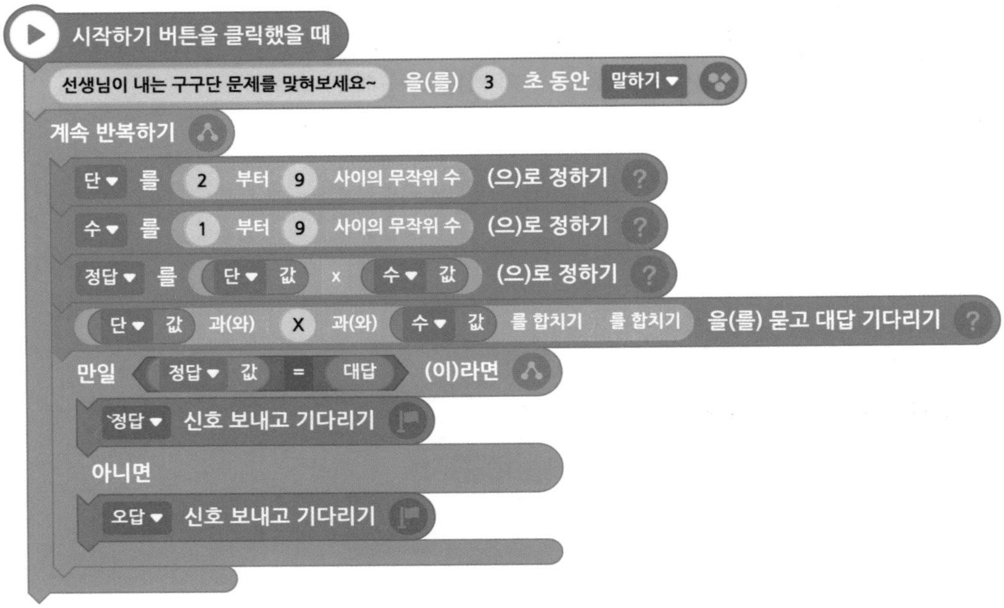

시작하기 버튼을 클릭했을 때
선생님이 내는 구구단 문제를 맞혀보세요~ 을(를) 3 초 동안 말하기
계속 반복하기
단 를 2 부터 9 사이의 무작위 수 (으)로 정하기
수 를 1 부터 9 사이의 무작위 수 (으)로 정하기
정답 를 단 값 x 수 값 (으)로 정하기
단 값 과(와) X 과(와) 수 값 를 합치기 를 합치기 을(를) 묻고 대답 기다리기
만일 정답 값 = 대답 (이)라면
정답 신호 보내고 기다리기
아니면
오답 신호 보내고 기다리기

정답 **변수가 4개, 신호가 2개이므로 합은 6이 됩니다.**

개념 다지기

변수 : 변수는 변하는 값을 담기 위한 상자입니다.

변하는 값

신호 : 다른 위치에 작성된 코드가 실행되도록 신호를 보냅니다. 신호를 보내는 블록이 있다면 반드시 신호를 받는 블록이 있어야 합니다.

신호 보내기 ⟶ 신호 받기

016 변수 연습하기 합계와 평균 구하기

난이도★★★

번호 0
합계 0
평균 0
10개의 숫자를 입력하세요.
대답 0

연속되는 10개의 숫자를 입력받아 합계와 평균을 구하는 프로그램을 만들기 위해 '번호', '평균', '합계' 변수를 사용하여 만든 코드입니다. 회색 빈칸에 들어갈 변수의 이름을 순서대로 작성해보세요.

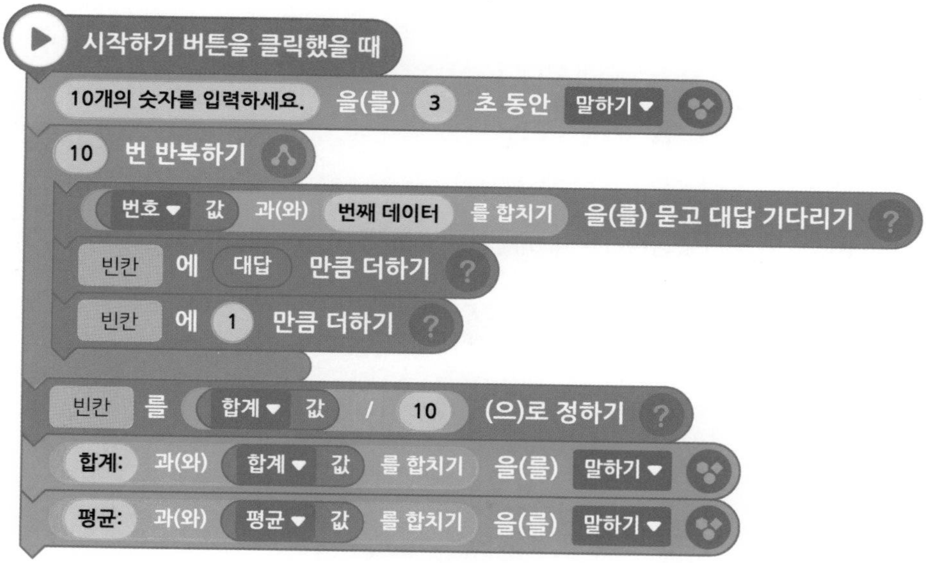
시작하기 버튼을 클릭했을 때
10개의 숫자를 입력하세요. 을(를) 3 초 동안 말하기
10 번 반복하기
번호 값 과(와) 번째 데이터 를 합치기 을(를) 묻고 대답 기다리기
빈칸 에 대답 만큼 더하기
빈칸 에 1 만큼 더하기
빈칸 를 합계 값 / 10 (으)로 정하기
합계: 과(와) 합계 값 를 합치기 을(를) 말하기
평균: 과(와) 평균 값 를 합치기 을(를) 말하기

문제 해결 길잡이

숫자를 입력하면 '대답' 변수에 담기게 됩니다.
대답의 값을 '합계' 변수에 더하면 숫자의 합을 구할 수 있는데요.
그렇기 때문에 첫번째 빈칸은 '합계'가 되어야 합니다.

합계 ▾ 에 대답 만큼 더하기 ?

1번째 데이터

오른쪽 실행화면의 사람을 보면 '1번째 데이터'와 같이 번호를 순차적으로 올리면서 질문을 하는데요. 이와 관련된 코드가 바로 다음 블록입니다.

번호 ▾ 값 과(와) 번째 데이터 를 합치기 을(를) 묻고 대답 기다리기 ?

여기서 번호를 올리기 위해서는 '번호' 변수에 1만큼 더해야 합니다.
그래서 두번째 빈칸은 '번호'가 되어야 합니다.

번호 ▾ 에 1 만큼 더하기 ?

평균은 합계를 10으로 나눈 값이므로 세 번째 빈칸은 '평균'이 되어야 하지요.

평균 ▾ 를 합계 ▾ 값 / 10 (으)로 정하기 ?

정답 **합계, 번호, 평균**

학부모 길잡이

코딩에서 변수를 활용하는 것은 매우 중요한 일입니다.
변수에 어떤 값이 들어가는지 확인하면서 코딩 연습을 할 수 있도록 도와주세요.

017 코드 완성하기 도형 그리기(1)

난이도★★

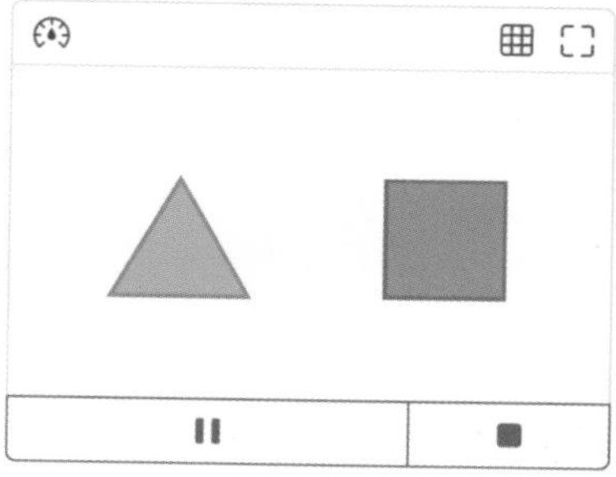

다음은 정삼각형과 정사각형을 그리는 코드입니다. 빈칸 가, 나, 다, 라, 마, 바에 들어갈 값을 구하세요.

연필 오브젝트

```
삼각형 ▾ 신호를 받았을 때
모든 붓 지우기
모양 보이기
그리기 시작하기
가 번 반복하기
    이동 방향으로 나 만큼 움직이기
    이동 방향을 다 만큼 회전하기
모양 숨기기
```

```
사각형 ▾ 신호를 받았을 때
모든 붓 지우기
모양 보이기
그리기 시작하기
라 번 반복하기
    이동 방향으로 마 만큼 움직이기
    이동 방향을 바 만큼 회전하기
모양 숨기기
```

힌트 : 정삼각형의 변이 3개이고, 정사각형의 변은 4개입니다. 이것이 반복하기 횟수와 관련이 있습니다.

문제 해결 길잡이

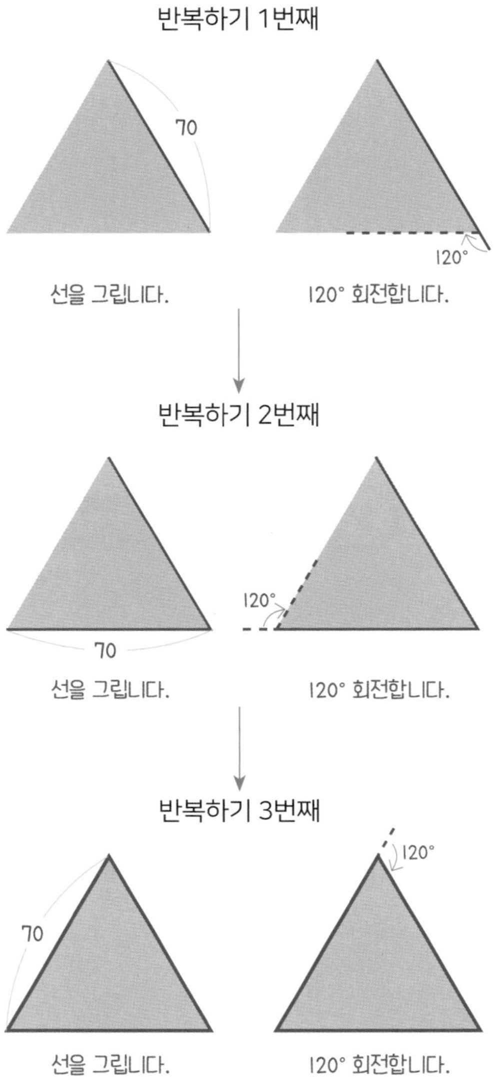

반복하기 1번째
70
120°
선을 그립니다.
120° 회전합니다.
반복하기 2번째
120°
70
선을 그립니다.
120° 회전합니다.
반복하기 3번째
120°
70
선을 그립니다.
120° 회전합니다.

삼각형을 그리려면 현재의 이동 방향으로 70만큼 연필을 움직여 선을 그리고, 120°만큼 회전해야 합니다. 이것을 세 번 반복하면 정삼각형이 그려집니다.

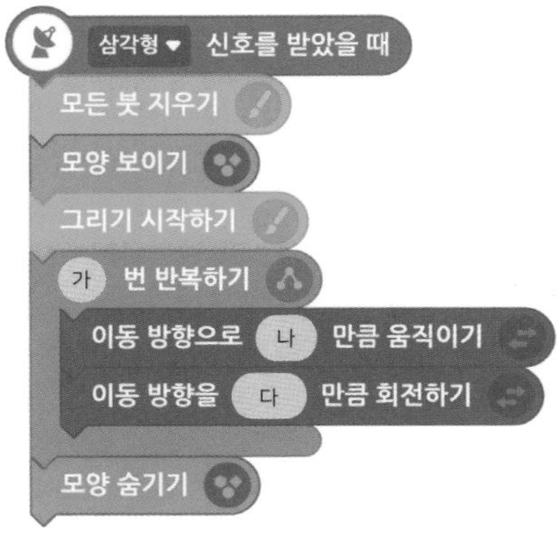

삼각형 신호를 받았을 때
모든 붓 지우기
모양 보이기
그리기 시작하기
가 번 반복하기
이동 방향으로 나 만큼 움직이기
이동 방향을 다 만큼 회전하기
모양 숨기기

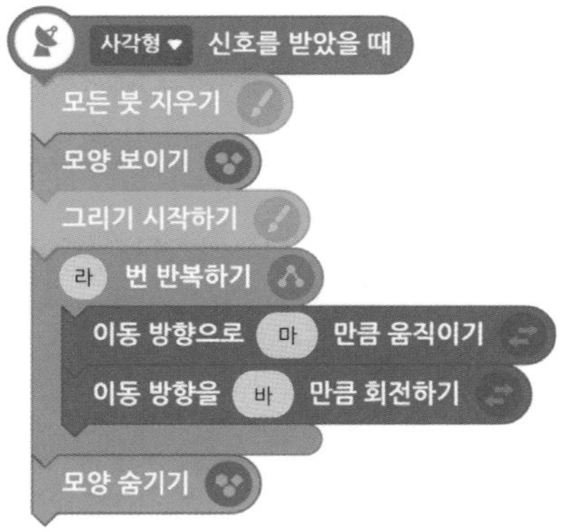

사각형 신호를 받았을 때
모든 붓 지우기
모양 보이기
그리기 시작하기
라 번 반복하기
이동 방향으로 마 만큼 움직이기
이동 방향을 바 만큼 회전하기
모양 숨기기

사각형을 그리려면 현재의 이동 방향으로 70만큼 연필을 움직여 선을 그리고, 90°만큼 회전해야 합니다. 이것을 네 번 반복하면 정사각형이 그려집니다.

정답 **가: 3, 나: 70, 다: 120°, 라: 4, 마: 70, 바: 90°**
나와 마의 경우 70 대신에 다른 숫자(예: 90)를 넣어도 됩니다.

018 코드 완성하기 도형 그리기(2)

난이도★★

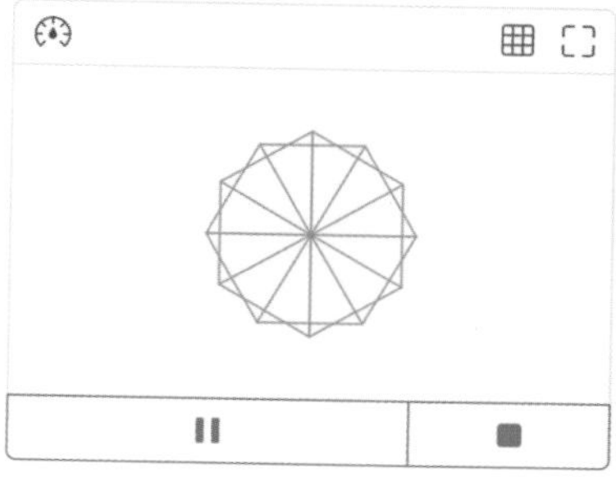

다음은 정삼각형을 12번 반복해 둥근 원 패턴을 그리는 코드입니다. 회색 빈칸 가, 나, 다, 라, 마에 들어갈 값을 구하세요.

연필
오브젝트
정삼각형을30도씩
신호를 받았을 때
모든 붓 지우기
모양 보이기
그리기 시작하기
가
번 반복하기
나
번 반복하기
이동 방향으로
다
만큼 움직이기
이동 방향을
라
만큼 회전하기
이동 방향을
마
만큼 회전하기
모양 숨기기

힌트 : 빈칸 '가'를 알기 위해서는 정삼각형이 몇 개인지 세어보세요. '나', '다', '라'는 정삼각형을 그리는 것과 관련이 있습니다. 정삼각형이 일정 규칙으로 회전하고 있습니다. 회전각도를 알면 '마'를 구할 수 있습니다.

문제 해결 길잡이

정삼각형을 이용해 둥근 원 패턴을 그리기 위해서는 정삼각형을 그리고 30°씩 회전하는 동작을 12번 반복해야 합니다.

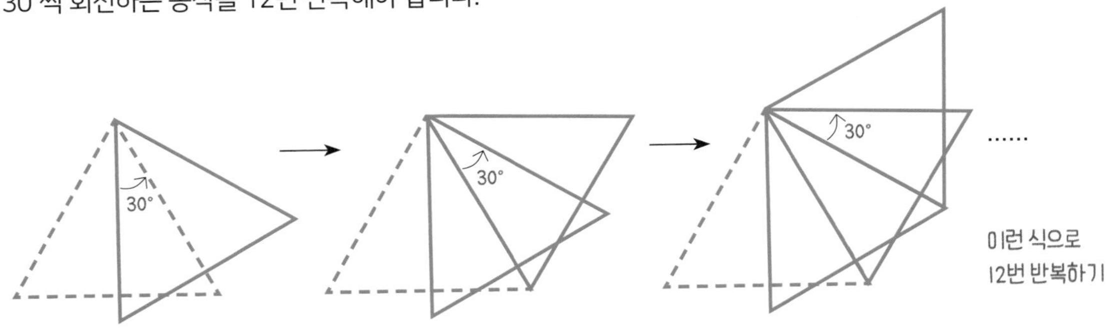

30°
30°
30°
......
이런 식으로
12번 반복하기

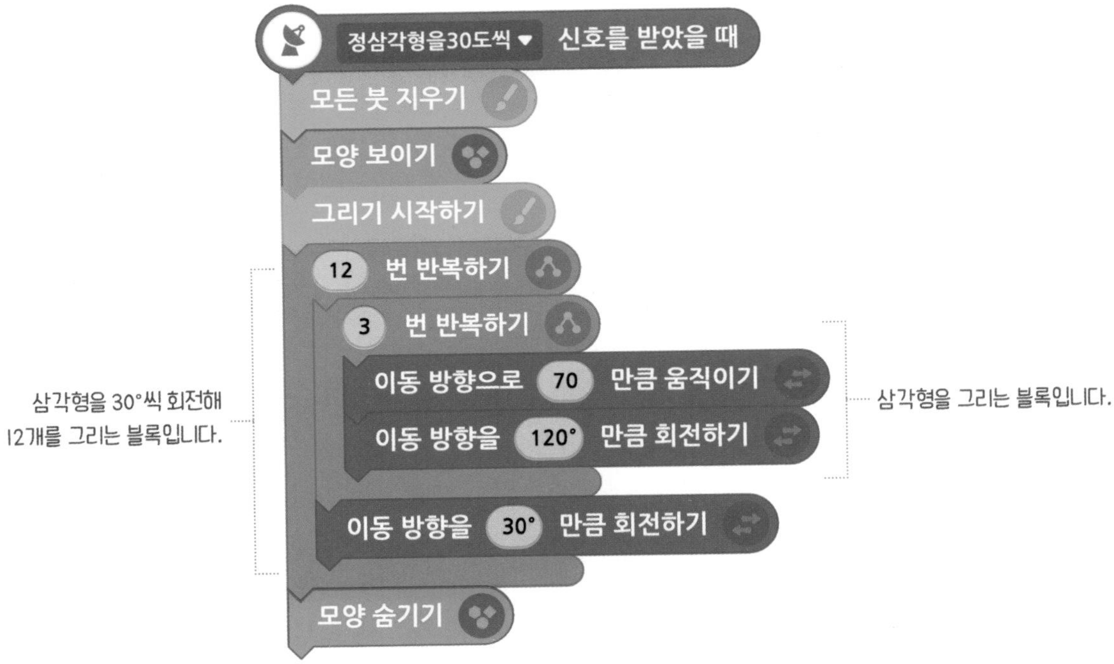

정삼각형을30도씩 ▾ 신호를 받았을 때
모든 붓 지우기
모양 보이기
그리기 시작하기
12 번 반복하기
3 번 반복하기
이동 방향으로 70 만큼 움직이기
이동 방향을 120° 만큼 회전하기
이동 방향을 30° 만큼 회전하기
모양 숨기기
삼각형을 30°씩 회전해
12개를 그리는 블록입니다.
삼각형을 그리는 블록입니다.

정답 가: 12, 나: 3, 다: 70, 라: 120°, 마: 30°
다의 경우 70 대신에 다른 숫자(예: 90)를 넣어도 됩니다.

019 반복 연습하기 도형 그리기(3)

난이도★

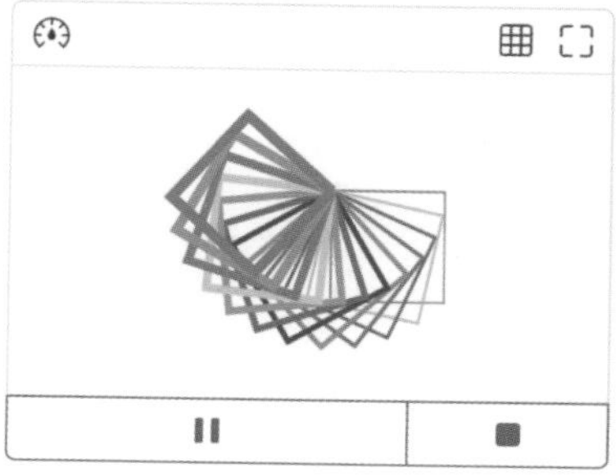

다음은 정사각형을 12번 반복해 패턴을 그리는 코드입니다. 이 코드를 실행하면 ①번과 ②번 블록이 몇 번 실행되는지 횟수를 구하세요.

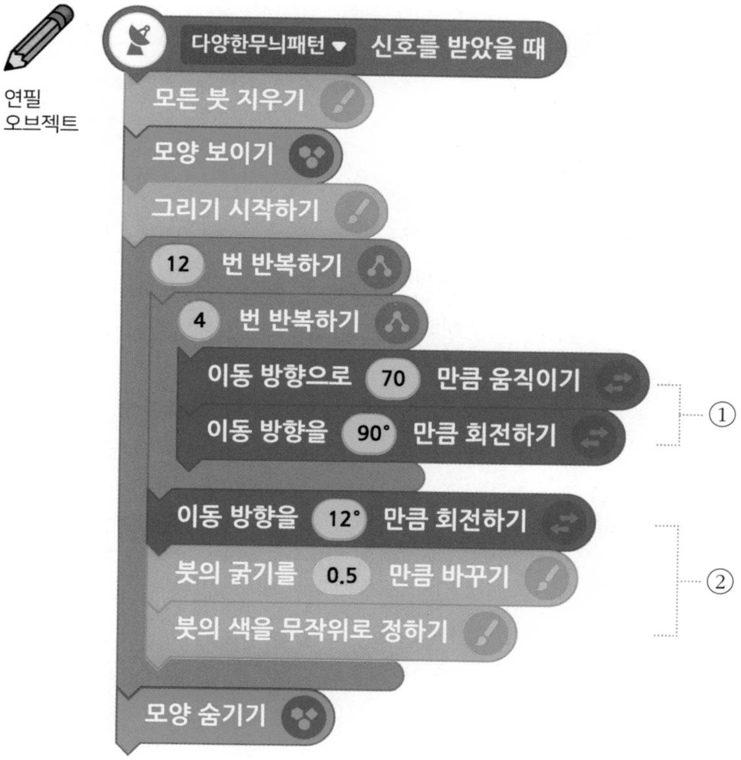
연필
오브젝트
다양한무늬패턴 ▾ 신호를 받았을 때
모든 붓 지우기
모양 보이기
그리기 시작하기
12 번 반복하기
4 번 반복하기
이동 방향으로 70 만큼 움직이기
이동 방향을 90° 만큼 회전하기
①
이동 방향을 12° 만큼 회전하기
붓의 굵기를 0.5 만큼 바꾸기
붓의 색을 무작위로 정하기
②
모양 숨기기

힌트 : 반복하기의 숫자를 통해 해당 블록이 몇 번 반복하는지 알 수 있습니다.

문제 해결 길잡이

12번 반복하기 블록 안에 4번 반복하기 블록이 있고,
4번 반복하기 안에 ①번 블록이 있습니다. 그러므로 ①번 블록은 48번(=12번×4번) 실행됩니다.

②번 블록은 12번 반복하기 블록 안에 있으므로 12번만 실행된답니다.

다양한무늬패턴 신호를 받았을 때
모든 붓 지우기
모양 보이기
그리기 시작하기
12 번 반복하기
4 번 반복하기
이동 방향으로 70 만큼 움직이기
이동 방향을 90° 만큼 회전하기
이동 방향을 12° 만큼 회전하기
붓의 굵기를 0.5 만큼 바꾸기
붓의 색을 무작위로 정하기
모양 숨기기
①
4번 반복
12번 반복
②

정답 ① 48번, ② 12번

020 합치기 연습하기 덧셈 프로그램

난이도★★

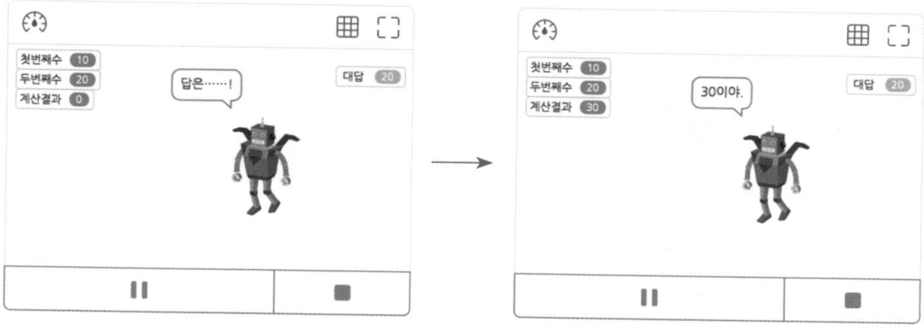
첫번째수 10
두번째수 20
계산결과 0
답은……!
대답 20
첫번째수 10
두번째수 20
계산결과 30
30이야.
대답 20

다음은 계산 로봇이 두 수를 입력받아 더한 결과를 말해주는 코드입니다. 실행화면을 보니 로봇이 "답은……!"이라고 말한 후 "30이야"라고 말합니다. 이를 위해 ①과 ② 블록이 사용되었습니다. 로봇이 "답은 30이야."라고 한 번에 말할 수 있도록 (과(와) 를 합치기) 블록을 이용해 ①과 ② 블록을 하나의 블록으로 만들어보세요.

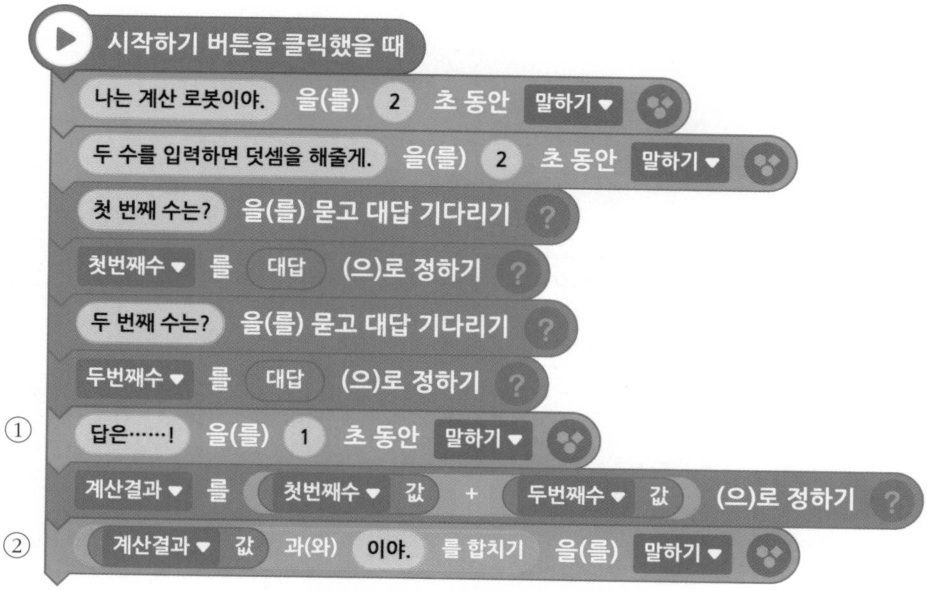
시작하기 버튼을 클릭했을 때
나는 계산 로봇이야. 을(를) 2 초 동안 말하기
두 수를 입력하면 덧셈을 해줄게. 을(를) 2 초 동안 말하기
첫 번째 수는? 을(를) 묻고 대답 기다리기
첫번째수 를 대답 (으)로 정하기
두 번째 수는? 을(를) 묻고 대답 기다리기
두번째수 를 대답 (으)로 정하기
① 답은……! 을(를) 1 초 동안 말하기
계산결과 를 첫번째수 값 + 두번째수 값 (으)로 정하기
② 계산결과 값 과(와) 이야. 를 합치기 을(를) 말하기

문제 해결 길잡이

두 숫자를 10과 20으로 입력하면, 합한 결과는 30이 됩니다. 로봇은 "답은……!"이라고 말한 다음에 "30이야"라고 말하고 있지요. ①과 ② 두 개의 블록이 사용되었기 때문입니다.

답은……!
30이야.

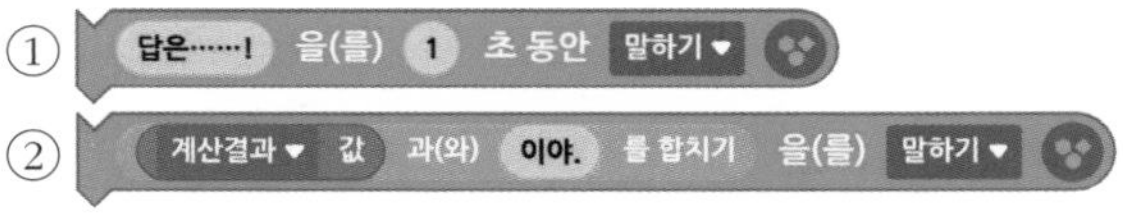
① 답은……! 을(를) 1 초 동안 말하기▾
② 계산결과▾ 값 과(와) 이야. 를 합치기 을(를) 말하기▾

계산 로봇이 "답은 30이야"라고 한 문장으로 말하게 하려면 ①과 ② 두 블록을 하나로 합치면 됩니다. ②번의 계산결과▾ 값 과(와) 이야. 를 합치기 는 '계산결과' 변수값과 '이야.' 글자를 합쳐주는 블록입니다. 계산결과 변수에 30이 들어 있으면 '30이야.'가 되고, 20이 들어 있으면 '20이야.'가 됩니다.

이제 과(와) 를 합치기 블록을 이용해서 '답은'과 계산결과▾ 값 과(와) 이야. 를 합치기 블록을 합쳐주면 되는데요. 글자와 블록을 합치기 위해, 화살표 위치에 글자를 써주고 블록은 쏙 끼워주세요.

과(와) 를 합치기
계산결과▾ 값 과(와) 이야. 를 합치기 블록을 끼워주세요.
'답은'을 써주세요.

마지막으로, 붉은색의 말하기 블록에 노란색 합치기 블록을 넣어주면 완성입니다.

답은 과(와) 계산결과▾ 값 과(와) 이야. 를 합치기 를 합치기
을(를) 말하기▾

답은 30이야.

정답

답은 과(와) 계산결과▾ 값 과(와) 이야. 를 합치기 를 합치기 을(를) 말하기▾

021 코드 변경하기 뺄셈 프로그램

난이도★

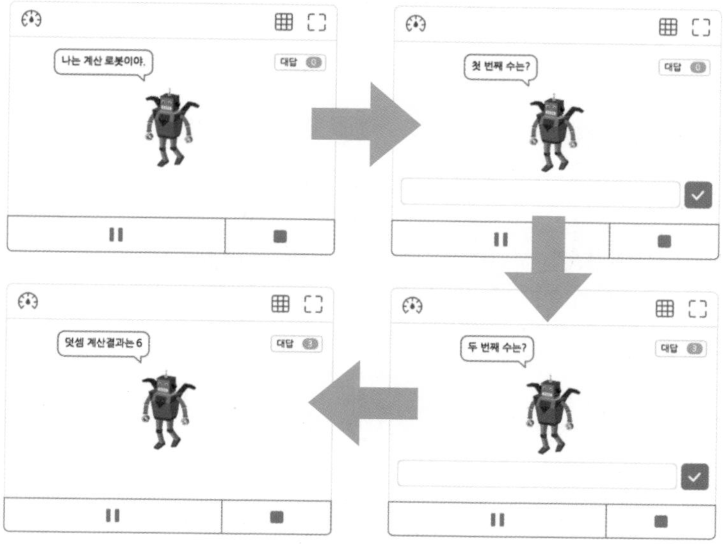

나는 계산 로봇이야.
대답 0
첫 번째 수는?
대답 0
두 번째 수는?
대답 3
덧셈 계산결과는 6
대답 3

계산 로봇이 덧셈을 실행하고 있네요. 이제 뺄셈을 해보려 합니다. 아래 코드에서 덧셈 코드를 뺄셈 코드로 바꾸기 위해 수정해야 할 부분이 세 군데 있습니다. 어디를 고쳐야 할까요? 동그라미로 표시해보세요.

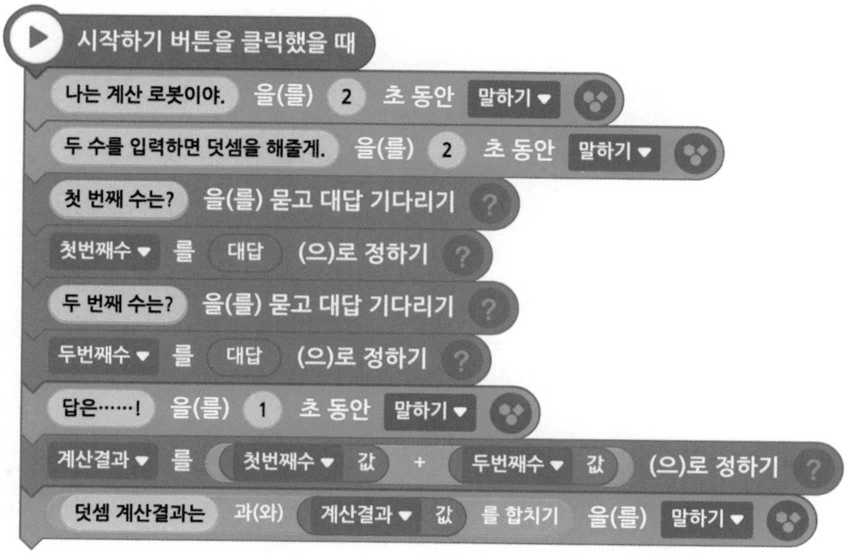

시작하기 버튼을 클릭했을 때
나는 계산 로봇이야. 을(를) 2 초 동안 말하기
두 수를 입력하면 덧셈을 해줄게. 을(를) 2 초 동안 말하기
첫 번째 수는? 을(를) 묻고 대답 기다리기
첫번째수 를 대답 (으)로 정하기
두 번째 수는? 을(를) 묻고 대답 기다리기
두번째수 를 대답 (으)로 정하기
답은……! 을(를) 1 초 동안 말하기
계산결과 를 첫번째수 값 + 두번째수 값 (으)로 정하기
덧셈 계산결과는 과(와) 계산결과 값 를 합치기 을(를) 말하기

문제 해결 길잡이

문제의 핵심은 덧셈을 뺄셈으로 고치는 거예요.
그러므로 주어진 코드에서 '덧셈' 혹은 '+' 표기가 된 부분을 '뺄셈' 혹은 '-'로 바꿔주세요!

정답 아래 코드에서 동그라미 표시한 부분을 고쳐야 합니다.

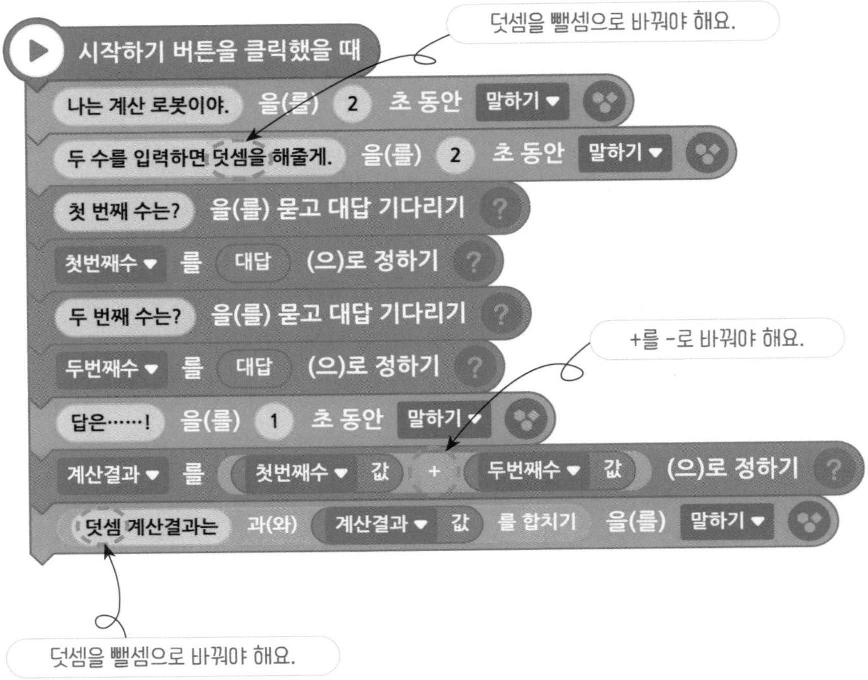

덧셈을 뺄셈으로 바꿔야 해요.
시작하기 버튼을 클릭했을 때
나는 계산 로봇이야. 을(를) 2 초 동안 말하기
두 수를 입력하면 덧셈을 해줄게. 을(를) 2 초 동안 말하기
첫 번째 수는? 을(를) 묻고 대답 기다리기
첫번째수 를 대답 (으)로 정하기
두 번째 수는? 을(를) 묻고 대답 기다리기
두번째수 를 대답 (으)로 정하기
+를 -로 바꿔야 해요.
답은……! 을(를) 1 초 동안 말하기
계산결과 를 첫번째수 값 + 두번째수 값 (으)로 정하기
덧셈 계산결과는 과(와) 계산결과 값 를 합치기 을(를) 말하기
덧셈을 뺄셈으로 바꿔야 해요.

개념 다지기

첫 번째 수는?
대답
입력상자

[첫 번째 수는? 을(를) 묻고 대답 기다리기] 블록이 실행되면 계산 로봇이 실행화면처럼 말을 하고 입력상자를 보여줍니다. 그리고 우리의 대답이 입력되기를 기다립니다. 그래서 입력상자에 숫자를 작성하고 [✓]버튼을 누르면 우리가 입력한 숫자가 [대답] 변수에 담기게 됩니다.

022 합치기 연습하기 계산 결과 출력

난이도★★

'첫번째수' 변수에는 10이 담겨 있고, '두번째수' 변수에는 20이 담겨 있습니다. '계산결과' 변수에는 '첫번째수'와 '두번째수'를 더한 결과가 담기게 됩니다. 계산 로봇이 다음 블록을 실행한다면 어떤 문장을 말하는지 작성해보세요.

첫번째수 값 과(와) + 를 합치기 과(와) 두번째수 값 과(와) = 를 합치기 를 합치기 과(와) 계산결과 값 를 합치기 을(를) 말하기

?

힌트 : 합치기 블록은 두 값을 더해주는 블록입니다.

문제 해결 길잡이

다음 블록은 두 개의 글자를 합쳐주는 블록입니다. 이 블록을 실행하면 ①과 ②의 값이 합쳐집니다.

[① 과(와) ② 를 합치기]

①에는 [첫번째수 ▾ 값]과 같은 변수 블록이나 또 다른 합치기 블록이 들어갈 수도 있습니다.

변수 블록이 들어간 경우 [첫번째수 ▾ 값 과(와) ( ) 를 합치기]

합치기 블록이 들어간 경우 [① 과(와) ② 를 합치기 과(와) ③ 를 합치기]

[① 과(와) ② 를 합치기 과(와) ③ 를 합치기] 블록을 실행하면 ①, ②, ③이 합쳐지게 됩니다.

문제에서 '첫번째수' 변수에는 10이 들어 있고 '두번째수' 변수에는 20이 들어 있다고 했습니다.
이를 바탕으로 문제를 풀어보면 다음과 같습니다.

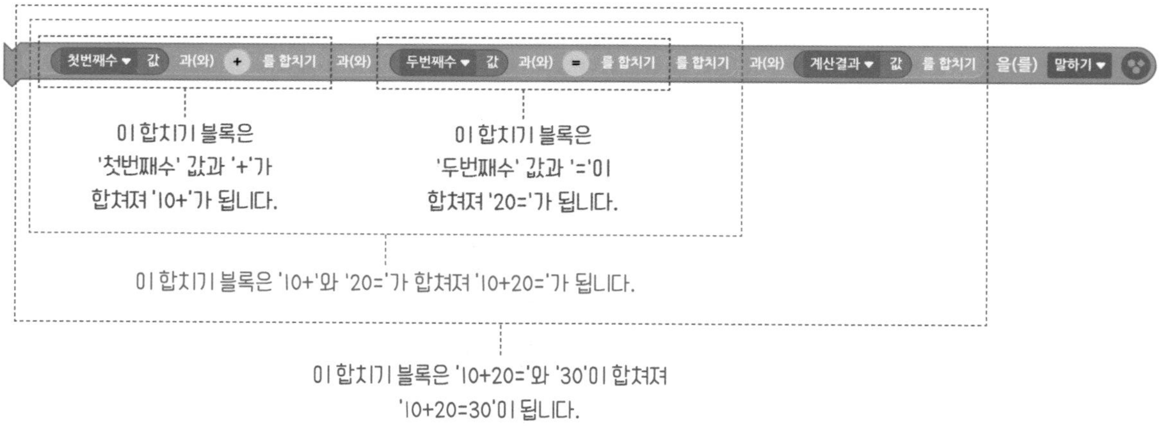
첫번째수 ▾ 값 과(와) + 를 합치기 과(와) 두번째수 ▾ 값 과(와) = 를 합치기 를 합치기 과(와) 계산결과 ▾ 값 를 합치기 을(를) 말하기 ▾
이 합치기 블록은 '첫번째수' 값과 '+'가 합쳐져 '10+'가 됩니다.
이 합치기 블록은 '두번째수' 값과 '='이 합쳐져 '20='가 됩니다.
이 합치기 블록은 '10+'와 '20='가 합쳐져 '10+20='가 됩니다.
이 합치기 블록은 '10+20='와 '30'이 합쳐져 '10+20=30'이 됩니다.

10+20=30

짠!
계산 로봇 오브젝트가
합쳐진 문장을
말해주는 모습입니다.

정답 10+20=30

023 실행 흐름 이해하기 무기상점에 간 해적

난이도★

다음은 무기상점에 간 해적 프로그램입니다. 마우스로 도끼 오브젝트를 클릭했을 때 코드가 실행되는 순서대로 블록 번호를 작성해보세요.

도끼
오브젝트

① 오브젝트를 클릭했을 때
② x: 79 y: -46 위치로 이동하기
③ 도끼 ▾ 신호 보내기

④ r ▾ 키를 눌렀을 때
⑤ x: -176 y: -50 위치로 이동하기

해적
오브젝트

⑥ 도끼 ▾ 신호를 받았을 때
⑦ 공격력: +20 을(를) 1 초 동안 말하기 ▾

힌트 : 문제에서 r키는 누르지 않았기 때문에 관련 블록은 실행되지 않아요.

문제 해결 길잡이

마우스로 도끼를 클릭하면 ①번 코드가 실행됩니다.
그다음으로 ②번 코드가 실행되어 (x: 79, y: -46) 위치로 도끼가 이동하지요.
③번 블록은 도끼 신호를 보내는 코드이기 때문에, 도끼 신호를 받는 블록인 ⑥번이 실행되고,
그다음으로 ⑦번 블록이 실행되어 해적이 "공격력: +20"이라고 1초 동안 말한답니다.

도끼 오브젝트
① 오브젝트를 클릭했을 때
② x: 79 y: -46 위치로 이동하기
③ 도끼 신호 보내기
④ r 키를 눌렀을 때
⑤ x: -176 y: -50 위치로 이동하기
해적 오브젝트
⑥ 도끼 신호를 받았을 때
⑦ 공격력: +20 을(를) 1 초 동안 말하기

정답 ①②③⑥⑦

학부모 길잡이

코드가 항상 순서대로만 실행되지 않습니다. 문제의 코드와 같이 코드를 건너뛰고 실행되기도 한답니다.
그러므로 코드의 실행 흐름을 이해할 수 있도록 순서를 함께 짚어가며 설명하고 도와주세요.

024 코드 완성하기 숫자 맞히기 게임(1)

난이도★

다음은 숫자 맞히기 게임을 위한 코드입니다. 정답이 내가 입력한 대답보다 크다면 "그것보다 큽니다!"라고 말해주고, 작다면 "그것보다 작습니다!"라고 말해줘야 합니다. 아래 코드를 완성하기 위해 회색 빈칸 가와 나에 들어갈 블록을 보기에서 고르세요.

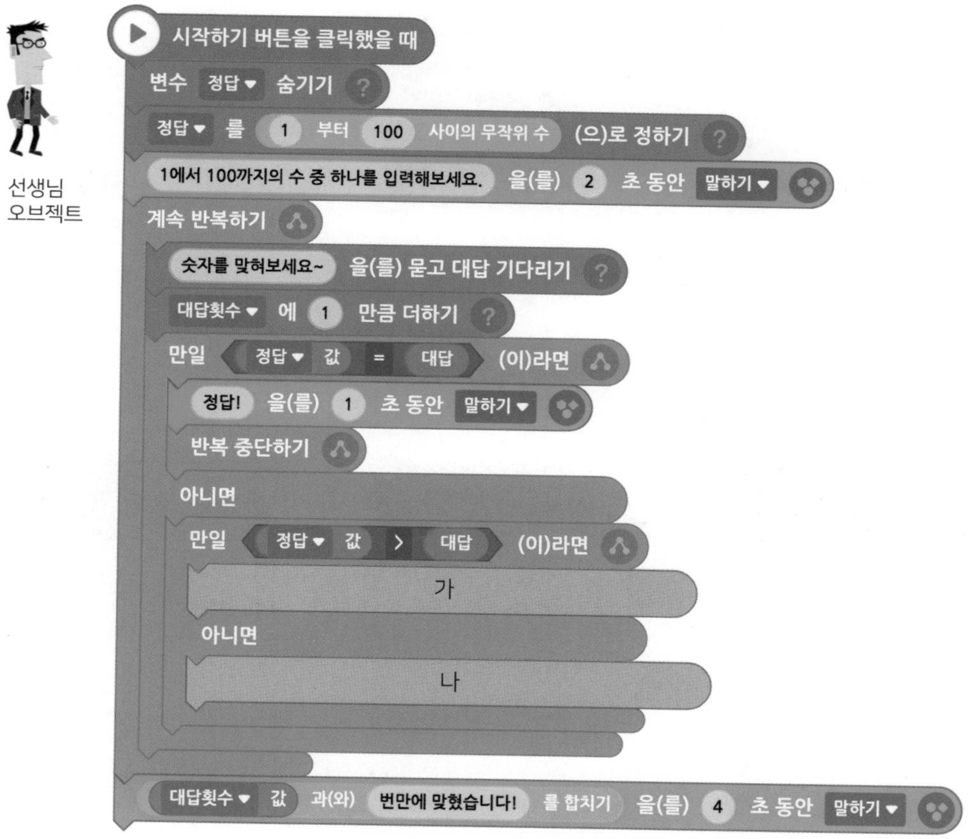
선생님 오브젝트
시작하기 버튼을 클릭했을 때
변수 정답 숨기기
정답 를 1 부터 100 사이의 무작위 수 (으)로 정하기
1에서 100까지의 수 중 하나를 입력해보세요. 을(를) 2 초 동안 말하기
계속 반복하기
숫자를 맞혀보세요~ 을(를) 묻고 대답 기다리기
대답횟수 에 1 만큼 더하기
만일 정답 값 = 대답 (이)라면
정답! 을(를) 1 초 동안 말하기
반복 중단하기
아니면
만일 정답 값 > 대답 (이)라면
가
아니면
나
대답횟수 값 과(와) 번만에 맞혔습니다! 를 합치기 을(를) 4 초 동안 말하기

보기

① 그것보다 큽니다! 을(를) 1 초 동안 말하기
② 정답입니다! 을(를) 1 초 동안 말하기
③ 그것보다 작습니다! 을(를) 1 초 동안 말하기
④ 오답입니다! 을(를) 1 초 동안 말하기

문제 해결 길잡이

숫자 맞히기 게임에서 정답값이 대답과 같다면 '정답!'이라는 말하기 블록이 실행됩니다.
만일 정답값이 대답보다 크다면 '그것보다 큽니다!'라는 블록이 필요하고,
정답값보다 작다면 '그것보다 작습니다!'라는 블록이 필요합니다.

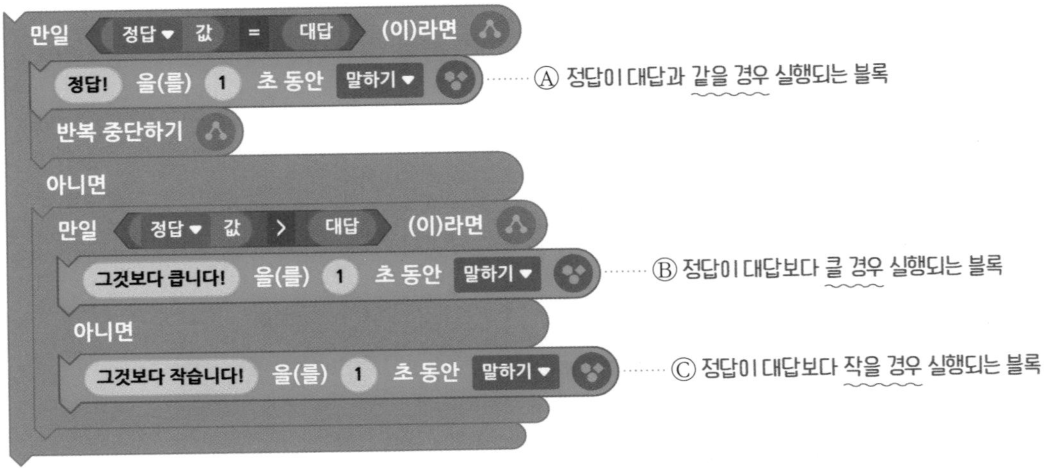

만일 정답 값 = 대답 (이)라면
정답! 을(를) 1 초 동안 말하기
Ⓐ 정답이 대답과 같을 경우 실행되는 블록
반복 중단하기
아니면
만일 정답 값 > 대답 (이)라면
그것보다 큽니다! 을(를) 1 초 동안 말하기
Ⓑ 정답이 대답보다 클 경우 실행되는 블록
아니면
그것보다 작습니다! 을(를) 1 초 동안 말하기
Ⓒ 정답이 대답보다 작을 경우 실행되는 블록

대답 입력 상황에 따라 나타나는 실행화면은 다음과 같습니다.

Ⓐ

정답!
대답 38

Ⓑ

그것보다 큽니다!
대답 33

Ⓒ

그것보다 작습니다!
대답 90

정답 가: ①, 나: ③

025 코드 변경하기 숫자 맞히기 게임(2)

난이도★★★

다음 코드는 정답을 맞히기까지 대답한 횟수를 말해주는 프로그램입니다. 이 코드를 수정해서 새로운 프로그램을 만들어볼까요? 바로 '대답횟수' 대신에 '정답횟수'를 말해주고, 정답을 다섯 번 맞히면 게임을 종료하도록 아래 코드에서 네 부분을 수정해보세요.

선생님
오브젝트

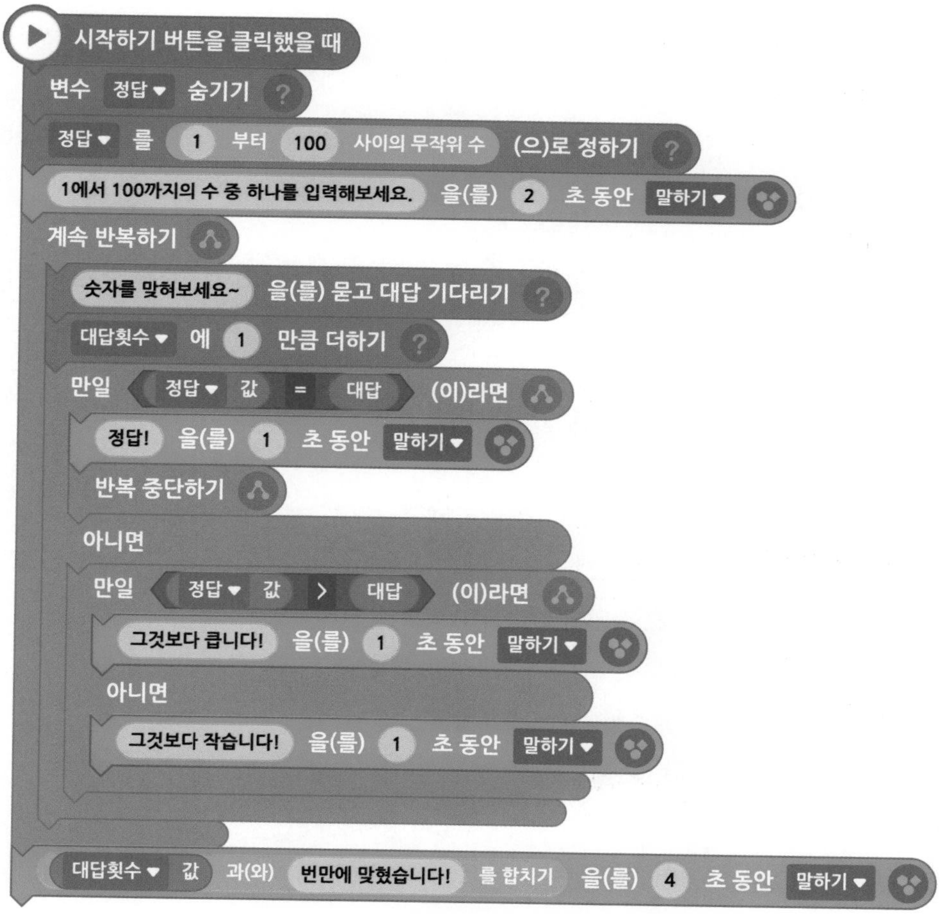

시작하기 버튼을 클릭했을 때
변수 정답 숨기기
정답 를 1 부터 100 사이의 무작위 수 (으)로 정하기
1에서 100까지의 수 중 하나를 입력해보세요. 을(를) 2 초 동안 말하기
계속 반복하기
숫자를 맞혀보세요~ 을(를) 묻고 대답 기다리기
대답횟수 에 1 만큼 더하기
만일 정답 값 = 대답 (이)라면
정답! 을(를) 1 초 동안 말하기
반복 중단하기
아니면
만일 정답 값 > 대답 (이)라면
그것보다 큽니다! 을(를) 1 초 동안 말하기
아니면
그것보다 작습니다! 을(를) 1 초 동안 말하기
대답횟수 값 과(와) 번만에 맞혔습니다! 를 합치기 을(를) 4 초 동안 말하기

힌트 : '정답횟수'를 말해주려면 정답을 맞혔을 때 숫자를 세는 변수가 필요합니다.

문제 해결 길잡이

문제를 풀기 위해서는 필요하지 않은 블록을 삭제하고 새로운 블록을 추가하는 작업이 필요합니다. '대답횟수' 대신에 '정답횟수'를 말해주려면 우선 기존 코드에서 '대답횟수' 블록을 삭제하고, '정답횟수' 변수 블록을 추가해야 한답니다. 아래 ①, ②, ③, ④ 순으로 코드를 변경하면 완성됩니다.

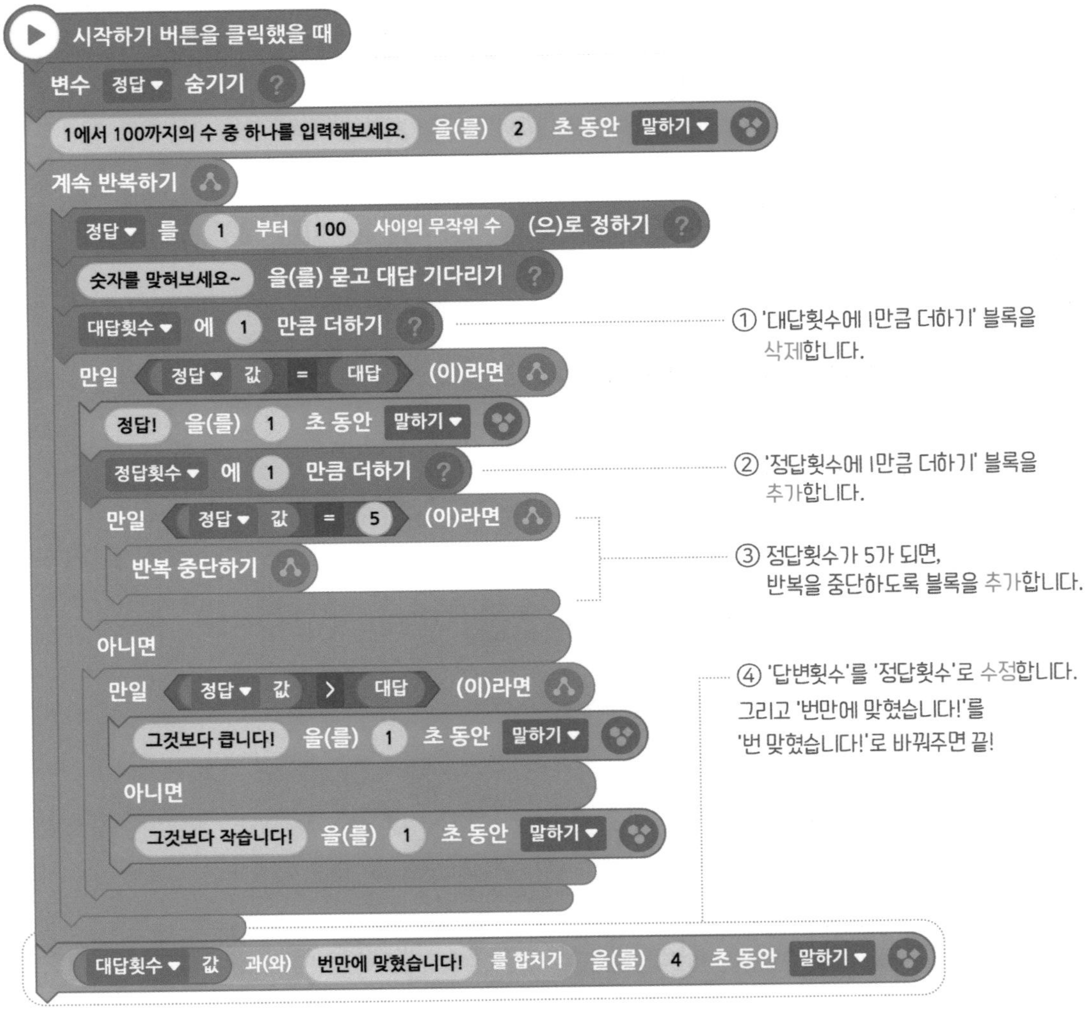

시작하기 버튼을 클릭했을 때
변수 정답 숨기기
1에서 100까지의 수 중 하나를 입력해보세요. 을(를) 2 초 동안 말하기
계속 반복하기
정답 를 1 부터 100 사이의 무작위 수 (으)로 정하기
숫자를 맞혀보세요~ 을(를) 묻고 대답 기다리기
대답횟수 에 1 만큼 더하기
만일 정답 값 = 대답 (이)라면
정답! 을(를) 1 초 동안 말하기
정답횟수 에 1 만큼 더하기
만일 정답 값 = 5 (이)라면
반복 중단하기
아니면
만일 정답 값 > 대답 (이)라면
그것보다 큽니다! 을(를) 1 초 동안 말하기
아니면
그것보다 작습니다! 을(를) 1 초 동안 말하기
대답횟수 값 과(와) 번만에 맞혔습니다! 를 합치기 을(를) 4 초 동안 말하기
① '대답횟수에 1만큼 더하기' 블록을 삭제합니다.
② '정답횟수에 1만큼 더하기' 블록을 추가합니다.
③ 정답횟수가 5가 되면, 반복을 중단하도록 블록을 추가합니다.
④ '답변횟수'를 '정답횟수'로 수정합니다. 그리고 '번만에 맞혔습니다!'를 '번 맞혔습니다!'로 바꿔주면 끝!

정답 위 해설을 참조하세요.

026 예상 결과 분석하기 자동판매기(1)

난이도★★

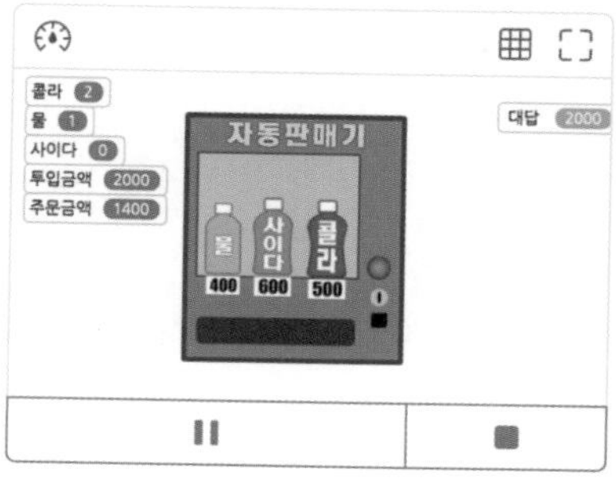
콜라 2
물 1
사이다 0
투입금액 2000
주문금액 1400
대답 2000
자동판매기
물
사이다
콜라
400
600
500

다음은 자동판매기 프로그램의 일부 코드입니다. 물 1개, 콜라 2개를 선택하고 동그란 버튼을 누른 다음, 투입금액을 2000원으로 입력했다면, 자동판매기에서 어떤 대답이 나올지 말해보세요.

동그란 버튼

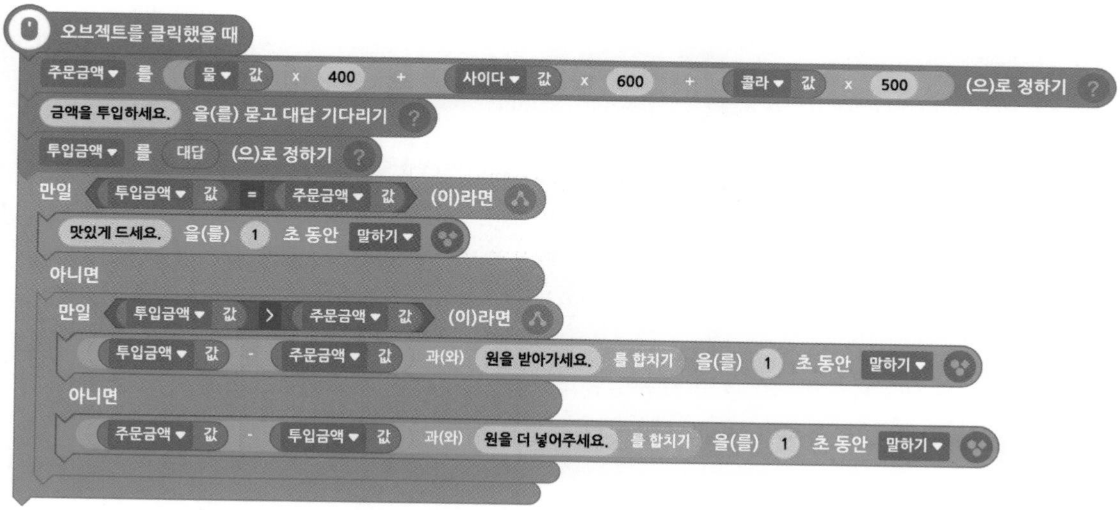
오브젝트를 클릭했을 때
주문금액 ▾ 를 물 ▾ 값 x 400 + 사이다 ▾ 값 x 600 + 콜라 ▾ 값 x 500 (으)로 정하기
금액을 투입하세요. 을(를) 묻고 대답 기다리기
투입금액 ▾ 를 대답 (으)로 정하기
만일 투입금액 ▾ 값 = 주문금액 ▾ 값 (이)라면
맛있게 드세요. 을(를) 1 초 동안 말하기 ▾
아니면
만일 투입금액 ▾ 값 > 주문금액 ▾ 값 (이)라면
투입금액 ▾ 값 - 주문금액 ▾ 값 과(와) 원을 받아가세요. 를 합치기 을(를) 1 초 동안 말하기 ▾
아니면
주문금액 ▾ 값 - 투입금액 ▾ 값 과(와) 원을 더 넣어주세요. 를 합치기 을(를) 1 초 동안 말하기 ▾

힌트 : 투입금액이 주문금액보다 크다면, 어떤 블록이 실행되는지 확인해보세요.
투입금액은 자동판매기에 돈을 넣은 금액이고, 주문금액은 물과 콜라를 주문한 금액입니다.

문제 해결 길잡이

문제의 코드는 음료를 선택하고 동그란 버튼을 누를 때 실행됩니다.
물 1개, 콜라 2개를 선택했으므로 주문금액은 1400원이 됩니다.
투입금액이 2000원이므로 '투입금액 > 주문금액' 판단식이 참이 됩니다.

그래서 아래 ①번 블록이 참이 되어 ②번 블록이 실행됩니다.
②번 블록은 투입금액과 주문금액의 차액(600)을 '원을 받아가세요.'와 합쳐서 말합니다.
즉 자동판매기는 '600원을 받아가세요.'라고 대답합니다.

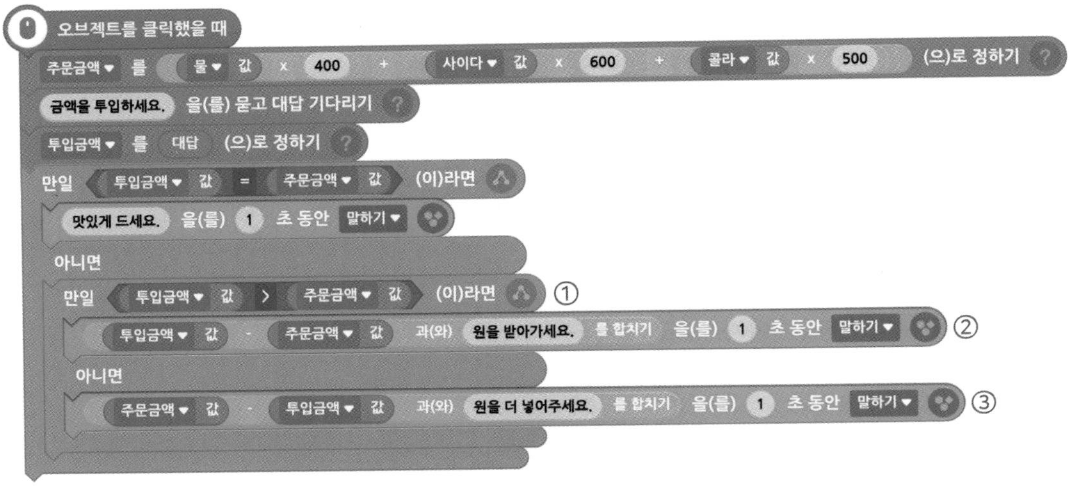

오브젝트를 클릭했을 때
주문금액 를 물 값 x 400 + 사이다 값 x 600 + 콜라 값 x 500 (으)로 정하기
금액을 투입하세요. 을(를) 묻고 대답 기다리기
투입금액 를 대답 (으)로 정하기
만일 투입금액 값 = 주문금액 값 (이)라면
맛있게 드세요. 을(를) 1 초 동안 말하기
아니면
만일 투입금액 값 > 주문금액 값 (이)라면 ①
투입금액 값 - 주문금액 값 과(와) 원을 받아가세요. 를 합치기 을(를) 1 초 동안 말하기 ②
아니면
주문금액 값 - 투입금액 값 과(와) 원을 더 넣어주세요. 를 합치기 을(를) 1 초 동안 말하기 ③

참고로, 여기서 ③번 블록은 '투입금액 ≠ 주문금액'이고 ①번 블록이 거짓이 될 때 실행됩니다.
문제에서는 ①번 블록이 참이 되므로 ③번 블록은 실행되지 않습니다.

정답 **600원을 받아가세요.**

학부모 길잡이

문제의 코드를 보면, '동그란 버튼'을 중심으로 코드가 작성된 것을 볼 수 있습니다.
이 버튼을 오브젝트 혹은 객체라고 부릅니다. 오브젝트(객체)의 종류는 다양한데요.
이렇게 오브젝트(객체)를 이용한 코딩 방식을 '객체지향 프로그래밍'이라고 부른답니다.

027 예상 결과 분석하기 자동판매기(2)

난이도★★

변수이름	변수값
물	(?)
사이다	(?)
콜라	(?)
투입금액	3000

자동판매기
물
사이다
콜라
400
600
500

다음은 자동판매기 프로그램의 일부 코드입니다. ①번 블록이 실행되어 자동판매기가 "맛있게 드세요."라고 말할 수 있도록 각각의 변수에 값을 정해보세요. 단, 물과 사이다, 콜라를 최소 1개씩은 사야 합니다.

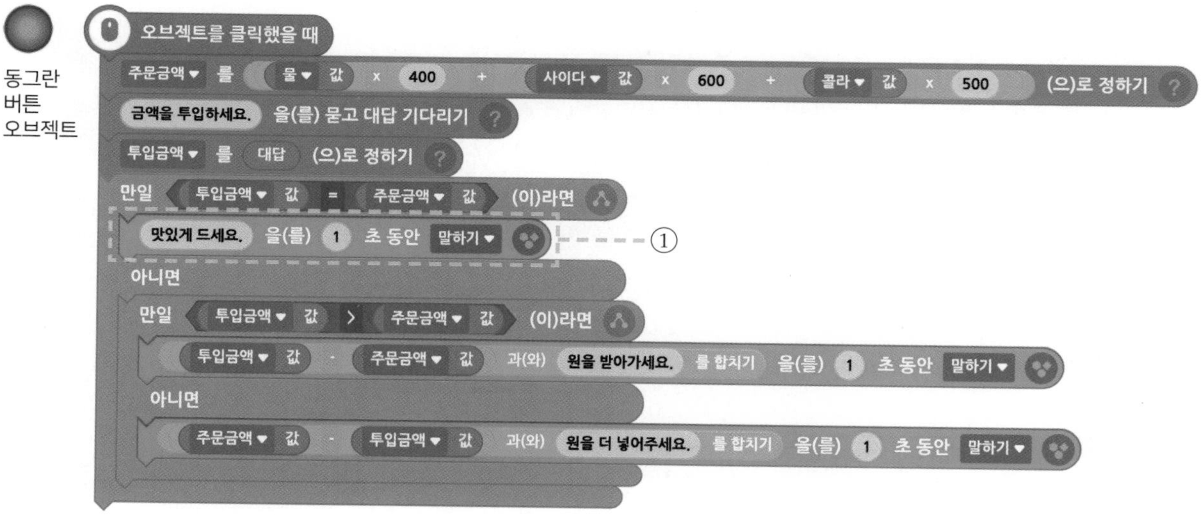
동그란 버튼 오브젝트
오브젝트를 클릭했을 때
주문금액 를 (물 값 x 400 + 사이다 값 x 600 + 콜라 값 x 500) (으)로 정하기
금액을 투입하세요. 을(를) 묻고 대답 기다리기
투입금액 를 대답 (으)로 정하기
만일 투입금액 값 = 주문금액 값 (이)라면
맛있게 드세요. 을(를) 1 초 동안 말하기
①
아니면
만일 투입금액 값 > 주문금액 값 (이)라면
투입금액 값 - 주문금액 값 과(와) 원을 받아가세요. 를 합치기 을(를) 1 초 동안 말하기
아니면
주문금액 값 - 투입금액 값 과(와) 원을 더 넣어주세요. 를 합치기 을(를) 1 초 동안 말하기

힌트 : ①번 블록이 실행되기 위해서는 투입금액이 주문금액과 같아야 합니다.

문제 해결 길잡이

①번 블록이 실행되기 위해서는 ②번 판단식이 참이 되어야 합니다.
②번 판단식이 참이 되려면 투입금액이 주문금액과 같아야 하므로
주문금액 변수의 값을 적절히 정해줘야 한답니다.

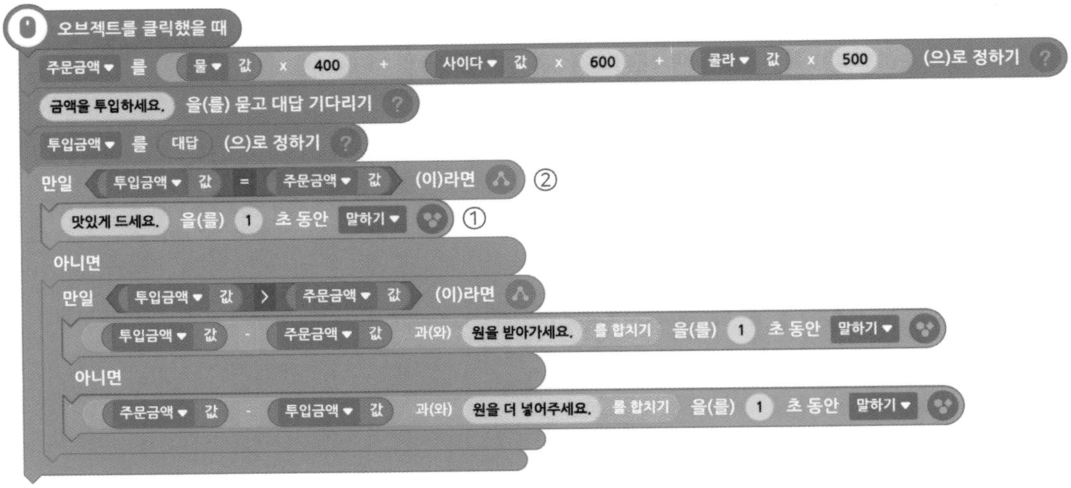

오브젝트를 클릭했을 때
주문금액 를 물 값 x 400 + 사이다 값 x 600 + 콜라 값 x 500 (으)로 정하기
금액을 투입하세요. 을(를) 묻고 대답 기다리기
투입금액 를 대답 (으)로 정하기
만일 투입금액 값 = 주문금액 값 (이)라면 ②
맛있게 드세요. 을(를) 1 초 동안 말하기 ①
아니면
만일 투입금액 값 > 주문금액 값 (이)라면
투입금액 값 - 주문금액 값 과(와) 원을 받아가세요. 를 합치기 을(를) 1 초 동안 말하기
아니면
주문금액 값 - 투입금액 값 과(와) 원을 더 넣어주세요. 를 합치기 을(를) 1 초 동안 말하기

문제에서 투입금액은 3000원으로 정해졌으므로, 주문금액이 3000원이 되도록 아래 빈칸을 채워주면 됩니다. 물, 사이다, 콜라를 최소 1개씩 사야 하므로 다음 두 가지 경우로 주문금액 변수를 정할 수 있습니다.

변수이름	변수값
물	(2)
사이다	(2)
콜라	(2)
투입금액	3000

800원 + 1200원 + 1000원 = 3000원

변수이름	변수값
물	(1)
사이다	(1)
콜라	(4)
투입금액	3000

400원 + 600원 + 2000원 = 3000원

정답 **물 2개, 사이다 2개, 콜라 2개**
또는 물 1개, 사이다 1개, 콜라 4개

028 코드 변경하기 고추 피하기 게임

난이도★★★

다음은 원숭이가 위에서 아래로 떨어지는 빨간 고추를 피하는 게임의 코드입니다. 수직 방향 아래로 떨어지는 빨간 고추가 대각선으로 떨어지게 만들려면, 코드를 어떻게 고쳐야 하는지 설명해보세요.

빨간 고추 오브젝트

```
시작하기 버튼을 클릭했을 때
모양 숨기기
계속 반복하기
    0.0 부터 2.0 사이의 무작위 수 초 기다리기
    자신 ▾ 의 복제본 만들기

복제본이 처음 생성되었을 때
모양 보이기
x: -200 부터 200 사이의 무작위 수 y: 150 위치로 이동하기
계속 반복하기
    y 좌표를 -2 만큼 바꾸기
    만일 아래쪽 벽 ▾ 에 닿았는가? (이)라면
        이 복제본 삭제하기
```

힌트 : 고추가 대각선으로 떨어지게 하려면 x좌표를 바꾸는 블록이 필요합니다.

문제 해결 길잡이

엔트리에서는 아래 그림과 같이 화면 정가운데를 중심으로 x좌표와 y좌표의 위치가 정해집니다.
맨 왼쪽의 x좌표는 -240이고 맨 오른쪽 x좌표는 240입니다.
그리고 맨 위쪽 y좌표는 135이고, 맨 아래쪽 y좌표는 -135입니다.

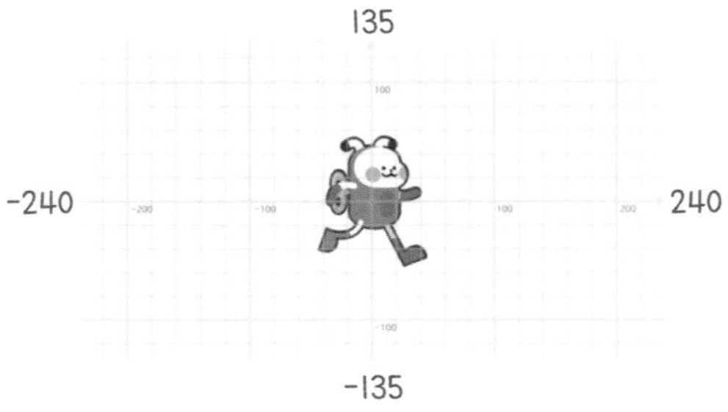
135
-240
240
-135

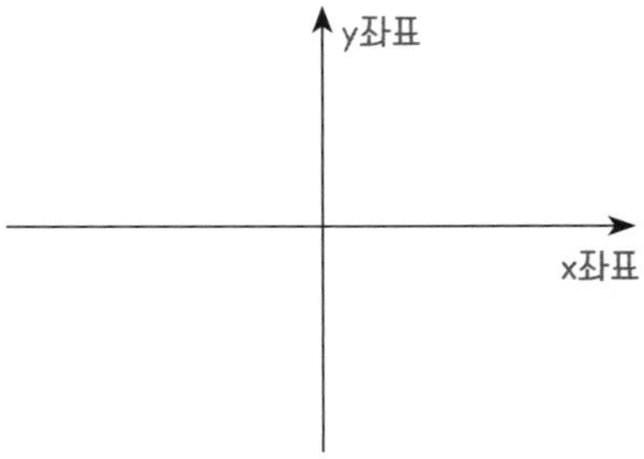
y좌표
x좌표

①번 블록에서 빨간 고추의 시작 좌표를 살펴보면, x좌표는 -200에서 200 사이의 무작위 수이고,
y좌표는 150입니다. 그리고 ②번 블록에서 y좌표만 -2만큼 바뀌는군요.

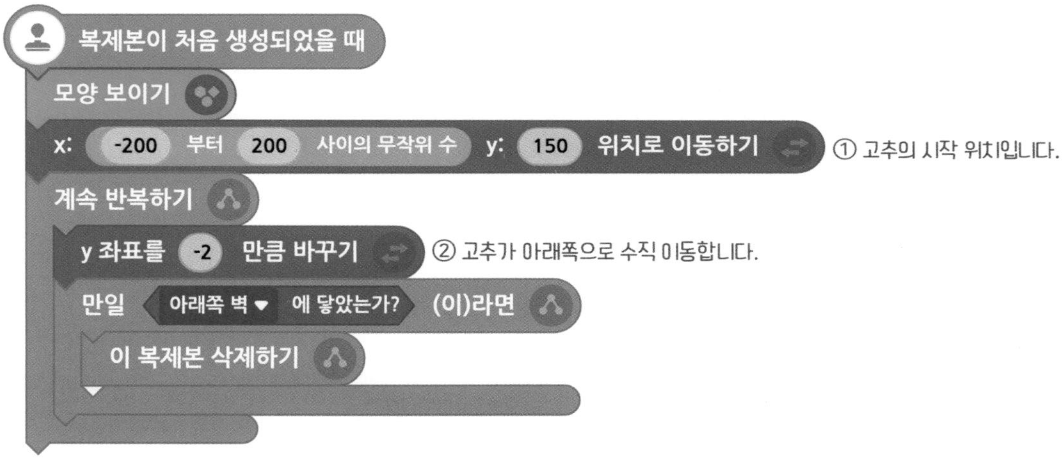
복제본이 처음 생성되었을 때
모양 보이기
x: -200 부터 200 사이의 무작위 수 y: 150 위치로 이동하기
① 고추의 시작 위치입니다.
계속 반복하기
y 좌표를 -2 만큼 바꾸기
② 고추가 아래쪽으로 수직 이동합니다.
만일 아래쪽 벽 에 닿았는가? (이)라면
이 복제본 삭제하기

고추가 대각선(사선)으로 떨어지기 위해서는 위아래 위치를 나타내는
y좌표뿐만 아니라 좌우 위치를 나타내는 x좌표도 바뀌어야 합니다.
그러므로 x좌표를 바꿔주는 블록을 ②번 블록의 바로 위 또는 아래에 추가해주면 됩니다.

x 좌표를 -2 만큼 바꾸기

정답 
x 좌표를 -2 만큼 바꾸기
를 추가해줍니다.

블록에서 '-2' 대신에 다른 값(2)을 입력해도 됩니다.

029 판단 연습하기 가위바위보 게임(1)

난이도★★★

컴퓨터
사람 승리!

다음은 가위바위보 게임의 코드 일부입니다. 컴퓨터는 가위, 바위, 보 중에 한 가지를 무작위로 내고, 우리(사람)는 마우스로 보 모양을 클릭한다고 했을 때 가, 나, 다 빈칸에 들어갈 블록을 보기에서 고르세요. (참고: '가위' 모양번호는 1, '바위' 모양번호는 2, '보' 모양번호가 3으로 정해져 있습니다.)

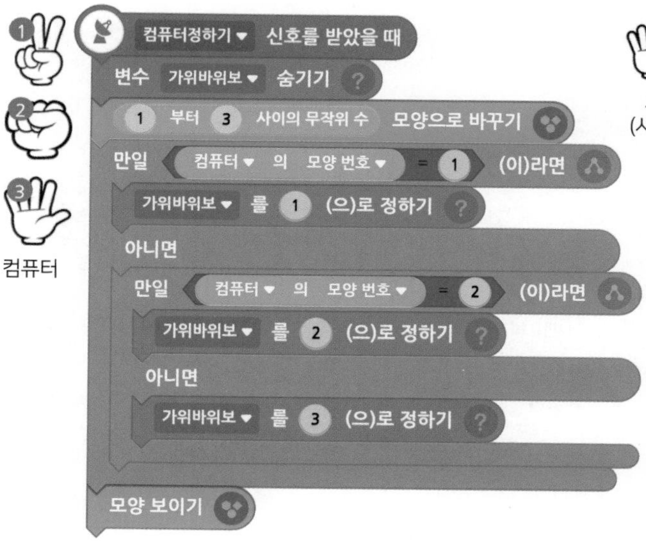
1
2
3
컴퓨터
컴퓨터정하기 신호를 받았을 때
변수 가위바위보 숨기기
1 부터 3 사이의 무작위 수 모양으로 바꾸기
만일 컴퓨터 의 모양 번호 = 1 (이)라면
가위바위보 를 1 (으)로 정하기
아니면
만일 컴퓨터 의 모양 번호 = 2 (이)라면
가위바위보 를 2 (으)로 정하기
아니면
가위바위보 를 3 (으)로 정하기
모양 보이기

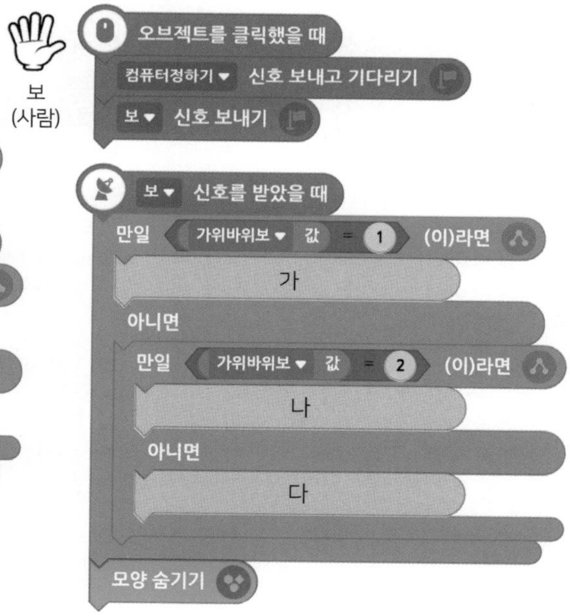
보
(사람)
오브젝트를 클릭했을 때
컴퓨터정하기 신호 보내고 기다리기
보 신호 보내기
보 신호를 받았을 때
만일 가위바위보 값 = 1 (이)라면
가
아니면
만일 가위바위보 값 = 2 (이)라면
나
아니면
다
모양 숨기기

보기

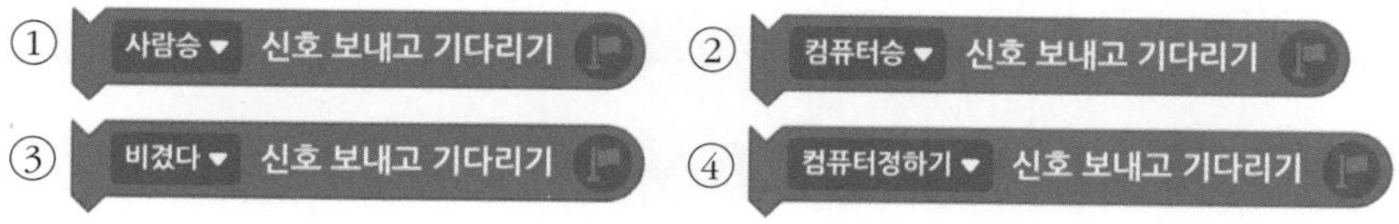
① 사람승 신호 보내고 기다리기
② 컴퓨터승 신호 보내고 기다리기
③ 비겼다 신호 보내고 기다리기
④ 컴퓨터정하기 신호 보내고 기다리기

문제 해결 길잡이

문제의 코드가 복잡해 보이지만 실제 내용은 간단합니다.
컴퓨터의 손 모양이 가위, 바위, 보 안에서 무작위로 바뀌는데요.
아래는 컴퓨터의 손 모양에 따라 '가위바위보' 변수에 숫자를 정하는 코드입니다.

컴퓨터정하기 신호를 받았을 때
변수 가위바위보 숨기기
1 부터 3 사이의 무작위 수 모양으로 바꾸기
만일 컴퓨터 의 모양 번호 = 1 (이)라면
가위바위보 를 1 (으)로 정하기
아니면
만일 컴퓨터 의 모양 번호 = 2 (이)라면
가위바위보 를 2 (으)로 정하기
아니면
가위바위보 를 3 (으)로 정하기
모양 보이기
이 블록에서 가위, 바위, 보가 무작위로 정해집니다.
모양번호가 1이면, 가위바위보 변수를 1로 정합니다.
모양 번호가 2이면, 가위바위보 변수를 2로 정합니다.
모양번호가 3이면 변수를 3으로 정합니다.

1
2
3
가위바위보
가위바위보
가위바위보

하나의 오브젝트에는 여러 개의 다른 모양이 있습니다. 그리고 모양마다 개별 번호가 할당되어 있지요. 가위바위보 오브젝트에서는 모양번호가 가위는 1, 바위는 2, 보는 3번으로 정해져 있답니다.

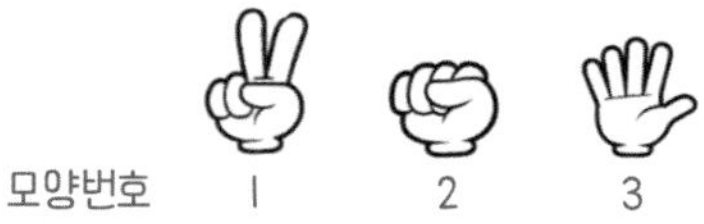
모양번호
1
2
3

블록
모양
소리
속성
모양 추가하기
가위바위보_가위
250 X 367
가위바위보_바위
260 X 238
가위바위보_보
351 X 372

이번 문제에서는 컴퓨터가 가위, 바위, 보 중에 어떤 것을 내느냐에 따라 게임 결과가 달라집니다. 사람이 마우스로 보를 클릭했으니, 이제 컴퓨터가 낸 결과와 하나하나 비교해보면 된답니다.

컴퓨터 vs. 사람	게임 결과
 1 vs. 3	컴퓨터승
 2 vs. 3	사람승
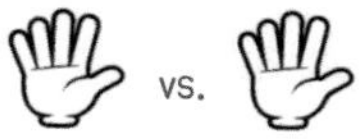 3 vs. 3	비겼다

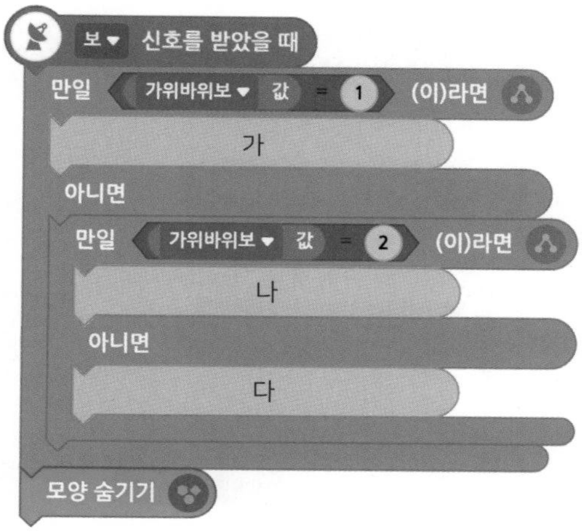

컴퓨터의 손 모양이 '가위'로 정해진다면, '가위(컴퓨터)'와 '보(사람)'를 비교해야 합니다. 가위가 보를 이기므로 '가' 빈칸에는 '컴퓨터승' 신호를 보내야 합니다.

컴퓨터의 손 모양이 '주먹'으로 정해진다면, '주먹(컴퓨터)'과 '보(사람)'를 비교해야 합니다. 보가 주먹을 이기므로 '나' 빈칸에서 '사람승' 신호를 보내야 합니다.

컴퓨터의 손 모양이 보로 정해진다면, 보와 보를 비교해야 합니다. '다' 빈칸에 들어갈 게임 결과는 '비겼다'입니다.

정답 가: ②, 나: ①, 다: ③

개념 다지기

연결된 블록의 실행을 시작하게 해주는 블록입니다.

시작하기 버튼을 클릭했을 때	시작하기(플레이) 버튼을 클릭할 때 연결된 블록이 실행됩니다.
q▼ 키를 눌렀을 때	키보드의 q키를 눌렀을 때 연결된 블록이 실행됩니다.
마우스를 클릭했을 때	마우스를 클릭했을 때 연결된 블록이 실행되고,
마우스 클릭을 해제했을 때	마우스 클릭을 해제했을 때 연결된 블록이 실행됩니다.
오브젝트를 클릭했을 때	오브젝트를 클릭했을 때 연결된 블록이 실행됩니다.
오브젝트 클릭을 해제했을 때	오브젝트 클릭을 해제했을 때 연결된 블록이 실행됩니다.
동작▼ 신호를 받았을 때	신호를 받았을 때 실행되는 블록입니다. 이 신호의 이름은 '동작'입니다.
동작▼ 신호 보내기	신호를 받으려면 당연히 신호를 보내는 블록이 있어야 하지요. 신호를 보내는 블록입니다.
동작▼ 신호 보내고 기다리기	신호를 보낸 후 신호를 받은 블록의 실행이 다 끝날 때까지 기다리는 블록입니다.

030 변수 연습하기 가위바위보 게임(2)

난이도★

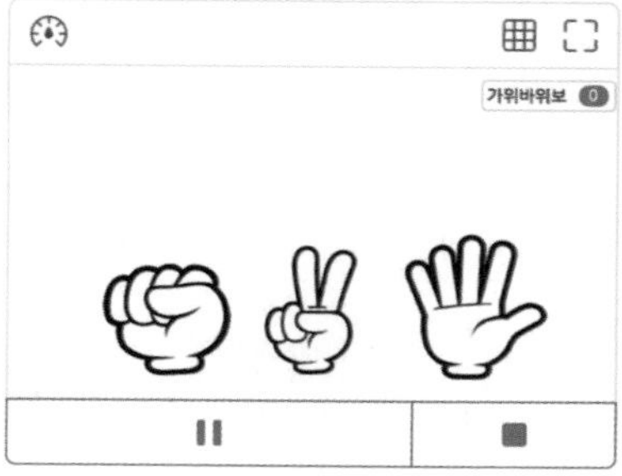
가위바위보 0

다음은 가위바위보 게임의 코드 일부입니다. 컴퓨터가 네 번 이기고, 사람이 다섯 번 이겼다면, '사람승'과 '컴퓨터승' 변수에 어떤 값이 들어가는지 작성하세요.

· '사람승' 변수는?

· '컴퓨터승' 변수는?

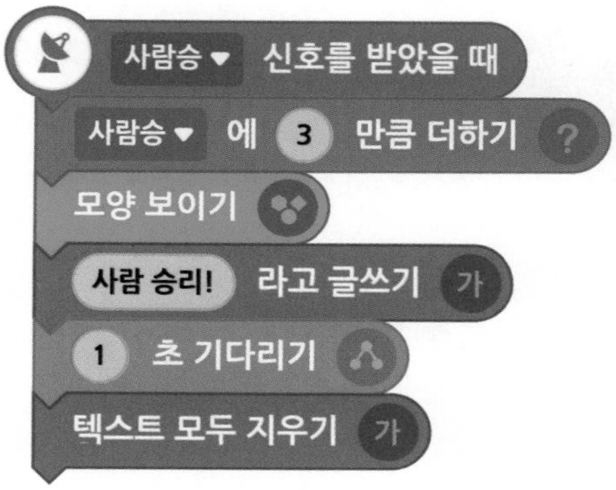
사람승 ▾ 신호를 받았을 때
사람승 ▾ 에 3 만큼 더하기
모양 보이기
사람 승리! 라고 글쓰기
1 초 기다리기
텍스트 모두 지우기

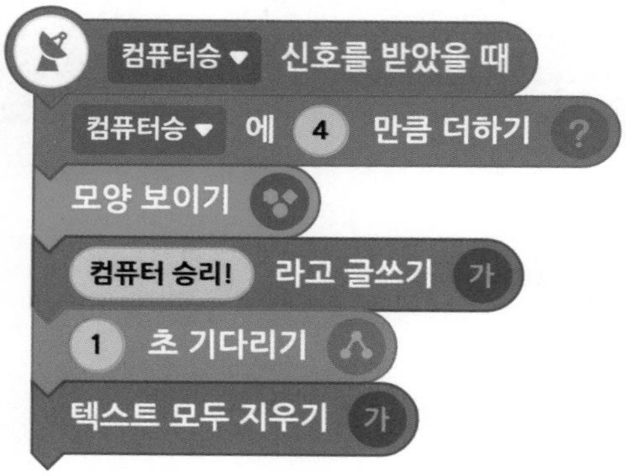
컴퓨터승 ▾ 신호를 받았을 때
컴퓨터승 ▾ 에 4 만큼 더하기
모양 보이기
컴퓨터 승리! 라고 글쓰기
1 초 기다리기
텍스트 모두 지우기

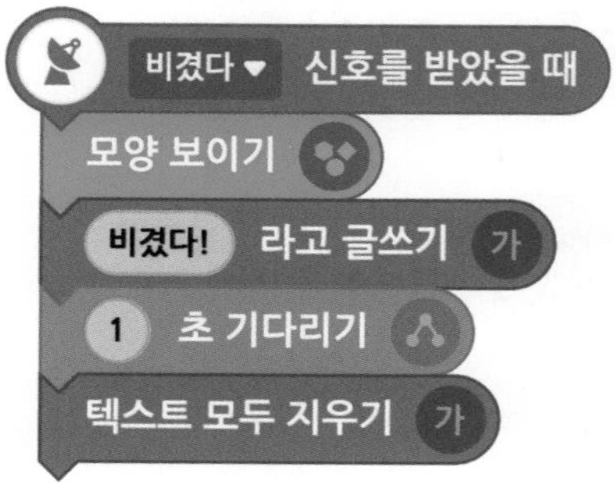
비겼다 ▾ 신호를 받았을 때
모양 보이기
비겼다! 라고 글쓰기
1 초 기다리기
텍스트 모두 지우기

힌트: 컴퓨터가 이기면 [컴퓨터승 ▾ 신호를 받았을 때]가 실행되고, 사람이 이기면 [사람승 ▾ 신호를 받았을 때]가 실행됩니다. [사람승 ▾ 에 3 만큼 더하기]를 실행하면 '사람승' 변수에 3이 더해집니다. 이 블록이 3번 실행되면 '사람승' 변수는 9가 됩니다.

문제 해결 길잡이

문제에서는 사람이 이길 경우 '사람승' 변수에 3만큼 더하고, 컴퓨터가 이길 경우 '컴퓨터승' 변수에 4만큼 더하도록 코드가 작성되어 있습니다.

사람승 에 3 만큼 더하기
컴퓨터승 에 4 만큼 더하기

가위바위보 게임에서 사람이 5번 이겼고, 컴퓨터가 4번 이겼다면,
'사람승' 변수값은15(=3X5)가 되고, '컴퓨터승' 변수값은 16(=4X4)이 됩니다.

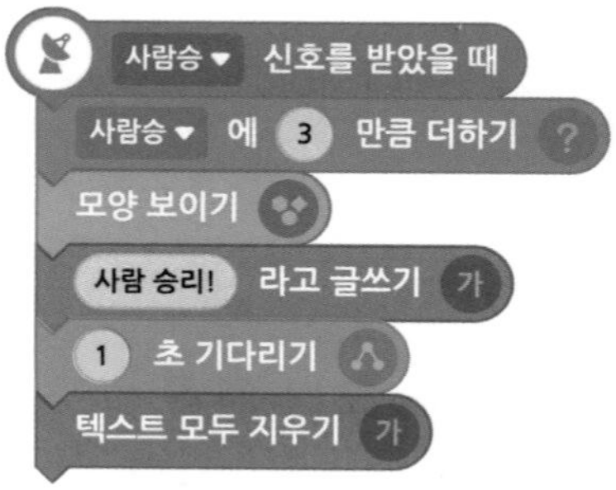
사람승 신호를 받았을 때
사람승 에 3 만큼 더하기
모양 보이기
사람 승리! 라고 글쓰기
1 초 기다리기
텍스트 모두 지우기

5번 신호를 받았습니다.

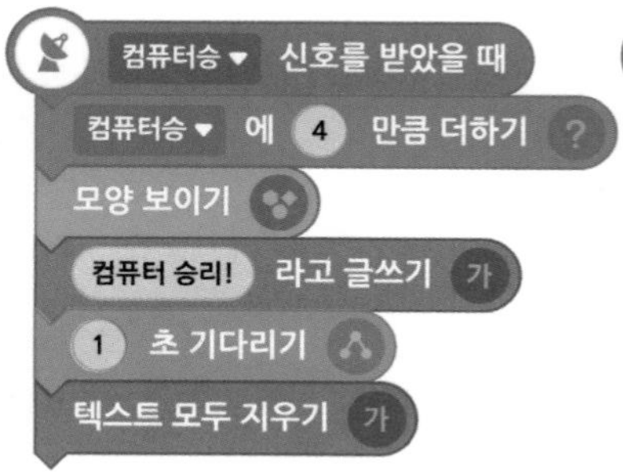
컴퓨터승 신호를 받았을 때
컴퓨터승 에 4 만큼 더하기
모양 보이기
컴퓨터 승리! 라고 글쓰기
1 초 기다리기
텍스트 모두 지우기

4번 신호를 받았습니다.

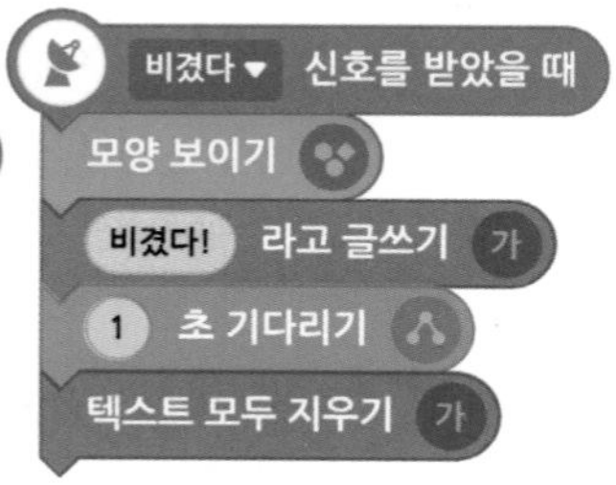
비겼다 신호를 받았을 때
모양 보이기
비겼다! 라고 글쓰기
1 초 기다리기
텍스트 모두 지우기

신호를 한 번도 받지 않았습니다.

정답 **사람승: 15, 컴퓨터승: 16**

개념 다지기

신호를 받으려면 당연히 신호를 보내는 블록이 있어야 합니다.
예를 들어 [사람승 신호를 받았을 때] 블록은 [사람승 신호 보내기] 블록이 있어야 실행됩니다.
즉 전체 코드 가운데 [사람승 신호 보내기] 블록이 없다면 아래 블록은 통째로 실행되지 않는답니다.

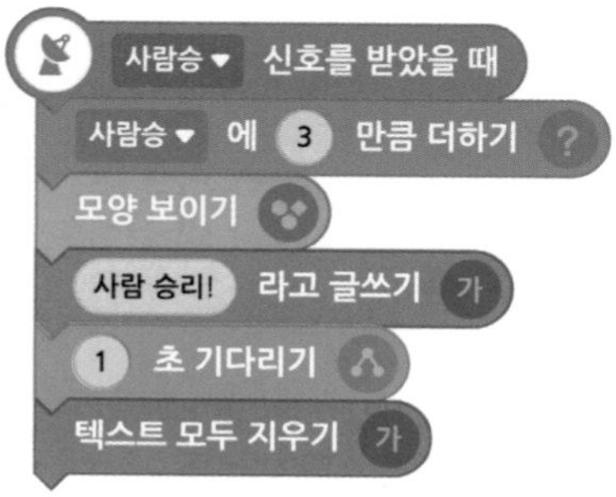
사람승 신호를 받았을 때
사람승 에 3 만큼 더하기
모양 보이기
사람 승리! 라고 글쓰기
1 초 기다리기
텍스트 모두 지우기

031 코드 이해하기 무당벌레 잡기 게임(1)

난이도★★

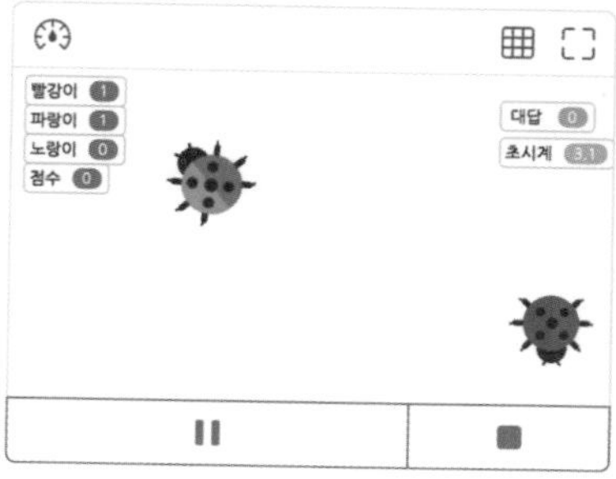

빨강이 1
파랑이 1
노랑이 0
점수 0
대답 0
초시계 3.1

다음은 무당벌레 잡기 게임의 코드 일부입니다. 코드를 읽어보고 점수를 얻기 위해 어떻게 게임을 해야 하는지 보기에서 고르세요.

무당벌레 오브젝트

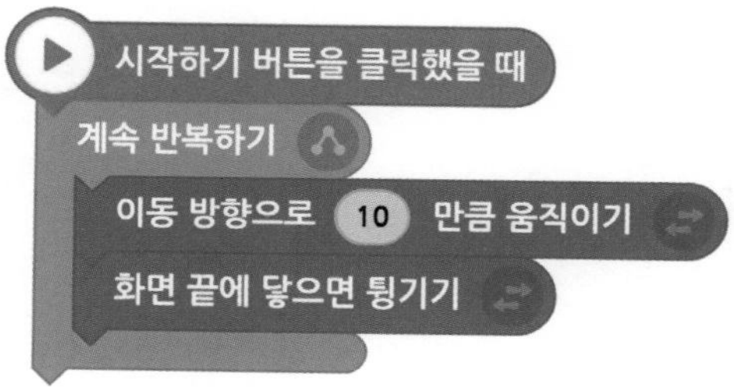

시작하기 버튼을 클릭했을 때
계속 반복하기
이동 방향으로 10 만큼 움직이기
화면 끝에 닿으면 튕기기

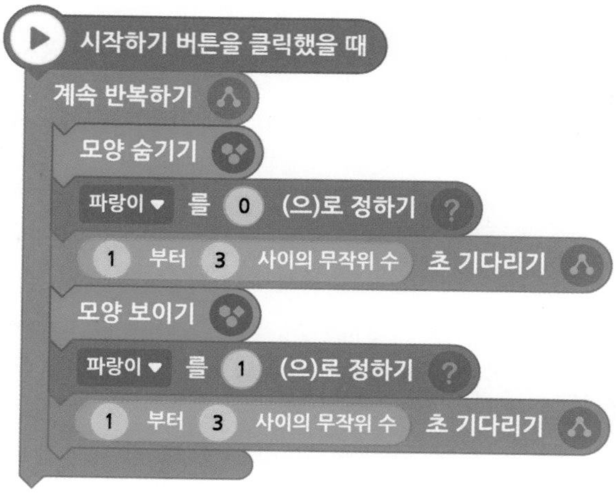

시작하기 버튼을 클릭했을 때
계속 반복하기
모양 숨기기
파랑이 ▾ 를 0 (으)로 정하기
1 부터 3 사이의 무작위 수 초 기다리기
모양 보이기
파랑이 ▾ 를 1 (으)로 정하기
1 부터 3 사이의 무작위 수 초 기다리기

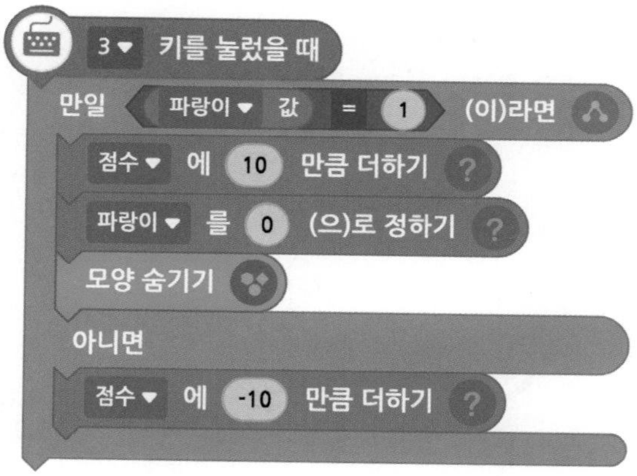

3 ▾ 키를 눌렀을 때
만일 파랑이 ▾ 값 = 1 (이)라면
점수 ▾ 에 10 만큼 더하기
파랑이 ▾ 를 0 (으)로 정하기
모양 숨기기
아니면
점수 ▾ 에 -10 만큼 더하기

보기

① 마우스로 파랑색 무당벌레를 클릭해야 한다.
② 파랑색 무당벌레가 보일 때 3키를 눌러야 한다.
③ 파랑색 무당벌레가 보이지 않을 때 3키를 눌러야 한다.
④ 파랑색 무당벌레가 보이지 않을 때 1키를 눌러야 한다.

문제 해결 길잡이

문제의 코드를 한 줄 한 줄 이해해봅시다. 그러면 답을 찾을 수 있답니다.

```
시작하기 버튼을 클릭했을 때
계속 반복하기
    이동 방향으로 10 만큼 움직이기
    화면 끝에 닿으면 튕기기
```

시작하기 버튼을 클릭하면,
무당벌레가 이동 방향으로 10만큼 움직입니다.

```
시작하기 버튼을 클릭했을 때
계속 반복하기
    모양 숨기기
    파랑이 를 0 (으)로 정하기
    1 부터 3 사이의 무작위 수 초 기다리기
    모양 보이기
    파랑이 를 1 (으)로 정하기
    1 부터 3 사이의 무작위 수 초 기다리기
```

무당벌레를 숨기고, 그 의미로 '파랑이' 변수를 0으로 정합니다.

무당벌레를 보이고, 그 의미로 '파랑이' 변수를 1로 정합니다.

```
3 키를 눌렀을 때
만일 < 파랑이 값 = 1 > (이)라면
    점수 에 10 만큼 더하기
    파랑이 를 0 (으)로 정하기
    모양 숨기기
아니면
    점수 에 -10 만큼 더하기
```

3키를 눌렀을 때 '파랑이' 변수가 1이라면 10점을 줍니다.
아하! 여기서 잠깐! 무당벌레가 보였을 때
3키를 눌러야 점수를 얻을 수 있네요.

3키를 눌렀을 때 파랑이 변수가 0이라면 10점을 뺍니다.
즉 무당벌레가 안 보였을 때 3키를 누르면 점수가 감점됩니다.

정답 2

학부모 길잡이

코딩에서는 오브젝트의 상태를 표시하기 위해 0 혹은 1을 사용합니다.
예를 들어 0은 '안 보임', 1은 '보임'을 의미하지요.
`파랑이 를 0 (으)로 정하기` 는 파랑색 무당벌레의 상태를 '안 보임'으로 정한다는 의미입니다.

032 코드 완성하기 무당벌레 잡기 게임(2)

난이도★★

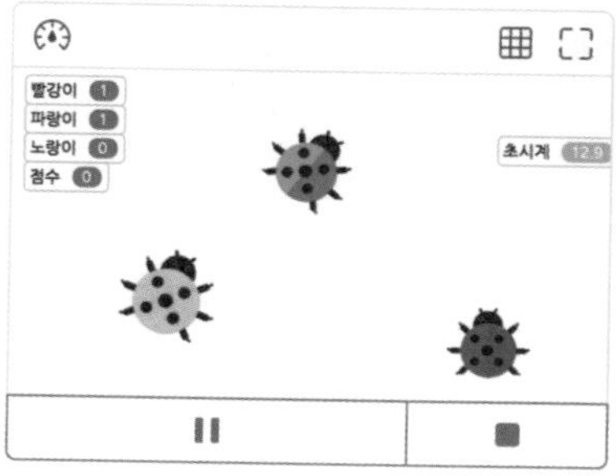

빨강이 1
파랑이 1
노랑이 0
점수 0
초시계 12.9

다음은 무당벌레 잡기 게임의 코드 일부입니다. 게임 점수가 100점이 되면 '게임성공' 신호를 보내 게임을 정지하게 만들려고 합니다. 아래 코드의 회색 빈칸 가, 나에 들어갈 블록을 작성해보세요.

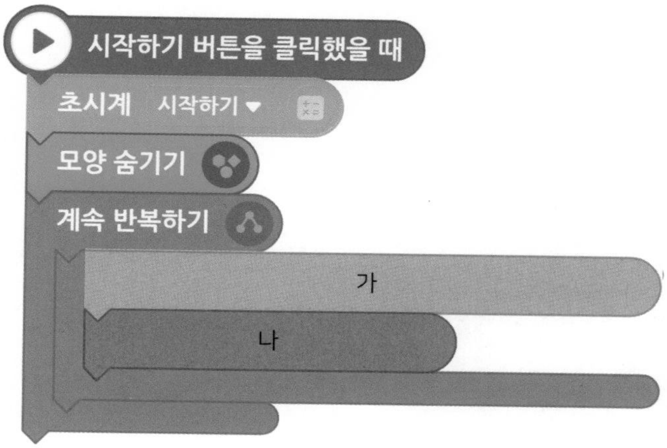

시작하기 버튼을 클릭했을 때
초시계 시작하기
모양 숨기기
계속 반복하기
가
나

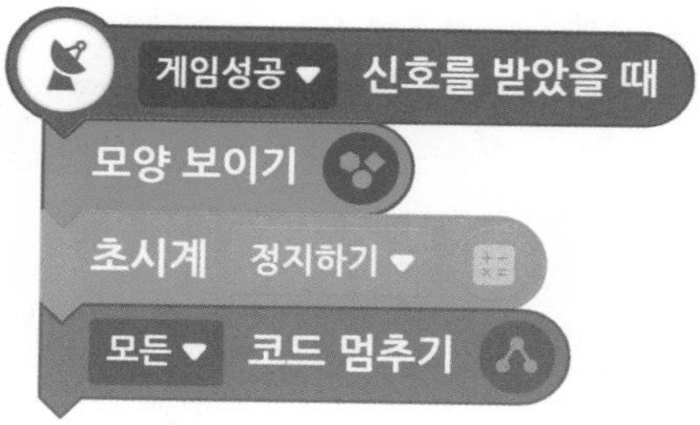

게임성공 신호를 받았을 때
모양 보이기
초시계 정지하기
모든 코드 멈추기

힌트 : (게임성공 ▾ 신호를 받았을 때)가 있으니 신호 보내기 블록이 있어야 합니다.
게임 점수가 100점인지 확인해야 하므로, 점수값이 100인지 판단하는 식이 필요합니다.

문제 해결 길잡이

문제의 코드를 살펴보면 '게임성공 신호를 받았을 때' 초시계가 정지되고 모든 코드가 멈추는 것을 알 수 있습니다. 신호를 받는 블록이 있다면 신호를 보내는 블록이 있어야겠지요?

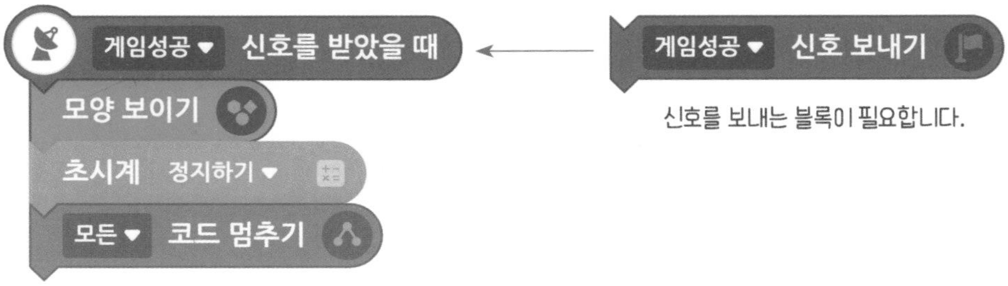

게임성공 ▾ 신호를 받았을 때
모양 보이기
초시계 정지하기 ▾
모든 ▾ 코드 멈추기
게임성공 ▾ 신호 보내기
신호를 보내는 블록이 필요합니다.

또한 게임성공 신호를 보내기 위한 조건이 있었죠. 바로 게임 점수가 100점이 되어야 합니다.
그래서 점수가 100점인지 확인하는 판단 블록 〈점수 ▾ 값 ≥ 100〉이 필요합니다.
이제 두 블록을 빈칸에 넣어주면 코드가 완성됩니다.

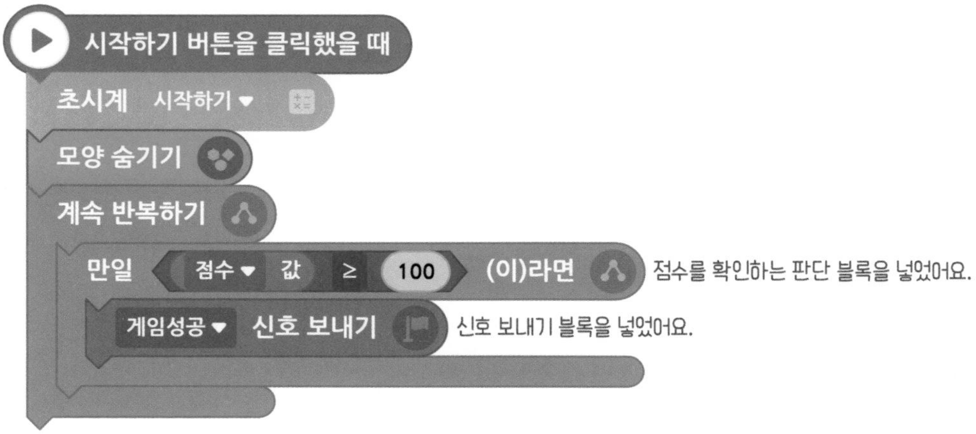

시작하기 버튼을 클릭했을 때
초시계 시작하기 ▾
모양 숨기기
계속 반복하기
만일 〈점수 ▾ 값 ≥ 100〉 (이)라면
점수를 확인하는 판단 블록을 넣었어요.
게임성공 ▾ 신호 보내기
신호 보내기 블록을 넣었어요.

정답 가 나

만일 〈점수 ▾ 값 ≥ 100〉 (이)라면
게임성공 ▾ 신호 보내기

학부모 길잡이

판단식을 〈점수 ▾ 값 = 100〉가 아닌 〈점수 ▾ 값 ≥ 100〉를 사용한 이유가 있습니다.
점수가 순식간에 증가하여 이 판단식이 실행될 때에는 점수 변수가 101이 되어버릴 수 있기 때문입니다.
이렇게 되면 자칫 '점수값=100' 판단식은 거짓이 되고 '나'블록이 실행되지 않게 됩니다.
이런 상황을 해결하기 위해 '=(같다)' 대신에 '≥(크거나 같다)'를 사용합니다.

033 변수 연습하기 기사 작성 로봇

난이도★

다음은 로봇이 기사를 써주는 코드의 일부입니다. 각각의 변수값은 아래 표와 같습니다. 기사 쓰기 신호를 받은 로봇은 어떤 내용의 기사를 쓰게 될까요? 기사 내용을 작성해보세요.

경기장	이긴 팀	진 팀	우수 선수	스코어	기자 이름
월드컵경기장	드림팀	베스트팀	도티	5 대 2	잠뜰

기사 작성 로봇 오브젝트

```
기사 쓰기 ▾ 신호를 받았을 때
오늘 라고 글쓰기 가
경기장 ▾ 값 라고 뒤에 이어쓰기 가
에서는 축구경기가 열렸습니다. 라고 뒤에 이어쓰기 가
이긴 팀 ▾ 값 라고 뒤에 이어쓰기 가
과(와) 라고 뒤에 이어쓰기 가
진 팀 ▾ 값 라고 뒤에 이어쓰기 가
은(는) 치열한 공방전을 펼쳤는데요. 라고 뒤에 이어쓰기 가
우수 선수 ▾ 값 라고 뒤에 이어쓰기 가
이(가) 맹활약을 펼쳐 라고 뒤에 이어쓰기 가
이긴 팀 ▾ 값 라고 뒤에 이어쓰기 가
이(가) 라고 뒤에 이어쓰기 가
스코어 ▾ 값 라고 뒤에 이어쓰기 가
로 이기면서 팬들을 즐겁게 하였습니다. 라고 뒤에 이어쓰기 가
- 라고 뒤에 이어쓰기 가
기자 이름 ▾ 값 라고 뒤에 이어쓰기 가
기자- 라고 뒤에 이어쓰기 가
```

문제 해결 길잡이

우선 글자를 써주는 글상자 블록코드를 살펴보겠습니다.

모두들 라고 글쓰기 가

'모두들'이라는 글자를 써주는 블록이에요. '모두들' 대신 원하는 글자를 입력하거나, 블록을 삽입할 수 있어요.

모두들 라고 글쓰기 가
안녕하세요. 라고 뒤에 이어쓰기 가

'…라고 뒤에 이어쓰기' 블록은 앞 글자에 이어서 글자를 써주는 블록이에요. 두 글쓰기 블록이 실행되면, '모두들 안녕하세요.'라는 글이 써진답니다.

경기장 ▾ 값 라고 글쓰기 가

글상자 블록에 경기장 변수 블록을 넣은 모습이에요. 경기장 변수에 들어 있는 값을 써준답니다.

문제의 코드에서 '경기장' 변수에는 '월드컵경기장' 이 들어 있으므로, 이 블록을 실행하면 '월드컵경기장'이 써집니다. 그래서 아래 연결된 블록들을 실행하면 "오늘 월드컵경기장에서는 축구경기가 열렸습니다."라는 문장이 써진답니다.

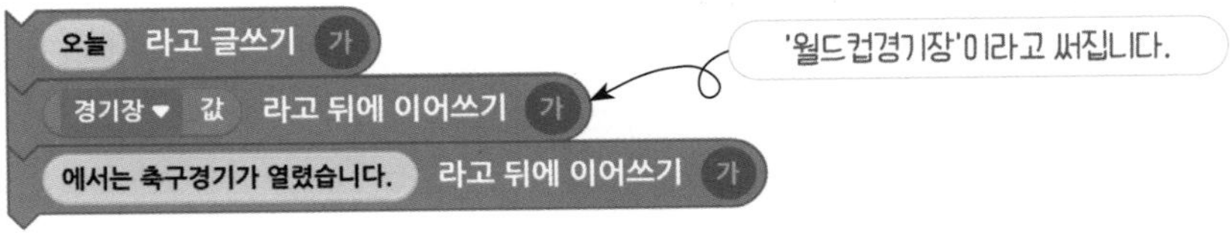
오늘 라고 글쓰기 가
경기장 ▾ 값 라고 뒤에 이어쓰기 가
에서는 축구경기가 열렸습니다. 라고 뒤에 이어쓰기 가
'월드컵경기장'이라고 써집니다.

이런 방식으로 문제에 나온 변수의 값을 하나하나 대입하면 완성된 문장을 얻을 수 있습니다.

정답 **오늘 월드컵경기장에서는 축구경기가 열렸습니다. 드림팀과(와) 베스트팀은(는) 치열한 공방전을 펼쳤는데요. 도티이(가) 맹활약을 펼쳐 드림팀이(가) 5대2로 이기면서 팬들을 즐겁게 하였습니다. -잠뜰 기자-**

034 버그 수정하기 주민등록번호 분석기

난이도★

성별 0
너의 주민등록번호 앞자리 7 자리를 적어봐
대답 0

다음은 주민등록번호의 앞에서부터 7자리를 입력받아 성별을 확인하는 코드의 일부입니다. 주민등록번호의 7번째 숫자가 1이면 남자로 정하고, 1이 아니면 여자로 정하도록 코드가 작성되어 있습니다. 여기서 주민등록번호의 7번째 숫자가 1이나 3이면 성별을 남자로 정하도록 코드를 변경해보세요

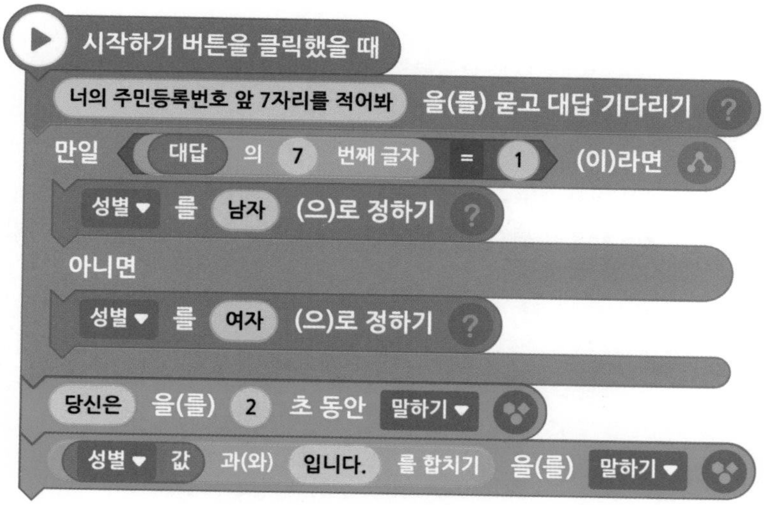
시작하기 버튼을 클릭했을 때
너의 주민등록번호 앞 7자리를 적어봐 을(를) 묻고 대답 기다리기
만일 대답 의 7 번째 글자 = 1 (이)라면
성별 를 남자 (으)로 정하기
아니면
성별 를 여자 (으)로 정하기
당신은 을(를) 2 초 동안 말하기
성별 값 과(와) 입니다. 를 합치기 을(를) 말하기

힌트 : 코드에 〈대답 의 7 번째 글자 = 3〉 판단식을 추가해야 합니다.

문제 해결 길잡이

문제에서 주민등록번호의 7번째 글자가 1이라면 '성별' 변수를 남자로 정해주는 블록을 살펴봅시다.

'대답'에서 7번째 글자를 뽑아줍니다.
대답에 '0908201'이 들어 있으면, 1이 뽑아진답니다.

만일 대답 의 7 번째 글자 = 1 (이)라면
성별 ▾ 를 남자 (으)로 정하기
아니면
성별 ▾ 를 여자 (으)로 정하기

주민등록번호의 7번째 글자가 1이라면
'성별' 변수를 남자로 정해줍니다.

뽑아진 글자가 1이라면 이 판단식은 참이 됩니다.

대답 의 7 번째 글자 = 1

①

7번째 글자가 3인 경우에도 참이 되도록 코드를 추가해야 하니 다음 판단식이 필요합니다.

대답 의 7 번째 글자 = 3

②

자, 그럼 대답의 7번째 글자가 3인 판단식을 어떻게 추가할 수 있을까요?
바로 다음 블록에 있는 참 블록을 참 또는 ▾ 참 블록으로 교체하여 수정하면 됩니다.

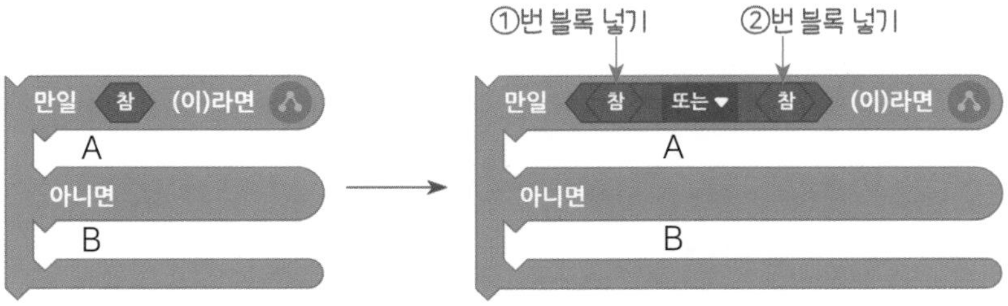

①번 블록 넣기
②번 블록 넣기
만일 참 (이)라면
A
아니면
B
만일 참 또는 ▾ 참 (이)라면
A
아니면
B

판단식이 참이면 A 블록이 실행되고
참이 아니면 B 블록이 실행됩니다.

두 개의 판단식 중 하나라도 참이면 A 블록이 실행되고
둘 다 참이 아니면 B 블록이 실행됩니다.

정답

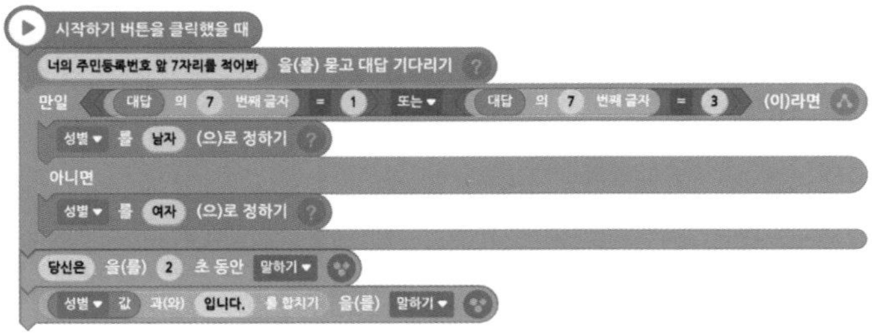

시작하기 버튼을 클릭했을 때
너의 주민등록번호 앞 7자리를 적어봐 을(를) 묻고 대답 기다리기
만일 대답 의 7 번째 글자 = 1 또는 ▾ 대답 의 7 번째 글자 = 3 (이)라면
성별 ▾ 를 남자 (으)로 정하기
아니면
성별 ▾ 를 여자 (으)로 정하기
당신은 을(를) 2 초 동안 말하기 ▾
성별 ▾ 값 과(와) 입니다. 를 합치기 을(를) 말하기 ▾

035 복제 연습하기 불꽃놀이 디자인(1)

난이도★★★

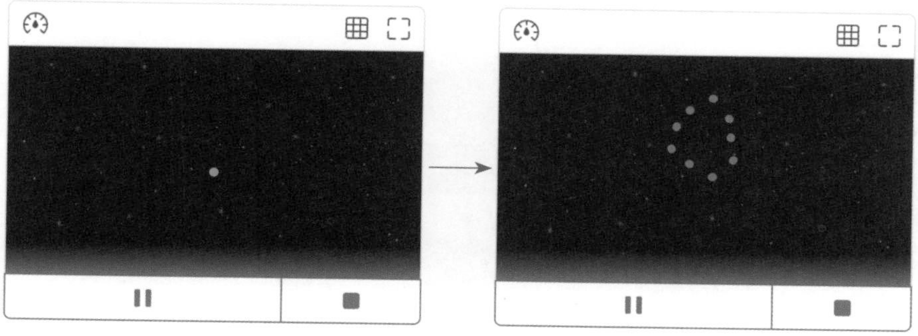

다음은 불꽃놀이를 디자인하는 코드입니다. 마우스로 실행화면을 클릭하면 1개의 불꽃이 9개의 불꽃으로 퍼져나가야 하는데 문제가 있는지 실행이 되지 않네요. 왜 그럴까요? 어디에서 코드가 잘못되었는지 찾아보고 그 이유를 설명하세요.

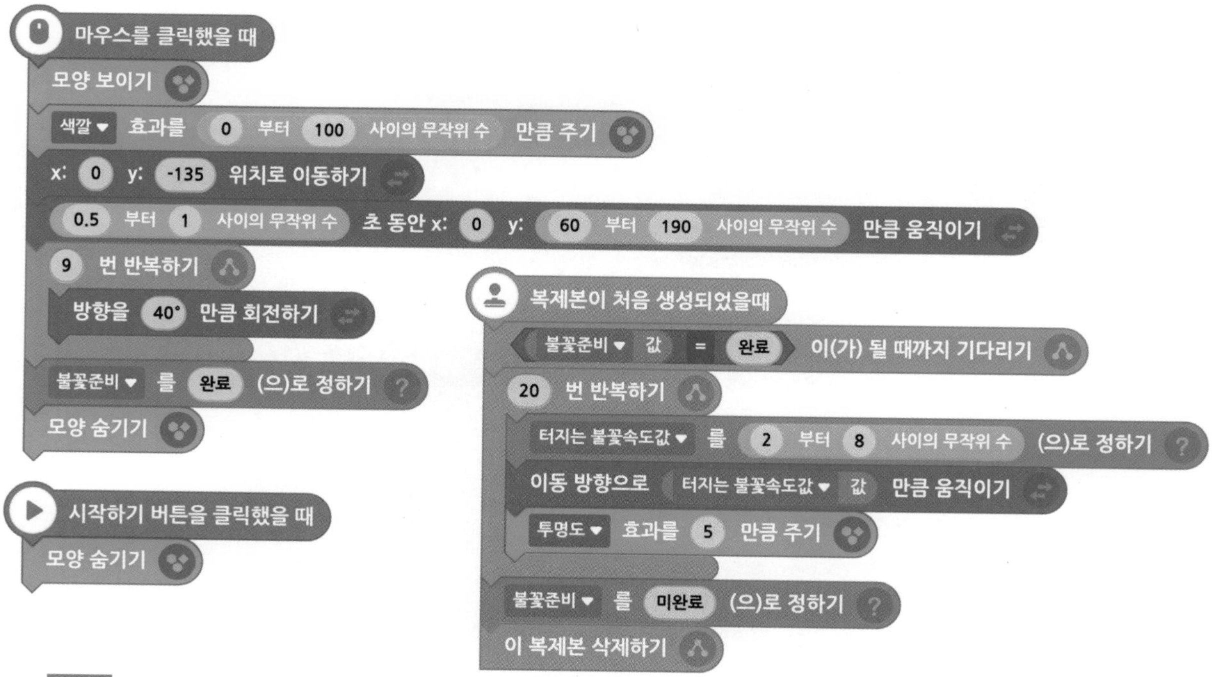

마우스를 클릭했을 때
모양 보이기
색깔 효과를 0 부터 100 사이의 무작위 수 만큼 주기
x: 0 y: -135 위치로 이동하기
0.5 부터 1 사이의 무작위 수 초 동안 x: 0 y: 60 부터 190 사이의 무작위 수 만큼 움직이기
9 번 반복하기
방향을 40° 만큼 회전하기
불꽃준비 를 완료 (으)로 정하기
모양 숨기기
시작하기 버튼을 클릭했을 때
모양 숨기기
복제본이 처음 생성되었을때
불꽃준비 값 = 완료 이(가) 될 때까지 기다리기
20 번 반복하기
터지는 불꽃속도값 를 2 부터 8 사이의 무작위 수 (으)로 정하기
이동 방향으로 터지는 불꽃속도값 값 만큼 움직이기
투명도 효과를 5 만큼 주기
불꽃준비 를 미완료 (으)로 정하기
이 복제본 삭제하기

힌트 : 복제본이 처음 생성되었을때 가 실행되려면 자신 의 복제본 만들기 블록이 반드시 있어야 합니다.

문제 해결 길잡이

1개의 불꽃이 9개가 되어야 하는데, 그렇게 실행되지 않는다면 '9'라는 숫자에 관심을 가져야 합니다. 문제의 코드에서 '9번 반복하기' 블록을 살펴보겠습니다.

마우스를 클릭했을 때
모양 보이기
색깔 효과를 0 부터 100 사이의 무작위 수 만큼 주기
x: 0 y: -135 위치로 이동하기
0.5 부터 1 사이의 무작위 수 초 동안 x: 0 y: 60 부터 190 사이의 무작위 수 만큼 움직이기
9 번 반복하기
방향을 40° 만큼 회전하기
'9번 반복하기'에 40도만큼 방향을 회전하는 블록만 있고
불꽃을 복제하는 블록이 없네요.
불꽃준비 를 완료 (으)로 정하기
모양 숨기기

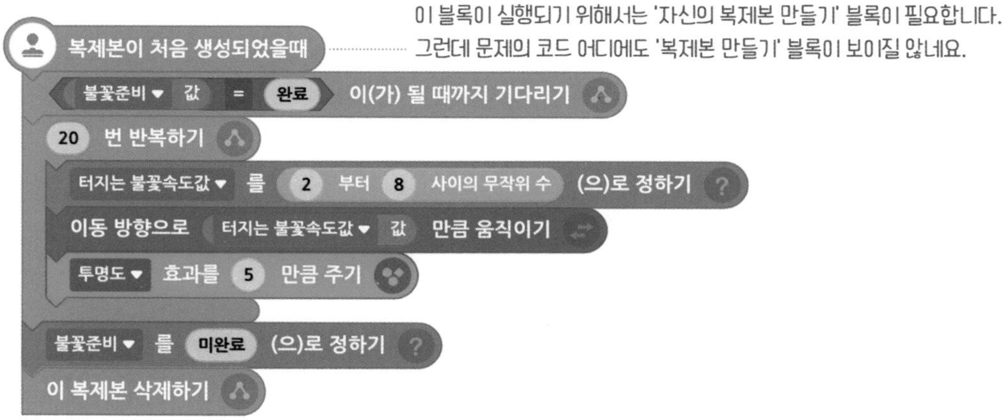

이 블록이 실행되기 위해서는 '자신의 복제본 만들기' 블록이 필요합니다.
그런데 문제의 코드 어디에도 '복제본 만들기' 블록이 보이질 않네요.
복제본이 처음 생성되었을때
불꽃준비 값 = 완료 이(가) 될 때까지 기다리기
20 번 반복하기
터지는 불꽃속도값 를 2 부터 8 사이의 무작위 수 (으)로 정하기
이동 방향으로 터지는 불꽃속도값 값 만큼 움직이기
투명도 효과를 5 만큼 주기
불꽃준비 를 미완료 (으)로 정하기
이 복제본 삭제하기

그러므로 [복제본이 처음 생성되었을때] 가 실행되도록 [자신 의 복제본 만들기] 를 추가해야 합니다.

정답

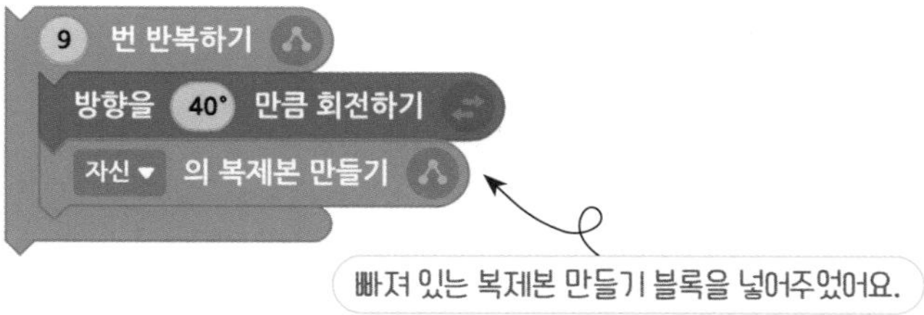

9 번 반복하기
방향을 40° 만큼 회전하기
자신 의 복제본 만들기
빠져 있는 복제본 만들기 블록을 넣어주었어요.

036 코드 변경하기 불꽃놀이 디자인(2)

난이도★★

다음은 불꽃놀이를 디자인하는 코드입니다. '불꽃준비' 변수값을 '완료'에서 'Ready'로 변경하려 합니다. 변수값이 'Ready'로 변경되면 다른 블록에도 영향을 주게 되는데요. 아래 코드에서 함께 고쳐야 할 블록을 찾아 동그라미로 표시해주세요.

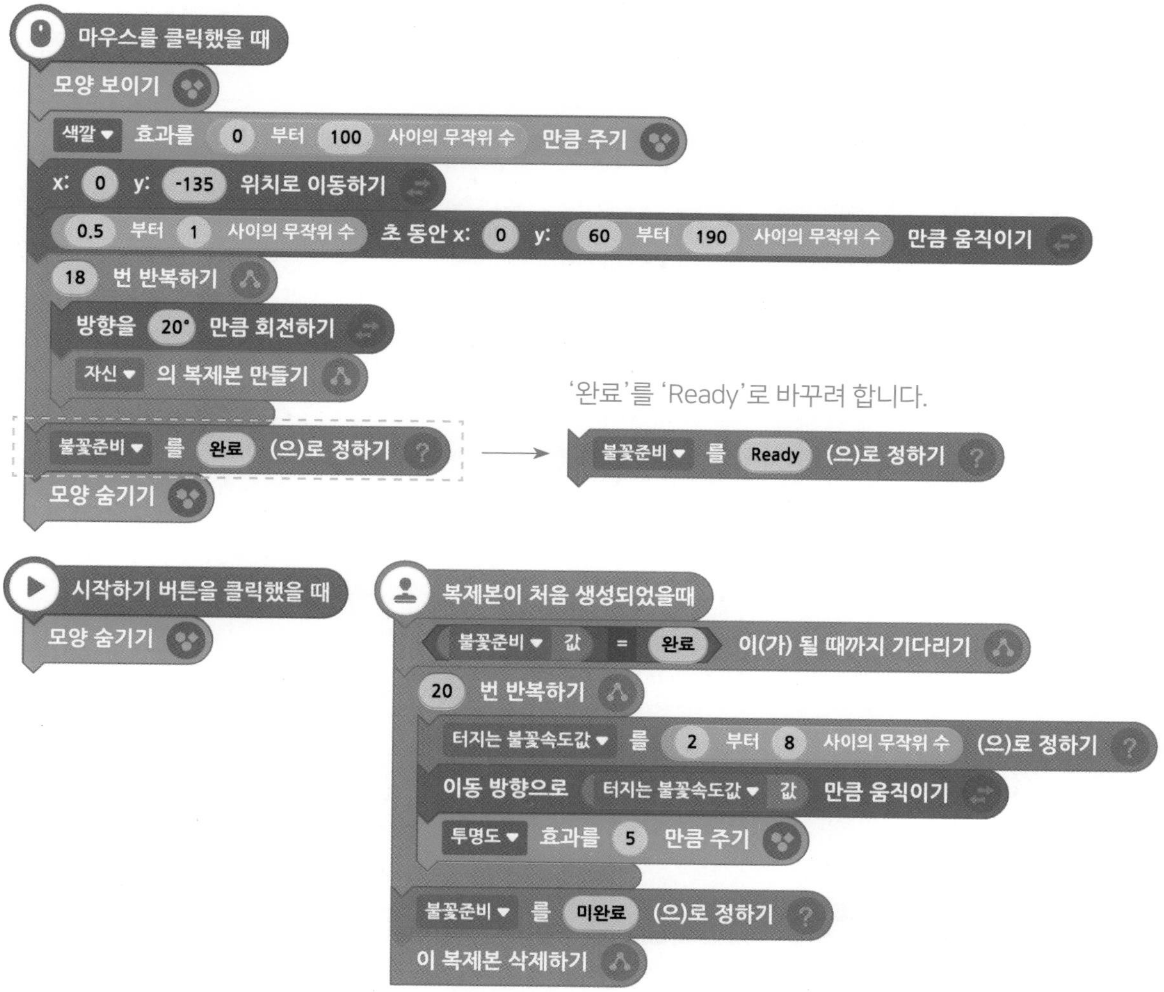
마우스를 클릭했을 때
모양 보이기
색깔 ▾ 효과를 0 부터 100 사이의 무작위 수 만큼 주기
x: 0 y: -135 위치로 이동하기
0.5 부터 1 사이의 무작위 수 초 동안 x: 0 y: 60 부터 190 사이의 무작위 수 만큼 움직이기
18 번 반복하기
방향을 20° 만큼 회전하기
자신 ▾ 의 복제본 만들기
불꽃준비 ▾ 를 완료 (으)로 정하기
모양 숨기기
'완료'를 'Ready'로 바꾸려 합니다.
불꽃준비 ▾ 를 Ready (으)로 정하기
시작하기 버튼을 클릭했을 때
모양 숨기기
복제본이 처음 생성되었을때
불꽃준비 ▾ 값 = 완료 이(가) 될 때까지 기다리기
20 번 반복하기
터지는 불꽃속도값 ▾ 를 2 부터 8 사이의 무작위 수 (으)로 정하기
이동 방향으로 터지는 불꽃속도값 ▾ 값 만큼 움직이기
투명도 ▾ 효과를 5 만큼 주기
불꽃준비 ▾ 를 미완료 (으)로 정하기
이 복제본 삭제하기

힌트 : '불꽃준비'의 변수값이 바뀌었으므로 불꽃준비 ▾ 값 근처를 유심히 살펴보세요.

문제 해결 길잡이

'불꽃준비' 변수값을 변경할 때는 전체 코드에서 해당 변수가 사용되는 곳을 찾아야 합니다.
문제의 코드에서 '불꽃준비' 변수는 ①, ② 두 군데 사용되었습니다.
그러므로 이 부분을 바꿔줘야 합니다.

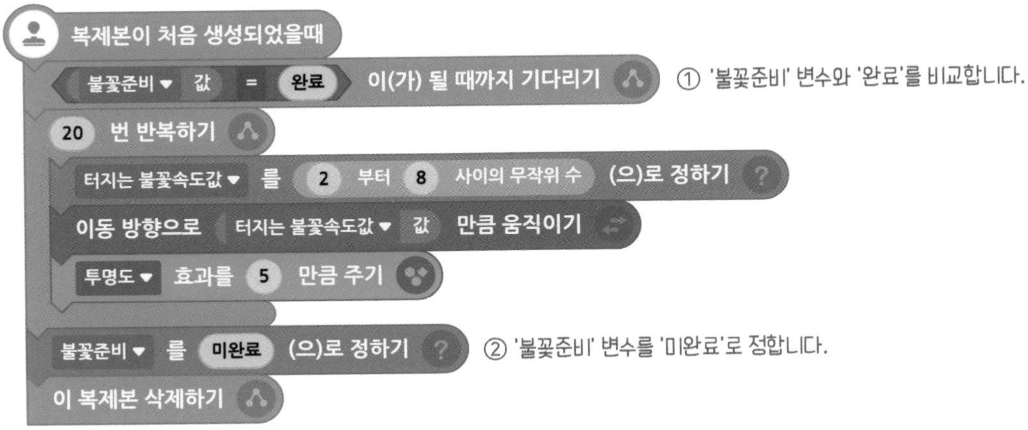
복제본이 처음 생성되었을때
불꽃준비 ▾ 값 = 완료 이(가) 될 때까지 기다리기
① '불꽃준비' 변수와 '완료'를 비교합니다.
20 번 반복하기
터지는 불꽃속도값 ▾ 를 2 부터 8 사이의 무작위 수 (으)로 정하기
이동 방향으로 터지는 불꽃속도값 ▾ 값 만큼 움직이기
투명도 ▾ 효과를 5 만큼 주기
불꽃준비 ▾ 를 미완료 (으)로 정하기
② '불꽃준비' 변수를 '미완료'로 정합니다.
이 복제본 삭제하기

①번 블록에서 [불꽃준비 ▾ 값 = 완료]로 코드를 작성하면 이 판단식은 항상 거짓이 됩니다. '불꽃준비' 변수에 'Ready'가 들어가 있기 때문이죠. 그러므로 [완료]를 [Ready]로 바꿔주어야 코드가 잘 실행됩니다. 그리고 ②번 블록에서 '미완료'를 'Not Ready'로 바꿔주면 끝!

정답 불꽃준비 변수가 사용된 아래 블록에서 '완료'를 'Ready'로, '미완료'를 'Not Ready'로 수정해야 합니다.

불꽃준비 ▾ 값 = 완료 이(가) 될 때까지 기다리기
불꽃준비 ▾ 를 미완료 (으)로 정하기

037 복제 연습하기 불꽃놀이 디자인(3)

난이도★

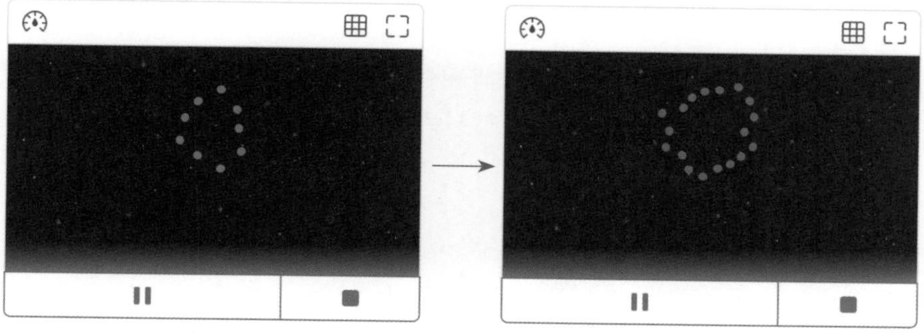

다음은 불꽃놀이를 디자인하는 코드입니다. 마우스로 실행화면을 클릭하면 1개의 불꽃이 9개의 불꽃으로 퍼져나가도록 설정되어 있습니다. 9개가 아니라 18개의 불꽃이 생기도록 하려면 코드를 어떻게 고쳐야 하는지 설명해보세요.

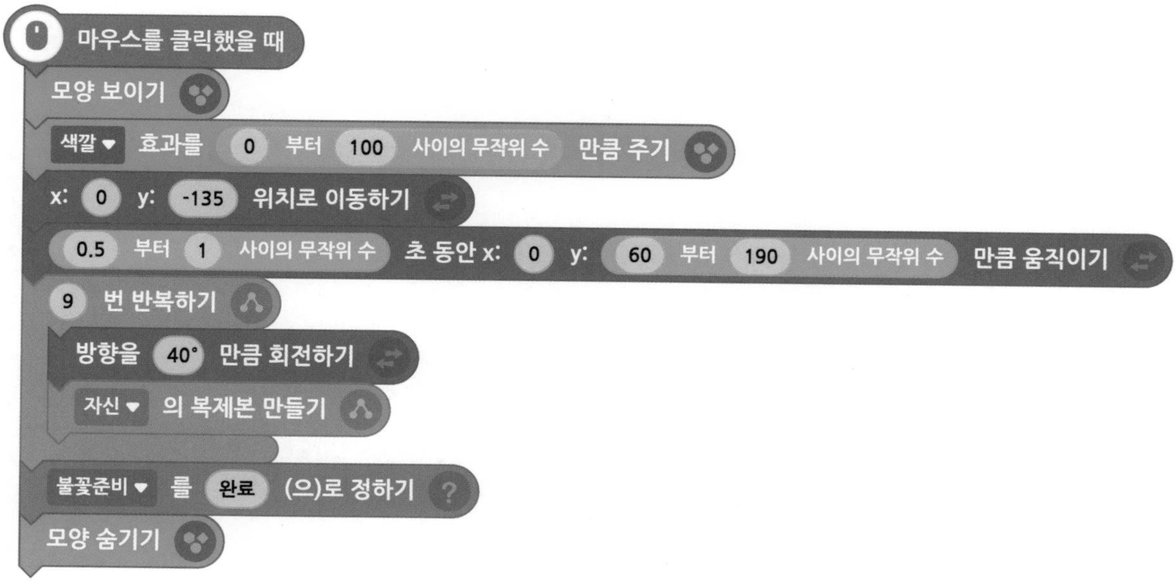
마우스를 클릭했을 때
모양 보이기
색깔 ▾ 효과를 0 부터 100 사이의 무작위 수 만큼 주기
x: 0 y: -135 위치로 이동하기
0.5 부터 1 사이의 무작위 수 초 동안 x: 0 y: 60 부터 190 사이의 무작위 수 만큼 움직이기
9 번 반복하기
방향을 40° 만큼 회전하기
자신 ▾ 의 복제본 만들기
불꽃준비 ▾ 를 완료 (으)로 정하기
모양 숨기기

힌트 : 9개에서 18개로 불꽃이 늘어나야 하므로 '9'가 사용된 블록을 확인해보세요.

문제 해결 길잡이

문제의 코드에서 '9번 반복하기'가 사용되어 9개의 불꽃이 만들어지고 있습니다. 또 각각의 불꽃을 만들 때 방향을 40°만큼 회전하고 있기 때문에 불꽃이 서로 겹치지 않습니다.

18개의 불꽃을 만들기 위해서는 반복하기 블록의 횟수를 9에서 18로 바꿔야 합니다. 그리고 불꽃이 회전하는 방향을 40°에서 20°로 변경해야 불꽃이 서로 겹치지 않고 사방으로 퍼지게 된답니다.

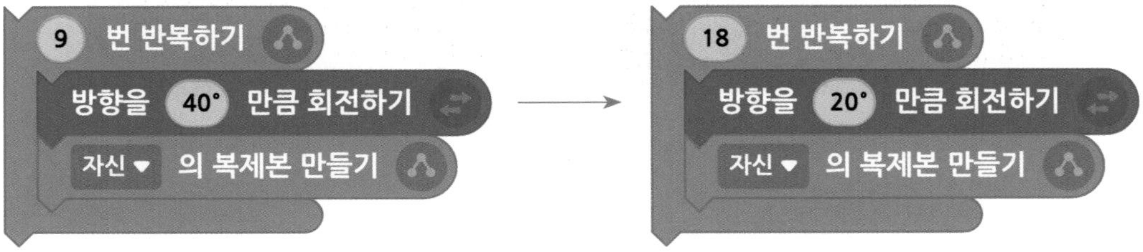

9 번 반복하기
방향을 40° 만큼 회전하기
자신 ▾ 의 복제본 만들기
18 번 반복하기
방향을 20° 만큼 회전하기
자신 ▾ 의 복제본 만들기

정답 **파란색 반복하기 블록의 숫자를 9에서 18로 수정하고 보라색 회전하기 블록의 각도를 40°에서 20°로 수정한다.**

개념 다지기

오브젝트의 복제본을 생성하고 삭제하는 블록입니다.

자신 ▾ 의 복제본 만들기	자기 자신을 홍길동처럼 복제합니다.
복제본이 처음 생성되었을때	복제본이 만들어지면 연결된 블록들이 실행됩니다. 이 블록에 따라 복제된 오브젝트가 홍길동처럼 움직입니다.
이 복제본 삭제하기	선택한 복제본이 삭제됩니다. 1명의 홍길동이 사라지는 순간입니다.
모든 복제본 삭제하기	지금까지 생성된 모든 복제본을 삭제합니다. 모든 홍길동이 동시에 사라지는 순간입니다.

038 리스트 연습하기 영어 단어장 만들기(1)

난이도★★

문제 0
대답 0
영어단어목록
1 cat
2 dog
3 bird
한글단어목록
1 고양이
2 강아지
3 새

다음은 영어단어목록에서 무작위로 하나를 골라 한글 뜻을 묻는 퀴즈 프로그램의 코드입니다. 그런데 코드를 실행하는 도중 붉은색 화살표 위치에서 오류가 발생했습니다. 왜 오류가 났을까요? 그 이유를 보기에서 골라 보세요.

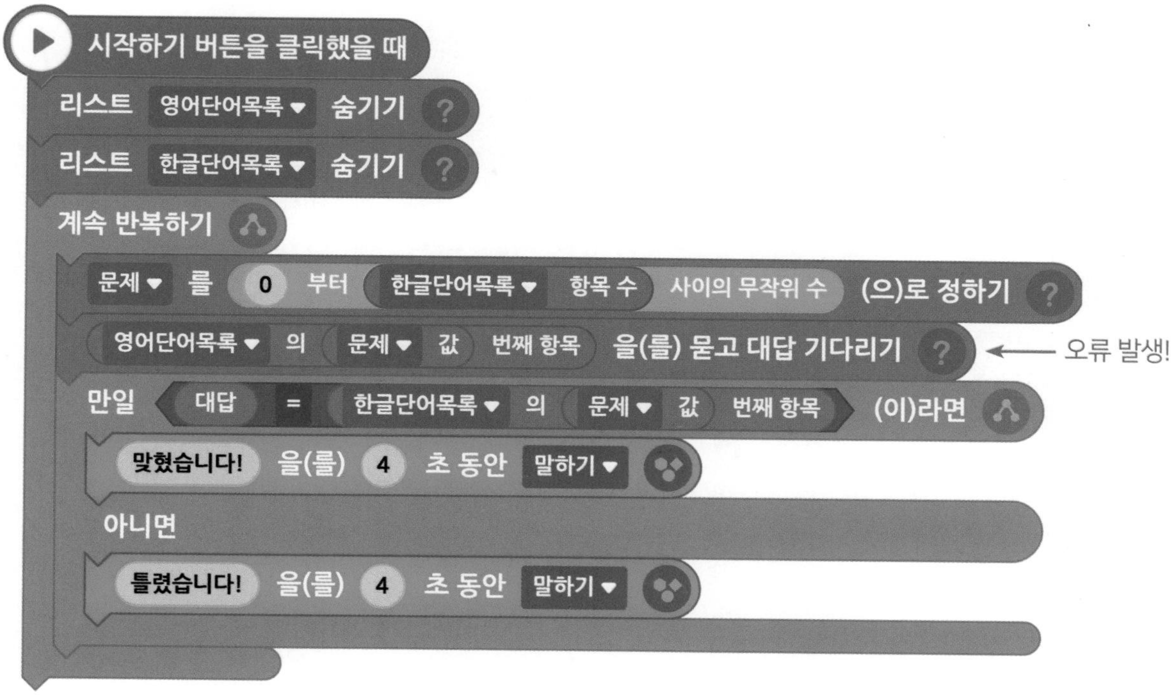
시작하기 버튼을 클릭했을 때
리스트 영어단어목록 숨기기
리스트 한글단어목록 숨기기
계속 반복하기
문제 를 0 부터 한글단어목록 항목 수 사이의 무작위 수 (으)로 정하기
영어단어목록 의 문제 값 번째 항목 을(를) 묻고 대답 기다리기
오류 발생!
만일 대답 = 한글단어목록 의 문제 값 번째 항목 (이)라면
맞혔습니다! 을(를) 4 초 동안 말하기
아니면
틀렸습니다! 을(를) 4 초 동안 말하기

보기

① 영어단어목록에서 무작위로 단어를 골라서.
② 영어단어목록의 리스트 항목이 1부터 시작하는데, 0부터 선택하도록 코드가 작성되어 있어서.
③ 계속 반복하기를 멈추는 블록이 없어서.
④ 문제를 무작위로 정해서.

문제 해결 길잡이

문제의 '영어단어목록'과 '한글단어목록'은 리스트로 만들어져 있습니다. 리스트(list)는 우리말로 '목록'이라는 뜻인데요. 다음 그림을 보니 이 리스트에는 3개의 항목이 들어가 있네요.

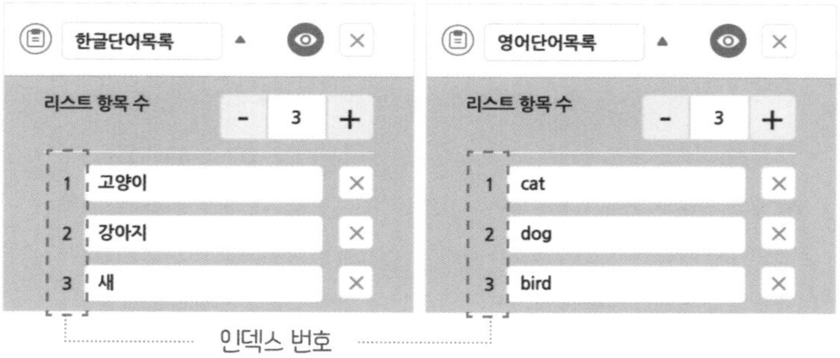

리스트에서 단어를 하나씩 꺼내오기 위해서는 인덱스 번호를 사용해야 합니다.
그림에서 보듯 리스트의 인덱스 번호는 1부터 시작합니다.

그런데 오류가 발생한 코드를 보니,
영어단어목록에서 0부터 3 사이의 무작위 수를 가져오도록 작성되어 있네요.

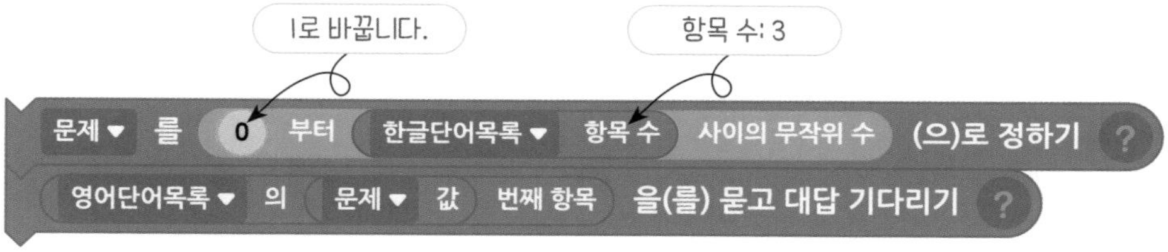

자, 오류의 원인을 찾았습니다. 코드와 리스트 시작 번호가 달라서였네요.
노란색 무작위 수 블록에 있는 0을 1로 바꾸면 더이상 오류가 나지 않을 거예요.

정답 ②

학부모 길잡이

리스트의 각 항목을 가리키는 숫자를 '인덱스(index)'라고 부릅니다.
코딩을 하다 보면, 인덱스를 잘못 사용해 오류가 발생하는 경우가 종종 있답니다.
사소해 보이지만, 이런 오류를 해결하는 연습도 중요하다는 말씀!

039 변수 연습하기 영어 단어장 만들기(2)

난이도★★

문제 0
대답 0
영어단어목록
1 cat
2 dog
3 bird
한글단어목록
1 고양이
2 강아지
3 새

다음은 영어단어목록에서 무작위로 하나를 골라 한글 뜻을 묻는 퀴즈 프로그램의 코드입니다. 퀴즈를 맞히면 점수에 1점을 더하고, 틀리면 1점을 빼도록 코드를 변경하려고 합니다. 회색 빈칸 가, 나에 어떤 블록이 들어가야 할까요? 보기에서 골라보세요.

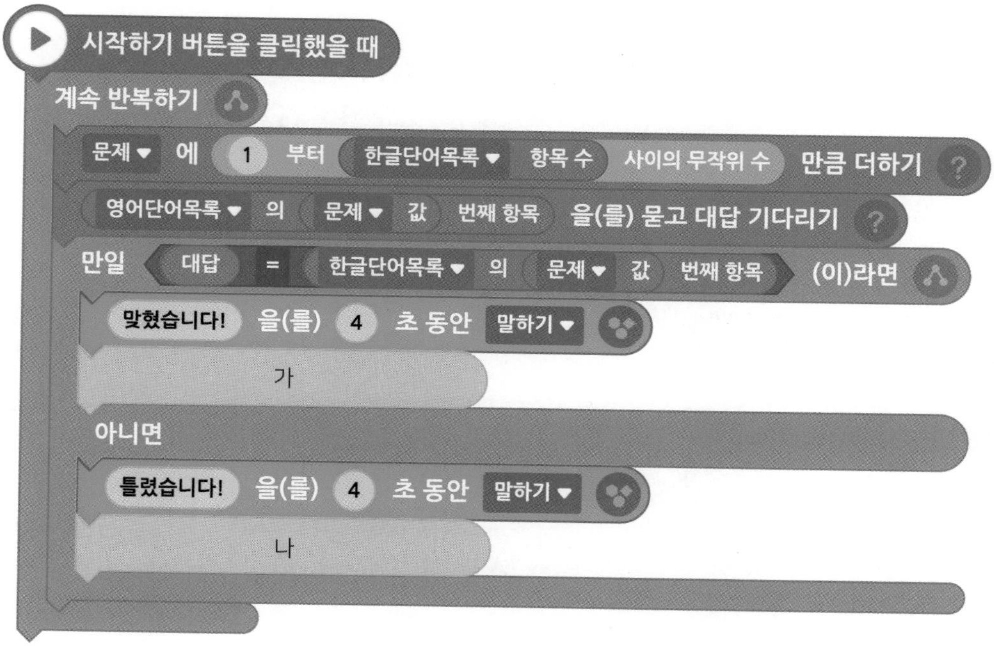
시작하기 버튼을 클릭했을 때
계속 반복하기
문제 에 1 부터 한글단어목록 항목 수 사이의 무작위 수 만큼 더하기
영어단어목록 의 문제 값 번째 항목 을(를) 묻고 대답 기다리기
만일 대답 = 한글단어목록 의 문제 값 번째 항목 (이)라면
맞혔습니다! 을(를) 4 초 동안 말하기
가
아니면
틀렸습니다! 을(를) 4 초 동안 말하기
나

보기

① 점수 에 1 만큼 더하기
② 문제 에 1 만큼 더하기
③ 점수 에 -1 만큼 더하기
④ 문제 에 -1 만큼 더하기

문제 해결 길잡이

시작 버튼을 눌러 코드를 실행하면 '문제' 변수에 [1 부터 한글단어목록 항목 수 사이의 무작위 수] 가 들어갑니다.
한글단어목록의 항목 수가 3이기 때문에 1부터 3 사이에서 랜덤으로 숫자가 정해집니다.
이해를 돕기 위해 '문제' 변수에 1이 들어갔다고 가정해보겠습니다.

문제 변수가 1이므로 엔트리봇은 영어단어목록 1번째에서 cat을 가져와 보여주고,
우리의 대답을 기다립니다.

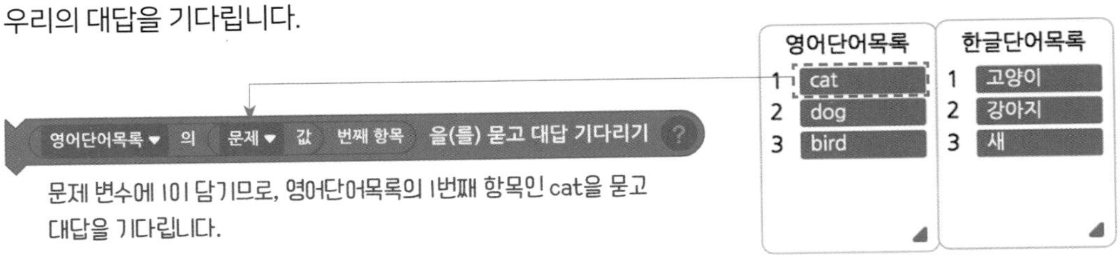

영어단어목록
1 cat
2 dog
3 bird
한글단어목록
1 고양이
2 강아지
3 새
영어단어목록 의 문제 값 번째 항목 을(를) 묻고 대답 기다리기
문제 변수에 1이 담기므로, 영어단어목록의 1번째 항목인 cat을 묻고
대답을 기다립니다.

대답을 '고양이'라고 입력하면 '한글단어목록'의 1번째 항목(고양이)과 비교합니다.
대답과 항목이 동일하므로 [대답 = 한글단어목록 의 문제 값 번째 항목] 은 참이 됩니다.
정답을 맞혔으므로, '가'에는 점수를 1점 더하는 블록이 와야 합니다.
만약, 답변이 틀렸다면 '아니면' 안에 있는 블록이 실행됩니다.
이때는 점수를 1점 빼는 블록이 와야 합니다.

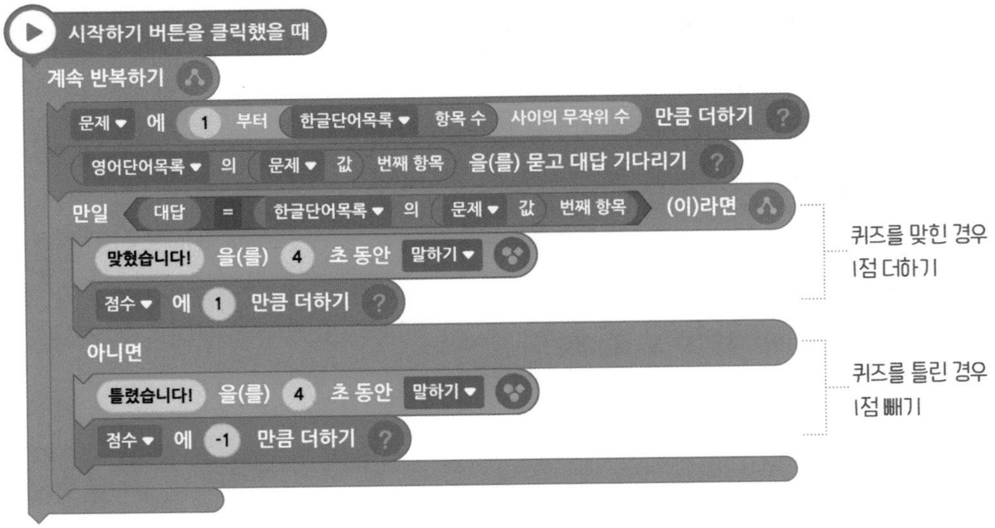

시작하기 버튼을 클릭했을 때
계속 반복하기
문제 에 1 부터 한글단어목록 항목 수 사이의 무작위 수 만큼 더하기
영어단어목록 의 문제 값 번째 항목 을(를) 묻고 대답 기다리기
만일 대답 = 한글단어목록 의 문제 값 번째 항목 (이)라면
맞혔습니다! 을(를) 4 초 동안 말하기
점수 에 1 만큼 더하기
아니면
틀렸습니다! 을(를) 4 초 동안 말하기
점수 에 -1 만큼 더하기
퀴즈를 맞힌 경우
1점 더하기
퀴즈를 틀린 경우
1점 빼기

정답 가: ①, 나: ③

040 숨기기 연습하기 영어 단어장 만들기(3)

난이도★

문제 0
점수 0
cat
대답 0
영어단어목록
1 cat
2 dog
3 bird
한글단어목록
1 고양이
2 강아지
3 새

다음은 영어단어목록에서 무작위로 하나를 골라 한글 뜻을 묻는 퀴즈 프로그램의 코드입니다. 시작하기 버튼을 눌러 코드를 실행하면 실행화면과 같이 영어단어목록과 한글단어목록이 보입니다. 코드가 실행되자마자 두 목록이 보이지 않았으면 좋겠습니다. 이를 위해 추가해야 할 적절한 블록을 보기에서 고르고, 추가될 위치를 찾아 동그라미로 표시해보세요.

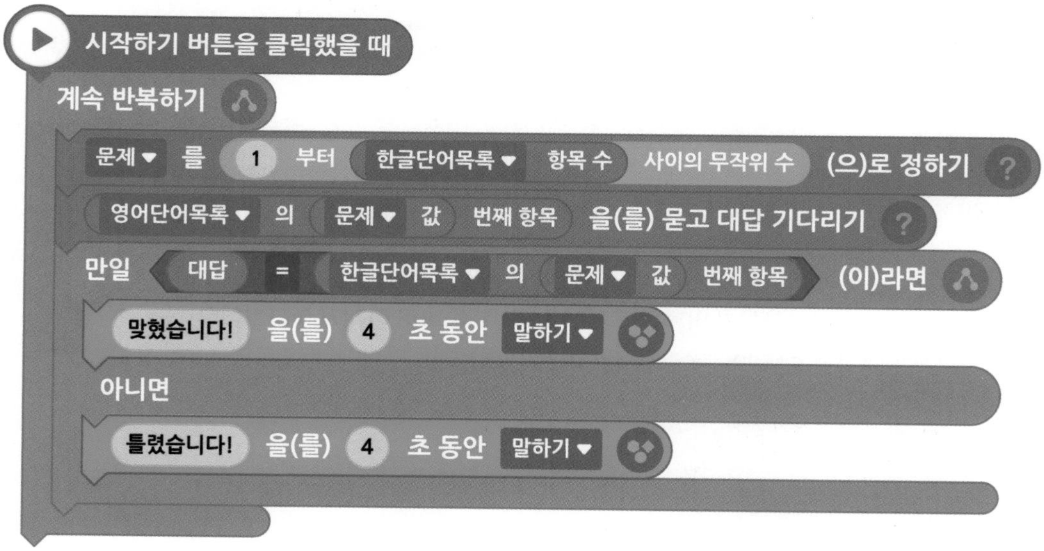
시작하기 버튼을 클릭했을 때
계속 반복하기
문제 ▾ 를 1 부터 한글단어목록 ▾ 항목 수 사이의 무작위 수 (으)로 정하기
영어단어목록 ▾ 의 문제 ▾ 값 번째 항목 을(를) 묻고 대답 기다리기
만일 대답 = 한글단어목록 ▾ 의 문제 ▾ 값 번째 항목 (이)라면
맞혔습니다! 을(를) 4 초 동안 말하기 ▾
아니면
틀렸습니다! 을(를) 4 초 동안 말하기 ▾

보기

① 리스트 한글단어목록 ▾ 숨기기

② 변수 한글단어목록 ▾ 숨기기

③ 리스트 영어단어목록 ▾ 숨기기

④ 변수 영어단어목록 ▾ 숨기기

문제 해결 길잡이

코드가 실행되자마자 영어단어목록과 한글단어목록을 숨겨야 하므로,
'시작하기 버튼을 클릭했을 때' 블록의 바로 아래에 숨기기 블록을 추가해야 합니다.

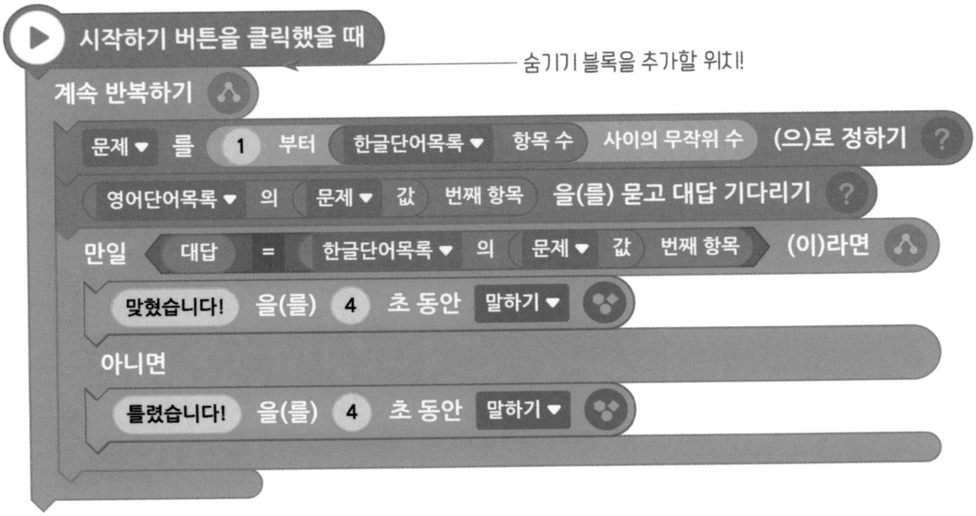

시작하기 버튼을 클릭했을 때
숨기기 블록을 추가할 위치!
계속 반복하기
문제 를 1 부터 한글단어목록 항목 수 사이의 무작위 수 (으)로 정하기
영어단어목록 의 문제 값 번째 항목 을(를) 묻고 대답 기다리기
만일 대답 = 한글단어목록 의 문제 값 번째 항목 (이)라면
맞혔습니다! 을(를) 4 초 동안 말하기
아니면
틀렸습니다! 을(를) 4 초 동안 말하기

영어단어목록과 한글단어목록은 리스트이므로, 다음의 리스트 숨기기 블록을 사용하면 된답니다.

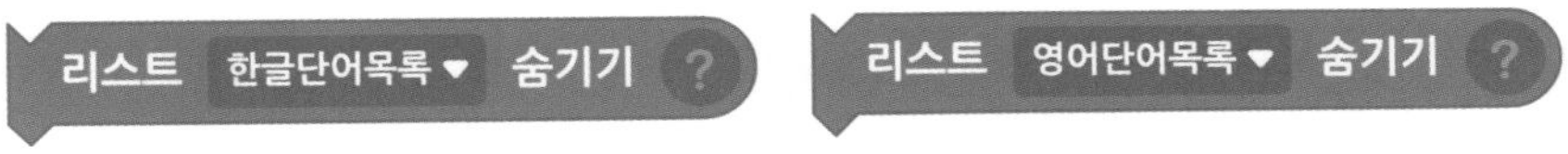

리스트 한글단어목록 숨기기
리스트 영어단어목록 숨기기

정답 ①, ③ 블록을 '시작하기 버튼을 클릭했을 때' 블록 바로 아래에 추가합니다.
(한글단어목록과 영어단어목록의 순서는 상관없어요.)

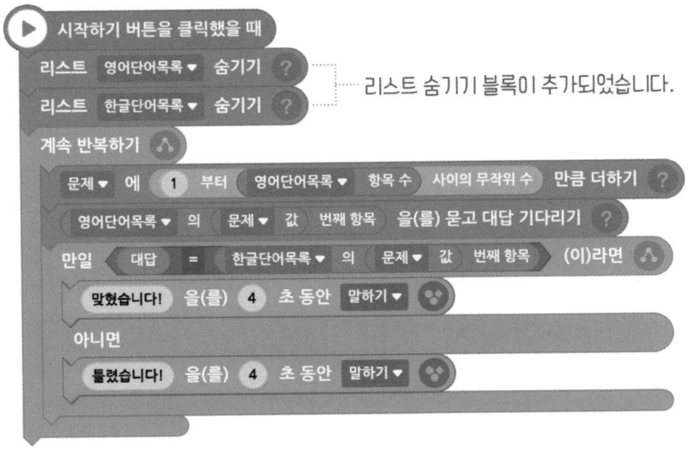

시작하기 버튼을 클릭했을 때
리스트 영어단어목록 숨기기
리스트 한글단어목록 숨기기
리스트 숨기기 블록이 추가되었습니다.
계속 반복하기
문제 에 1 부터 영어단어목록 항목 수 사이의 무작위 수 만큼 더하기
영어단어목록 의 문제 값 번째 항목 을(를) 묻고 대답 기다리기
만일 대답 = 한글단어목록 의 문제 값 번째 항목 (이)라면
맞혔습니다! 을(를) 4 초 동안 말하기
아니면
틀렸습니다! 을(를) 4 초 동안 말하기

041 코드 변경하기 도서관 프로그램(1)

난이도★★

현재 확인 번호 0
대답 0
책목록
1 토끼와 거북이
2 인어공주
3 이상한 나라의 앨리스
4 흥부 놀부
5 왕자와 거지
6 신데렐라

현재 확인 번호 1
대답 0
찾고 싶은 책의 제목을 입력
하세요.

다음은 책의 제목을 입력하면, 사서 선생님이 책의 위치를 알려주는 프로그램 코드입니다. 그런데 도서관에 책이 없을 경우에는 아무런 설명도 해주지 않네요. 이런, 프로그램이 좀 더 친절하면 좋겠는걸요! 찾고자 하는 책이 도서관에 없는 경우, 사서 선생님이 "도서관에 책이 없습니다."라고 말하도록 코드를 수정해보세요.

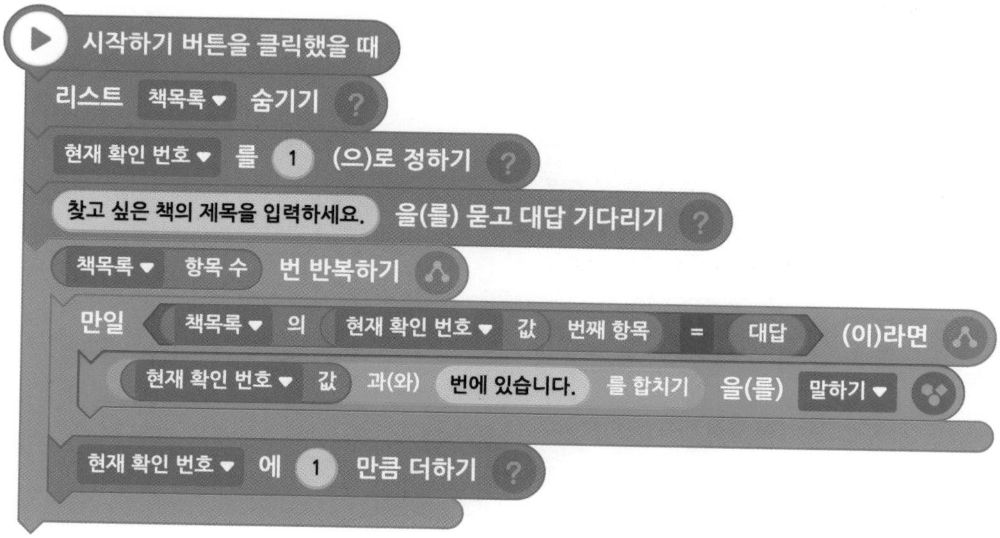
시작하기 버튼을 클릭했을 때
리스트 책목록 숨기기
현재 확인 번호 를 1 (으)로 정하기
찾고 싶은 책의 제목을 입력하세요. 을(를) 묻고 대답 기다리기
책목록 항목 수 번 반복하기
만일 책목록 의 현재 확인 번호 값 번째 항목 = 대답 (이)라면
현재 확인 번호 값 과(와) 번에 있습니다. 를 합치기 을(를) 말하기
현재 확인 번호 에 1 만큼 더하기

힌트 : 도서관의 책목록과 대답을 비교하며 찾은 책이 몇 권인지 세는 변수가 필요합니다. 이 변수가 0이라면 도서관에 책이 없으므로 "도서관에 책이 없습니다."라고 말해주면 됩니다.

문제 해결 길잡이

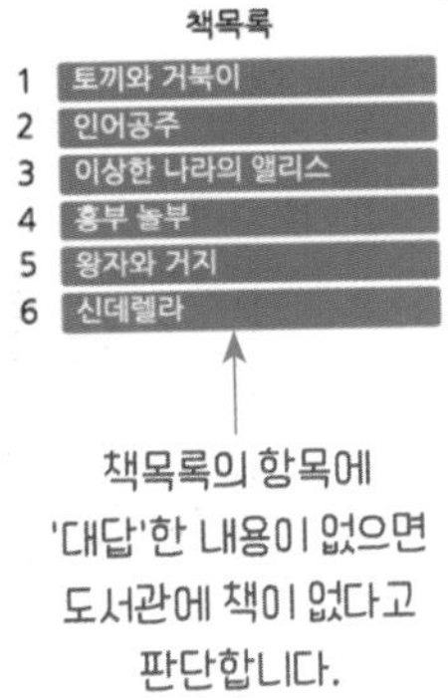
책목록
1 토끼와 거북이
2 인어공주
3 이상한 나라의 앨리스
4 흥부 놀부
5 왕자와 거지
6 신데렐라
책목록의 항목에 '대답'한 내용이 없으면 도서관에 책이 없다고 판단합니다.

문제의 도서관 프로그램을 실행하면 사서 선생님이 나타나 "찾고 싶은 책의 제목을 입력하세요."라고 말합니다. 우리가 입력창에 책제목을 입력하면 코드의 대답이라는 변수에 담깁니다. 프로그램에 저장된 책목록에 '대답'과 동일한 항목이 없으면 도서관에 책이 없다고 판단합니다.

여기서 책목록의 항목과 대답이 동일하다면 '찾은 책 수' 변수에 1만큼 더 하도록 블록을 추가해보겠습니다. (참고: '찾은 책 수' 변수는 미리 추가되어 있어야 합니다.)

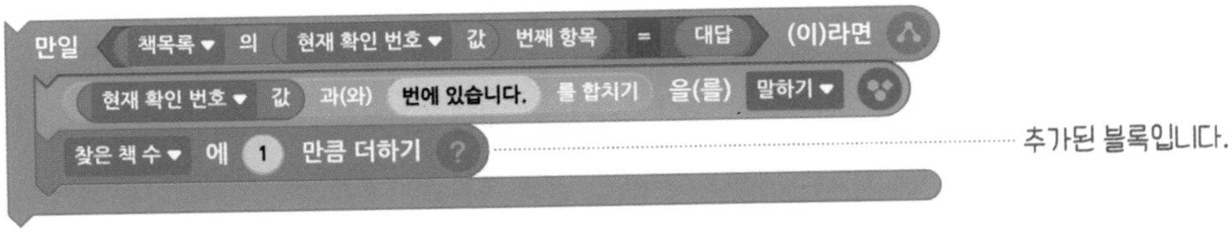
만일 책목록 의 현재 확인 번호 값 번째 항목 = 대답 (이)라면
현재 확인 번호 값 과(와) 번에 있습니다. 를 합치기 을(를) 말하기
찾은 책 수 에 1 만큼 더하기
추가된 블록입니다.

모든 책을 다 비교했는데도 '찾은 책 수' 변수가 0이라면, 도서관에 책이 없다는 의미입니다. "도서관에 책이 없습니다."라고 말하려면 문제의 코드에 다음 블록이 추가되어야 한답니다.

만일 찾은 책 수 값 = 0 (이)라면
도서관에 책이 없습니다. 을(를) 말하기

정답

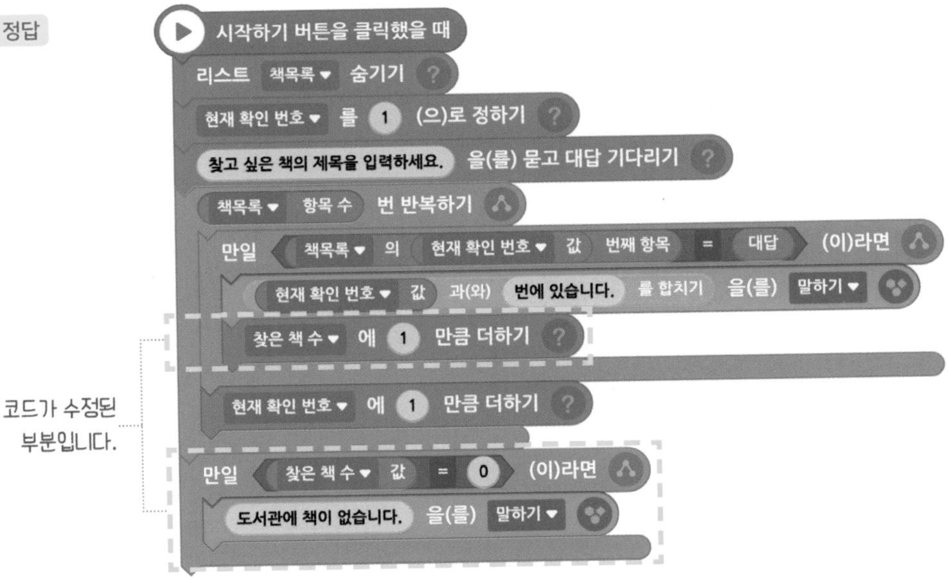
시작하기 버튼을 클릭했을 때
리스트 책목록 숨기기
현재 확인 번호 를 1 (으)로 정하기
찾고 싶은 책의 제목을 입력하세요. 을(를) 묻고 대답 기다리기
책목록 항목 수 번 반복하기
만일 책목록 의 현재 확인 번호 값 번째 항목 = 대답 (이)라면
현재 확인 번호 값 과(와) 번에 있습니다. 를 합치기 을(를) 말하기
찾은 책 수 에 1 만큼 더하기
현재 확인 번호 에 1 만큼 더하기
만일 찾은 책 수 값 = 0 (이)라면
도서관에 책이 없습니다. 을(를) 말하기
코드가 수정된 부분입니다.

042 리스트 연습하기 도서관 프로그램(2)

난이도★★

현재 확인 번호 1
대답 0
찾고 싶은 책의 제목을 입력하세요.
s키 입력
현재 확인 번호 3
대답 인어공주
도서관에 6권의 책이 있습니다.
책목록
1 토끼와 거북이
2 인어공주
3 이상한 나라의 앨리스
4 흥부 놀부
5 왕자와 거지
6 신데렐라
책목록의 항목 수는 6개입니다.

다음은 책의 제목을 입력하면, 사서 선생님이 책의 위치를 알려주는 프로그램 코드입니다. 키보드의 s키를 누르면 사서 선생님이 책목록을 보여주고, 책목록의 항목 수를 말하도록 블록을 추가하세요.

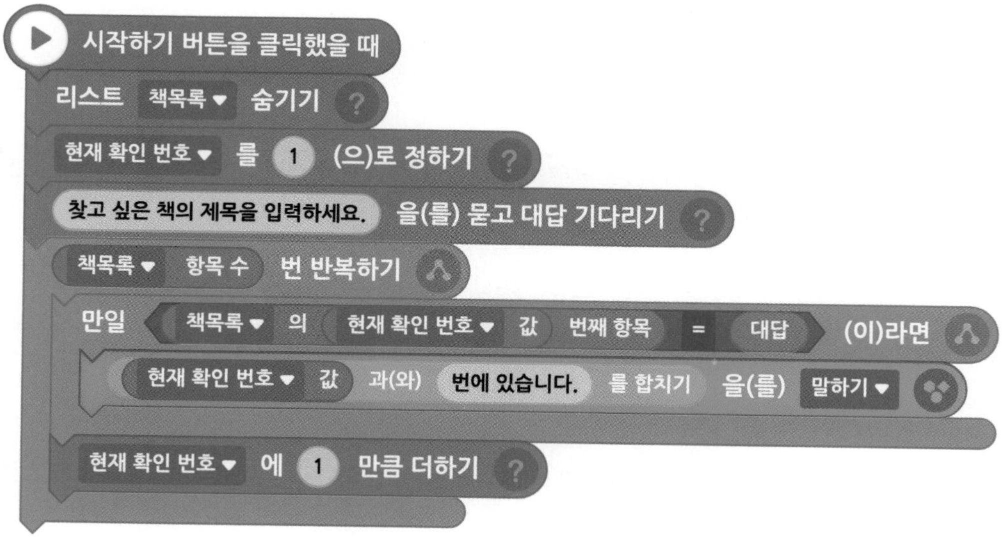
시작하기 버튼을 클릭했을 때
리스트 책목록 숨기기
현재 확인 번호 를 1 (으)로 정하기
찾고 싶은 책의 제목을 입력하세요. 을(를) 묻고 대답 기다리기
책목록 항목 수 번 반복하기
만일 책목록 의 현재 확인 번호 값 번째 항목 = 대답 (이)라면
현재 확인 번호 값 과(와) 번에 있습니다. 를 합치기 을(를) 말하기
현재 확인 번호 에 1 만큼 더하기

힌트 : s 키를 눌렀을 때 블록을 사용하고 이 블록 뒤에 책목록의 항목 수를 말하는 코드를 추가해야 합니다.

문제 해결 길잡이

첫째, 키보드에서 s키를 눌렀을 때 코드가 실행되게 하려면 다음 블록이 필요합니다.

s
키를 눌렀을 때

s키를 누르면 이 블록에 연결된 블록들이 실행되지요.

둘째, 책목록이 보이게 하려면, '리스트 보이기' 블록이 필요합니다.

리스트 책목록 보이기

셋째, 리스트에 몇 개의 책 항목이 들어 있는지 알기 위해서는 다음 블록을 사용합니다.

책목록 항목 수

넷째, 내가 원하는 단어들을 합쳐서 문장을 만들기 위해서는 합치기 블록이 필요합니다.

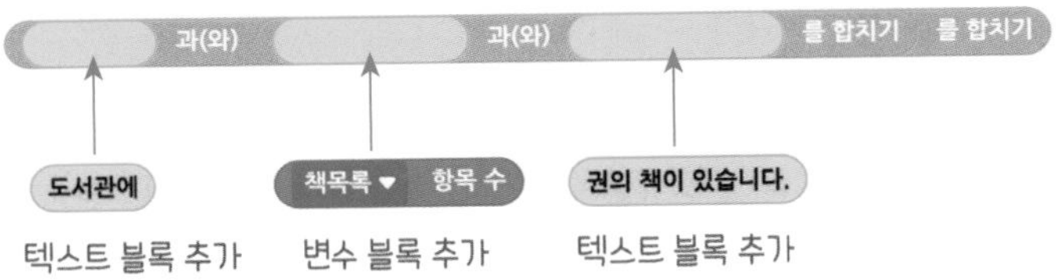
과(와)
과(와)
를 합치기
를 합치기
도서관에
책목록 항목 수
권의 책이 있습니다.
텍스트 블록 추가
변수 블록 추가
텍스트 블록 추가

합치기 블록이 두 번 사용되었어요.

문제의 실행화면에서 사서 선생님이 "도서관에 6권의 책이 있습니다."라고 말하므로, 말하기 블록도 써야 합니다.

도서관에 과(와) 책목록 항목 수 과(와) 권의 책이 있습니다. 를 합치기 를 합치기 을(를) 4 초 동안 말하기

이제 이 블록들을 조립하면 끝이 납니다!

정답 **문제의 코드에 다음 코드를 추가합니다.**

s 키를 눌렀을 때
리스트 책목록 보이기
도서관에 과(와) 책목록 항목 수 과(와) 권의 책이 있습니다. 를 합치기 를 합치기 을(를) 4 초 동안 말하기

043 리스트 연습하기 영어 퀴즈 프로그램(1)

난이도★★

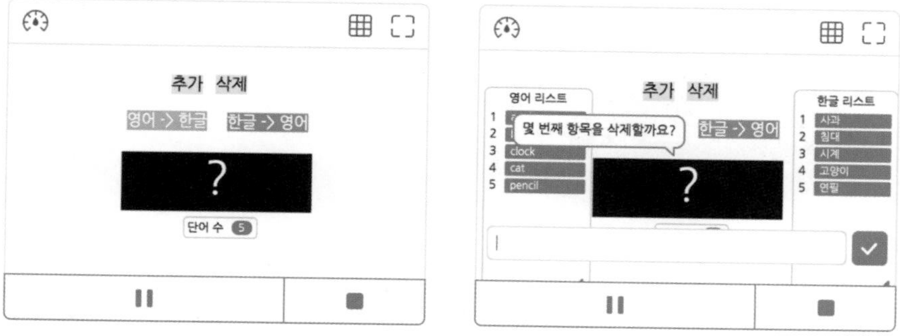
추가 삭제
영어 -> 한글
한글 -> 영어
?
단어 수 5
영어 리스트
몇 번째 항목을 삭제할까요?
clock
cat
pencil
한글 리스트
사과
침대
시계
고양이
연필

다음은 영어 퀴즈 프로그램의 코드입니다. 마우스로 하늘색 '추가' 글상자를 클릭하면 영어와 한글 리스트에서 단어를 추가하고, 분홍색 '삭제' 글상자를 클릭하면 영어와 한글 리스트에서 단어를 삭제하는 코드를 작성하려고 합니다. 회색 빈칸에 들어갈 내용을 작성해보세요.

추가

글상자 오브젝트

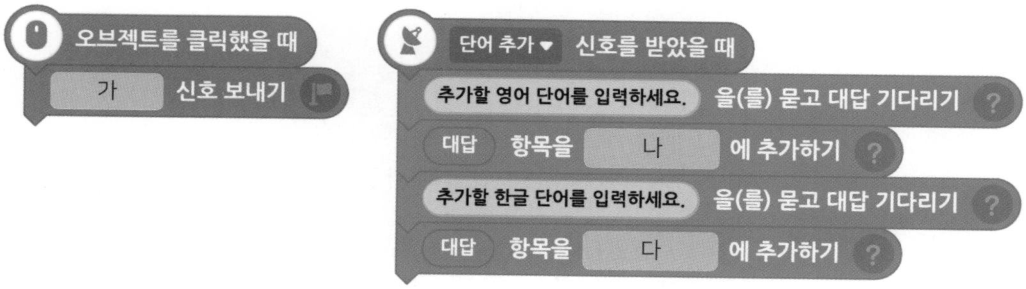
오브젝트를 클릭했을 때
가 신호 보내기
단어 추가 신호를 받았을 때
추가할 영어 단어를 입력하세요. 을(를) 묻고 대답 기다리기
대답 항목을 나 에 추가하기
추가할 한글 단어를 입력하세요. 을(를) 묻고 대답 기다리기
대답 항목을 다 에 추가하기

삭제

글상자 오브젝트

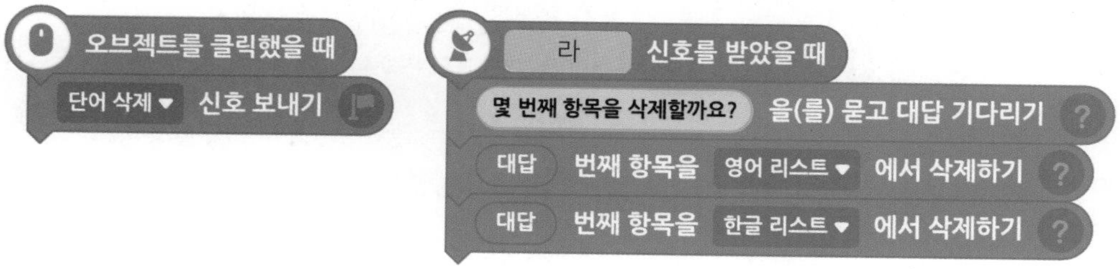
오브젝트를 클릭했을 때
단어 삭제 신호 보내기
라 신호를 받았을 때
몇 번째 항목을 삭제할까요? 을(를) 묻고 대답 기다리기
대답 번째 항목을 영어 리스트 에서 삭제하기
대답 번째 항목을 한글 리스트 에서 삭제하기

힌트 : [항목을 ▾ 에 추가하기] 블록은 리스트에 항목을 추가하는 블록입니다.
신호 보내기 블록과 신호를 받았을 때 블록의 신호 이름은 동일해야 합니다.

문제 해결 길잡이

문제의 코드에서 '단어 추가 신호를 받았을 때' 블록이 실행되려면,
'단어 추가 신호 보내기' 블록이 있어야 합니다.
그러므로, 빈칸 '가'에는 '단어 추가'가 들어가야 합니다.

추가
글상자
오브젝트

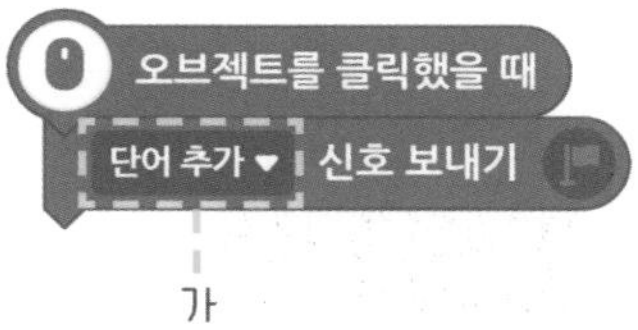

오브젝트를 클릭했을 때
단어 추가
신호 보내기
가

추가할 단어를 입력하면, '대답' 항목에 담깁니다. 이것을 영어단어목록과 한글단어목록에 추가하기 위해서는 '영어 리스트'와 '한글 리스트'에 '대답'을 추가해야 합니다.
그러므로 빈칸 '나'에는 '영어 리스트', '다'에는 '한글 리스트' 블록이 필요합니다.

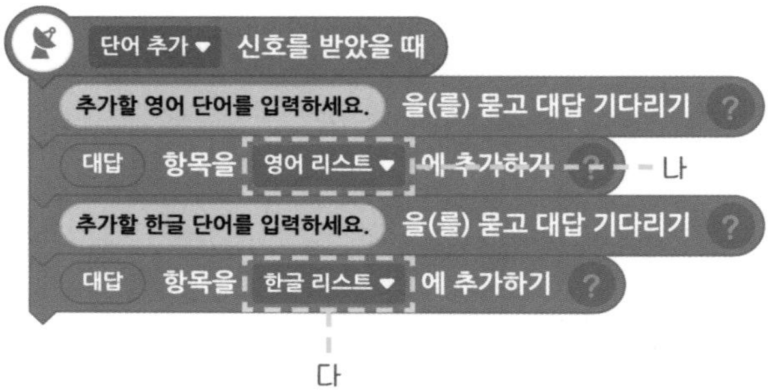

단어 추가
신호를 받았을 때
추가할 영어 단어를 입력하세요.
을(를) 묻고 대답 기다리기
대답
항목을
영어 리스트
에 추가하기
나
추가할 한글 단어를 입력하세요.
을(를) 묻고 대답 기다리기
대답
항목을
한글 리스트
에 추가하기
다

삭제 오브젝트를 클릭하면 '단어 삭제 신호 보내기' 블록이 실행됩니다.
이 신호를 받기 위해서는 '단어 삭제 신호를 받았을 때'가 필요하기 때문에
빈칸 '라'에는 '단어 삭제'가 들어가야 한답니다.

삭제
글상자
오브젝트

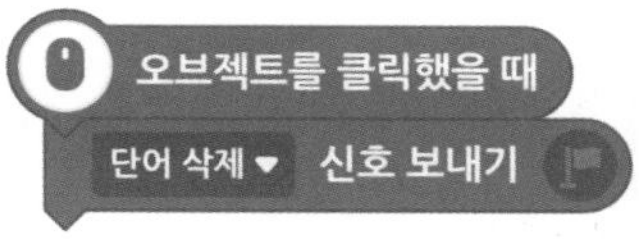

오브젝트를 클릭했을 때
단어 삭제
신호 보내기

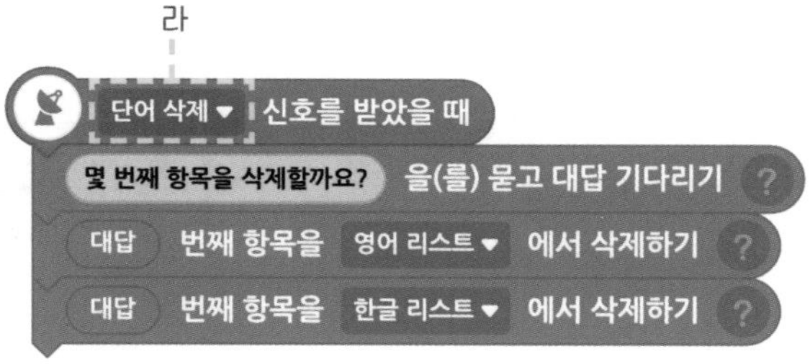

라
단어 삭제
신호를 받았을 때
몇 번째 항목을 삭제할까요?
을(를) 묻고 대답 기다리기
대답
번째 항목을
영어 리스트
에서 삭제하기
대답
번째 항목을
한글 리스트
에서 삭제하기

정답 **가: 단어 추가, 나: 영어 리스트, 다: 한글 리스트, 라: 단어 삭제**

044 리스트 연습하기 영어 퀴즈 프로그램(2)

난이도★★

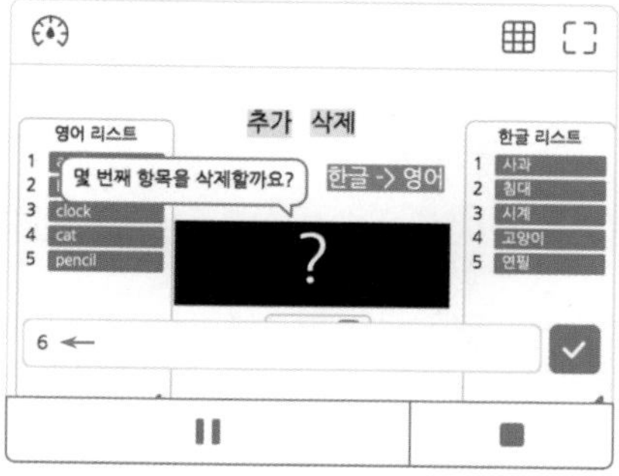

다음은 영어 퀴즈 프로그램의 영어 리스트와 한글 리스트에서 선택한 항목을 삭제하는 코드입니다. 현재 리스트의 항목 수는 5개인데요. '몇 번째 항목을 삭제할까요?"라는 질문에 6을 입력하니 경고창이 팝업되고 코드 실행이 멈춰버립니다. 리스트 항목 수의 범위를 벗어나는 값을 입력했기 때문에 생긴 오류입니다. 이런 오류가 발생할 경우 사용자가 당황하지 않도록 "입력 오류"라고 글상자에 써주는 코드를 추가해보세요.

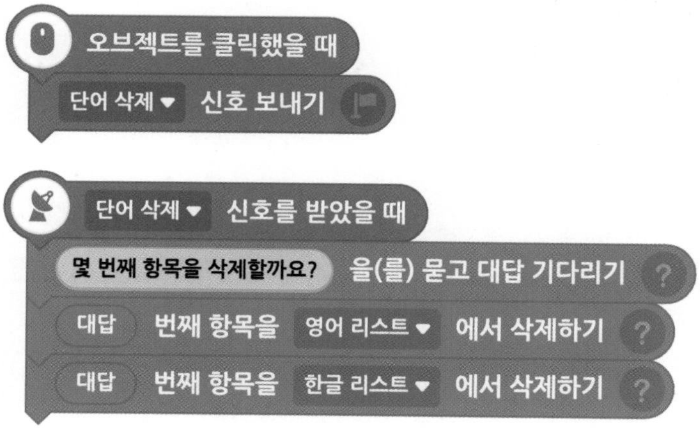

힌트 : 리스트 항목 수보다 큰 값이 입력되었는지 확인하는 판단식과 판단식이 참일 때 "입력 오류"라고 써주는 글쓰기 블록이 필요합니다. 엔트리 블록이 궁금하다면 231쪽을 참고하세요.

문제 해결 길잡이

문제를 풀기 위해서는 영어 리스트의 항목 수를 알려주는 [영어 리스트▾ 항목 수] 블록이 필요합니다.
현재 리스트에 5개 항목이 있으므로, 영어 리스트의 항목 수는 5입니다.
그러므로 '대답'의 숫자가 1에서 5 사이인지 확인하는 판단식을 추가하고, 대답한 숫자가 1에서 5 사이가 아니라면 [입력 오류 라고 글쓰기 가] 블록을 추가해주면 됩니다.

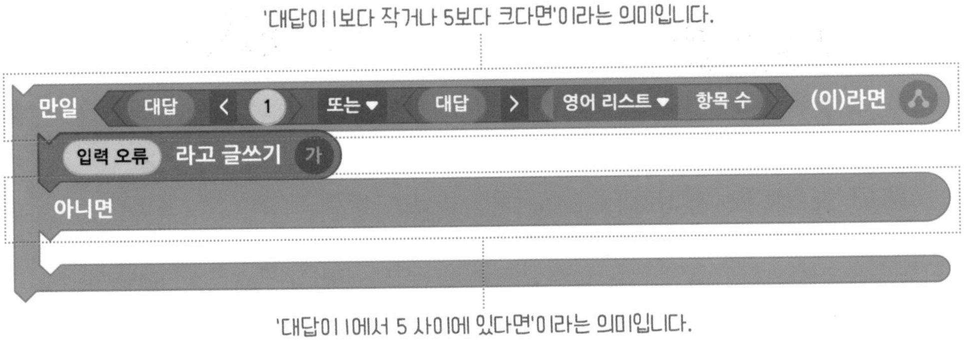

'대답이 1보다 작거나 5보다 크다면'이라는 의미입니다.
만일 대답 < 1 또는▾ 대답 > 영어 리스트▾ 항목 수 (이)라면
입력 오류 라고 글쓰기 가
아니면
'대답이 1에서 5 사이에 있다면'이라는 의미입니다.

정답 문제의 코드에서 '단어 삭제 신호를 받았을 때' 부분의 블록을 다음처럼 수정합니다.

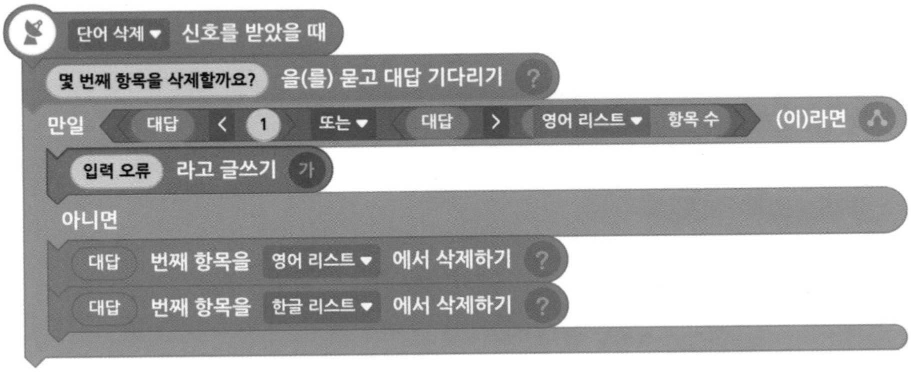

단어 삭제▾ 신호를 받았을 때
몇 번째 항목을 삭제할까요? 을(를) 묻고 대답 기다리기 ?
만일 대답 < 1 또는▾ 대답 > 영어 리스트▾ 항목 수 (이)라면
입력 오류 라고 글쓰기 가
아니면
대답 번째 항목을 영어 리스트▾ 에서 삭제하기 ?
대답 번째 항목을 한글 리스트▾ 에서 삭제하기 ?

학부모 길잡이

사용자의 입력 오류를 막아주는 코드를 작성하는 것도 중요하답니다.
오류가 발생하지 않는 코드를 작성하는 것이 품질 좋은 소프트웨어를 만드는 방법이거든요.
코딩을 통해 논리력을 높이기 위해서는 판단 블록의 참과 거짓 여부를 체크하는 연습이 필요합니다.
그러므로 코드가 조건에 따라 실행된다는 점을 꼭 설명해주세요.

045 알고리즘 이해하기 정렬 프로그램(1)

난이도★★

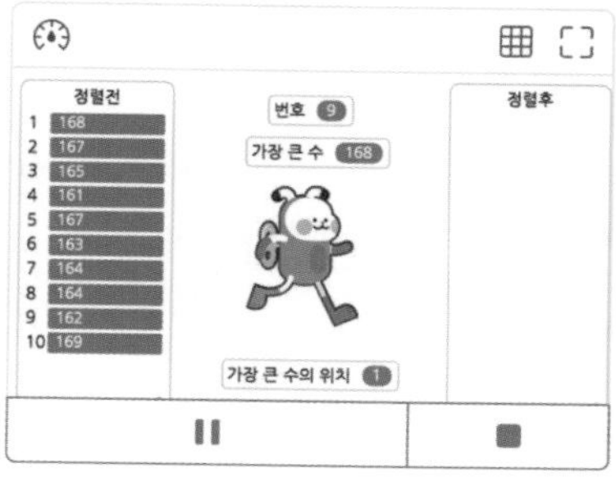

정렬전
1 168
2 167
3 165
4 161
5 167
6 163
7 164
8 164
9 162
10 169
번호 9
가장 큰 수 168
가장 큰 수의 위치 1
정렬후

다음은 10개의 숫자를 무작위로 뽑아 큰 수부터 작은 수로 정렬해주는 프로그램 코드입니다. 노란색 점선으로 표시된 위치의 블록이 몇 번 반복되어 실행되는지 실행횟수를 구해보세요.

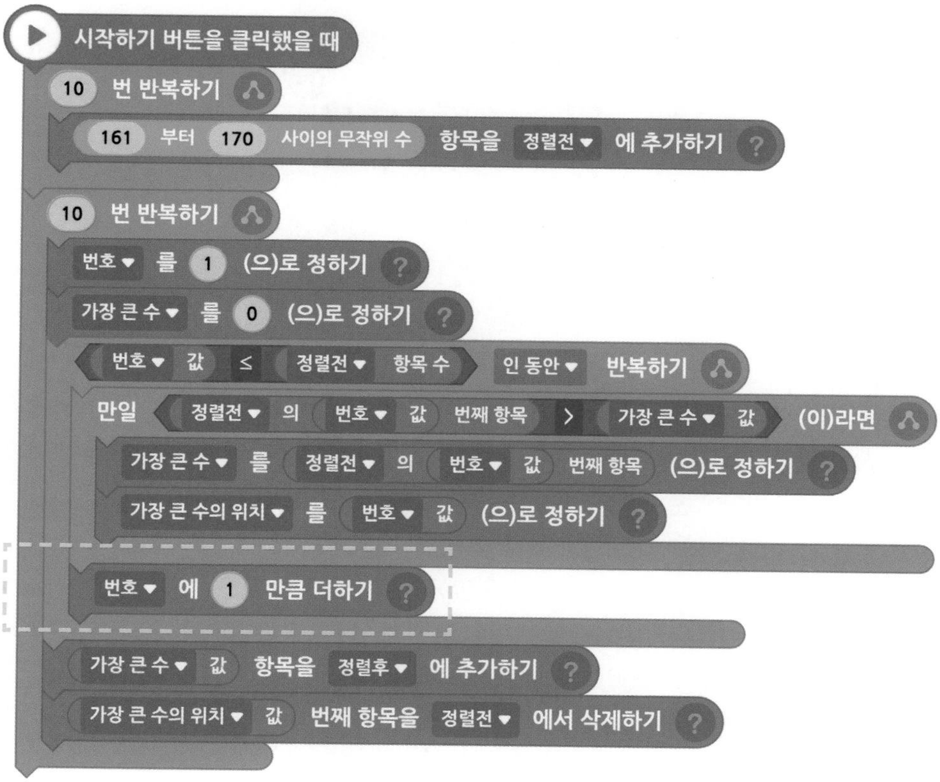

시작하기 버튼을 클릭했을 때
10 번 반복하기
161 부터 170 사이의 무작위 수 항목을 정렬전 에 추가하기
10 번 반복하기
번호 를 1 (으)로 정하기
가장 큰 수 를 0 (으)로 정하기
번호 값 ≤ 정렬전 항목 수 인 동안 반복하기
만일 정렬전 의 번호 값 번째 항목 > 가장 큰 수 값 (이)라면
가장 큰 수 를 정렬전 의 번호 값 번째 항목 (으)로 정하기
가장 큰 수의 위치 를 번호 값 (으)로 정하기
번호 에 1 만큼 더하기
가장 큰 수 값 항목을 정렬후 에 추가하기
가장 큰 수의 위치 값 번째 항목을 정렬전 에서 삭제하기

힌트 : '10번 반복하기' 블록 안에 다시 반복하기 블록이 있습니다. 문제의 실행 횟수를 구하기 위해서는 2개의 반복하기 블록의 실행횟수를 곱해주면 됩니다.

문제 해결 길잡이

문제의 블록을 살펴보겠습니다. ②번 블록에서 '번호'값을 1로 정하고, ④번 블록에서 '번호'값을 1씩 올리기 때문에 '번호' 변수는 1부터 시작해 1만큼씩 더해집니다.

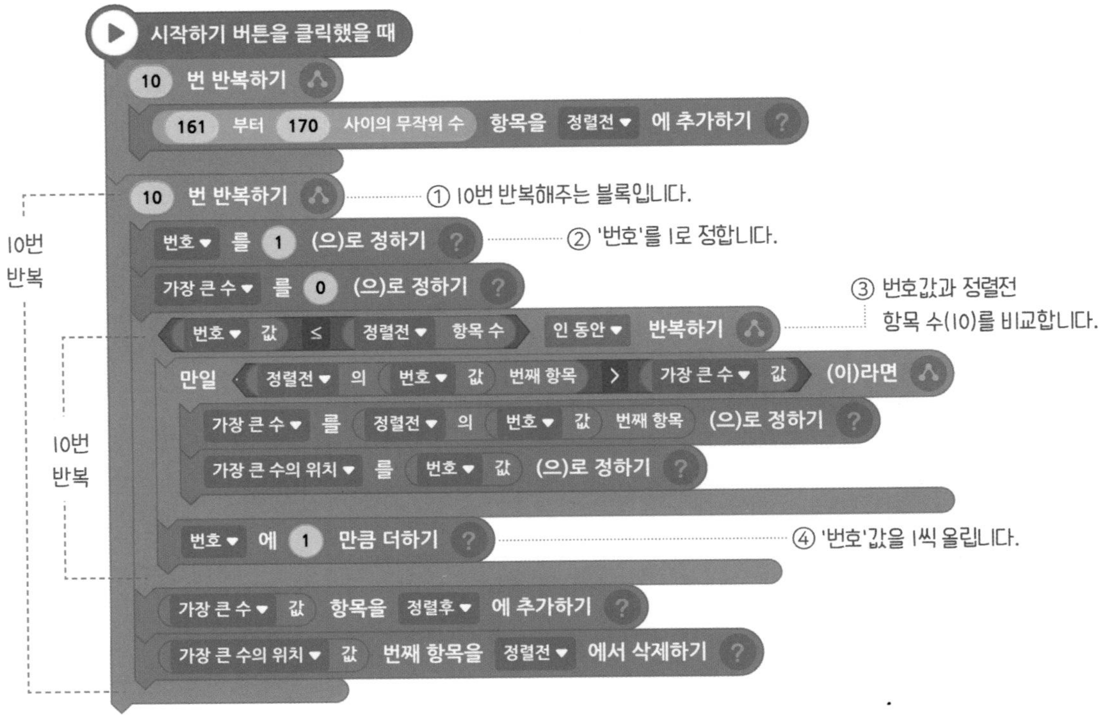

시작하기 버튼을 클릭했을 때
10 번 반복하기
161 부터 170 사이의 무작위 수 항목을 정렬전 에 추가하기
10 번 반복하기
① 10번 반복해주는 블록입니다.
번호 를 1 (으)로 정하기
② '번호'를 1로 정합니다.
가장 큰 수 를 0 (으)로 정하기
번호 값 ≤ 정렬전 항목 수 인 동안 반복하기
③ 번호값과 정렬전 항목 수(10)를 비교합니다.
만일 정렬전 의 번호 값 번째 항목 > 가장 큰 수 값 (이)라면
가장 큰 수 를 정렬전 의 번호 값 번째 항목 (으)로 정하기
가장 큰 수의 위치 를 번호 값 (으)로 정하기
번호 에 1 만큼 더하기
④ '번호'값을 1씩 올립니다.
가장 큰 수 값 항목을 정렬후 에 추가하기
가장 큰 수의 위치 값 번째 항목을 정렬전 에서 삭제하기
10번 반복
10번 반복

③번 블록은 '번호'값과 '정렬전' 항목 수를 비교해서, '번호'값이 항목 수보다 작거나 같을 때까지 반복합니다. '정렬전' 항목 수가 10개이므로, '번호 ≦ 10인 동안 반복하기'로 해석할 수 있답니다. 즉 이 반복하기 블록 안에 있는 블록들은 10번 반복됩니다.

또한 ①번 블록은 '10번 반복하기' 블록이고, 이 안에 ③번 블록이 있으므로 총 100번(=10X10) 블록이 실행됩니다. ④번 블록은 ①번 블록과 ③번 블록 안에 위치하고 있습니다. 그러므로 반복하기가 두 블록 모두에서 실행되어 총 100번(10X10)이 됩니다.

정답 100번

046 알고리즘 이해하기 정렬 프로그램(2)

난이도★

다음은 15개의 숫자를 무작위로 뽑아 큰 수부터 작은 수로 정렬해주는 프로그램 코드입니다. 노란색 점선으로 표시된 블록의 '정렬전 항목 수'에 들어가는 값은 무엇일까요? 답을 맞혀보세요.

```
시작하기 버튼을 클릭했을 때
15 번 반복하기
    130 부터 170 사이의 무작위 수 항목을 정렬전 에 추가하기
15 번 반복하기
    번호 를 1 (으)로 정하기
    가장 큰 수 를 0 (으)로 정하기
    번호 값 ≤ 정렬전 항목 수 인 동안 반복하기
        만일 정렬전 의 번호 값 번째 항목 > 가장 큰 수 값 (이)라면
            가장 큰 수 를 정렬전 의 번호 값 번째 항목 (으)로 정하기
            가장 큰 수의 위치 를 번호 값 (으)로 정하기
        번호 에 1 만큼 더하기
    가장 큰 수 값 항목을 정렬후 에 추가하기
    가장 큰 수의 위치 값 번째 항목을 정렬전 에서 삭제하기
```

문제 해결 길잡이

문제의 블록을 살펴보겠습니다. 시작하기 버튼을 클릭하면 '15번 반복하기' 블록이 실행되고 '정렬전' 리스트에 항목을 15번 추가합니다. 그러므로 '정렬전' 리스트에는 15개의 항목이 있습니다.

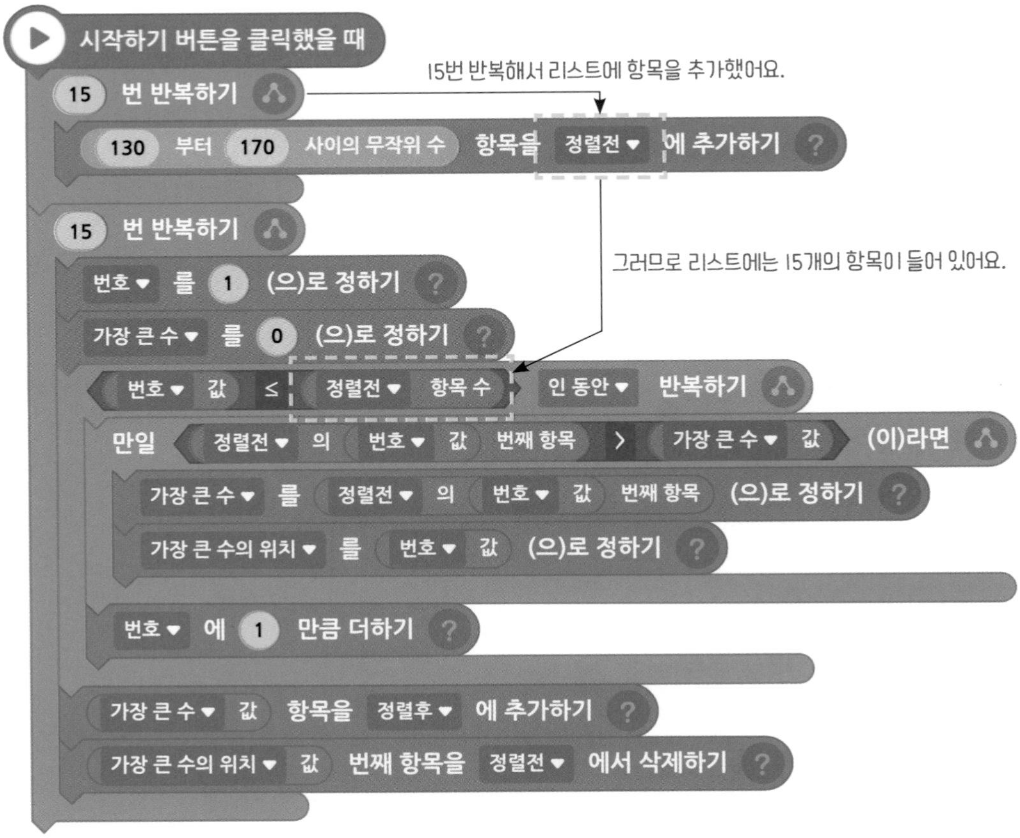

시작하기 버튼을 클릭했을 때
15 번 반복하기
15번 반복해서 리스트에 항목을 추가했어요.
130 부터 170 사이의 무작위 수 항목을 정렬전 에 추가하기
15 번 반복하기
그러므로 리스트에는 15개의 항목이 들어 있어요.
번호 를 1 (으)로 정하기
가장 큰 수 를 0 (으)로 정하기
번호 값 ≤ 정렬전 항목 수 인 동안 반복하기
만일 정렬전 의 번호 값 번째 항목 > 가장 큰 수 값 (이)라면
가장 큰 수 를 정렬전 의 번호 값 번째 항목 (으)로 정하기
가장 큰 수의 위치 를 번호 값 (으)로 정하기
번호 에 1 만큼 더하기
가장 큰 수 값 항목을 정렬후 에 추가하기
가장 큰 수의 위치 값 번째 항목을 정렬전 에서 삭제하기

정답 15

개념 다지기

'정렬전' 리스트에 15개 항목이 있다면 정렬전 항목 수 는 15가 됩니다.

1 항목을 정렬전 에 추가하기

이 블록을 실행하면 리스트에 항목이 1개 추가되어 정렬전 항목 수 는 16이 됩니다.

1 번째 항목을 정렬전 에서 삭제하기

이 블록을 실행하면 항목이 1개 삭제되어 정렬전 항목 수 는 15가 됩니다.

047 알고리즘 이해하기 정렬 프로그램(3)

난이도★

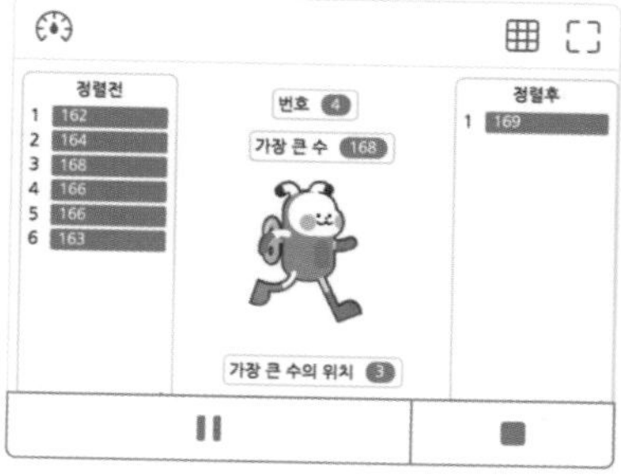
정렬전
1 162
2 164
3 168
4 166
5 166
6 163
번호 4
가장 큰 수 168
가장 큰 수의 위치 3
정렬후
1 169

다음은 7개의 숫자를 무작위로 뽑아 큰 수부터 작은 수로 정렬해주는 프로그램 코드입니다.

[번호 ▾ 를 1 (으)로 정하기] 블록의 실행횟수를 구하세요.

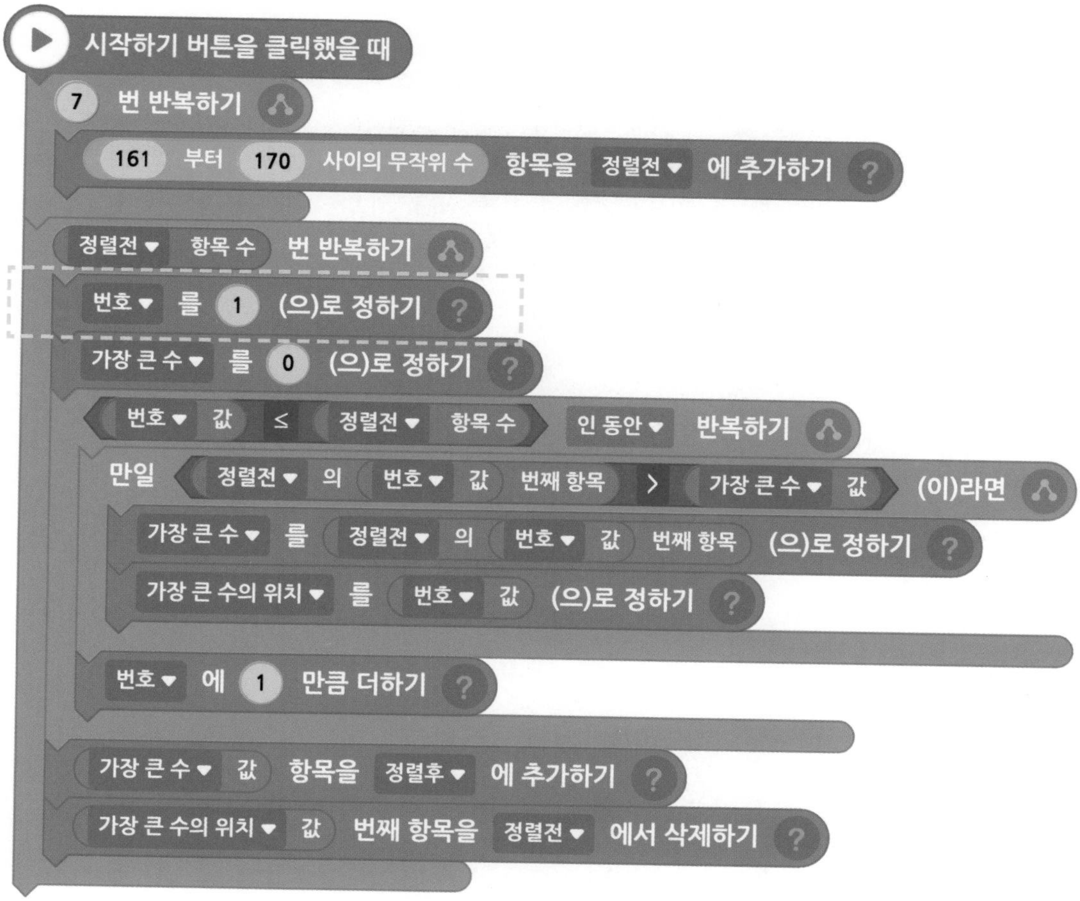
시작하기 버튼을 클릭했을 때
7 번 반복하기
161 부터 170 사이의 무작위 수 항목을 정렬전 ▾ 에 추가하기
정렬전 ▾ 항목 수 번 반복하기
번호 ▾ 를 1 (으)로 정하기
가장 큰 수 ▾ 를 0 (으)로 정하기
번호 ▾ 값 ≤ 정렬전 ▾ 항목 수 인 동안 ▾ 반복하기
만일 정렬전 ▾ 의 번호 ▾ 값 번째 항목 > 가장 큰 수 ▾ 값 (이)라면
가장 큰 수 ▾ 를 정렬전 ▾ 의 번호 ▾ 값 번째 항목 (으)로 정하기
가장 큰 수의 위치 ▾ 를 번호 ▾ 값 (으)로 정하기
번호 ▾ 에 1 만큼 더하기
가장 큰 수 ▾ 값 항목을 정렬후 ▾ 에 추가하기
가장 큰 수의 위치 ▾ 값 번째 항목을 정렬전 ▾ 에서 삭제하기

문제 해결 길잡이

문제의 블록을 살펴보겠습니다. 시작하기 버튼을 클릭하면 '7번 반복하기' 블록이 실행되고 '정렬전' 리스트에 7개 항목이 추가됩니다. '정렬전' 항목 수가 7이 되므로, ①번 반복하기 블록이 7번 실행됩니다. 그러므로 이 블록 안에 있는

번호 를 1 (으)로 정하기

블록은 7번 실행됩니다.

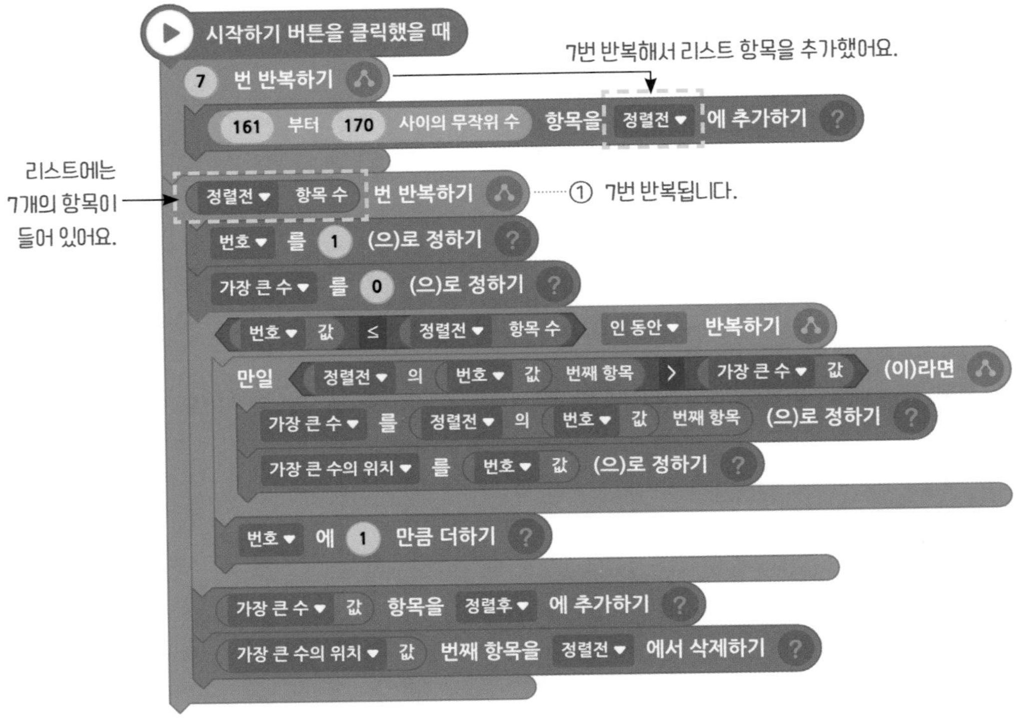

시작하기 버튼을 클릭했을 때
7 번 반복하기
161 부터 170 사이의 무작위 수 항목을 정렬전 에 추가하기
7번 반복해서 리스트 항목을 추가했어요.
리스트에는 7개의 항목이 들어 있어요.
정렬전 항목 수 번 반복하기
① 7번 반복됩니다.
번호 를 1 (으)로 정하기
가장 큰 수 를 0 (으)로 정하기
번호 값 ≤ 정렬전 항목 수 인 동안 반복하기
만일 정렬전 의 번호 값 번째 항목 > 가장 큰 수 값 (이)라면
가장 큰 수 를 정렬전 의 번호 값 번째 항목 (으)로 정하기
가장 큰 수의 위치 를 번호 값 (으)로 정하기
번호 에 1 만큼 더하기
가장 큰 수 값 항목을 정렬후 에 추가하기
가장 큰 수의 위치 값 번째 항목을 정렬전 에서 삭제하기

정답 7

학부모 길잡이

코드를 작성할 때 반복하기 블록에 숫자를 직접 입력하기보다는 반복하기 블록에 '정렬전 항목 수'와 같은 변수 블록을 추가하거나 계속 반복하기를 사용합니다.

048 알고리즘 이해하기 정렬 프로그램(4)

난이도★★

정렬전
1 165
2 162
3 167
4 164
5 169
6 165
7 162
8 168
9 162
10 164
인덱스
정렬후

다음은 10개의 숫자를 무작위로 뽑아 큰 수부터 작은 수로 정렬해주는 프로그램 코드입니다. '정렬전' 리스트가 실행화면과 같이 뽑혔다면, ①번 블록이 처음 실행될 때 노란색 점선으로 표시된 '가장 큰 수의 위치' 변수는 무슨 값을 가질까요? 맞혀보세요.

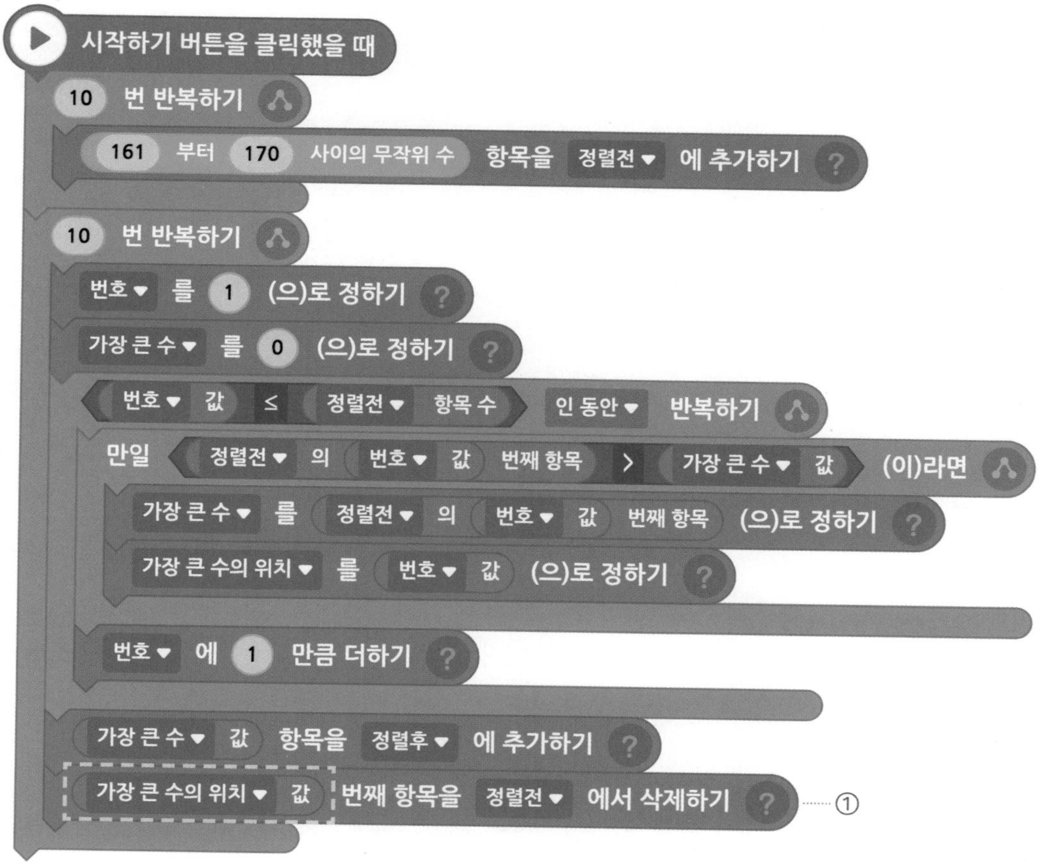

시작하기 버튼을 클릭했을 때
10 번 반복하기
161 부터 170 사이의 무작위 수 항목을 정렬전 에 추가하기
10 번 반복하기
번호 를 1 (으)로 정하기
가장 큰 수 를 0 (으)로 정하기
번호 값 ≤ 정렬전 항목 수 인 동안 반복하기
만일 정렬전 의 번호 값 번째 항목 > 가장 큰 수 값 (이)라면
가장 큰 수 를 정렬전 의 번호 값 번째 항목 (으)로 정하기
가장 큰 수의 위치 를 번호 값 (으)로 정하기
번호 에 1 만큼 더하기
가장 큰 수 값 항목을 정렬후 에 추가하기
가장 큰 수의 위치 값 번째 항목을 정렬전 에서 삭제하기
①

힌트 : '정렬전' 리스트에서 가장 큰 변수가 어느 위치에 있는지 인덱스를 확인하세요.

문제 해결 길잡이

문제를 풀기 위해서는 코드에서 '가장 큰 수의 위치' 값이 어떻게 정해지는지 살펴보아야 합니다.
①번 블록은 '정렬전' 리스트에서 가장 큰 수와 가장 큰 수의 위치를 찾아냅니다.
리스트에서 가장 큰 수는 169이고, 가장 큰 수의 위치는 5번째입니다.
그러므로 ②번 블록에서 '가장 큰 수의 위치'는 5가 됩니다.

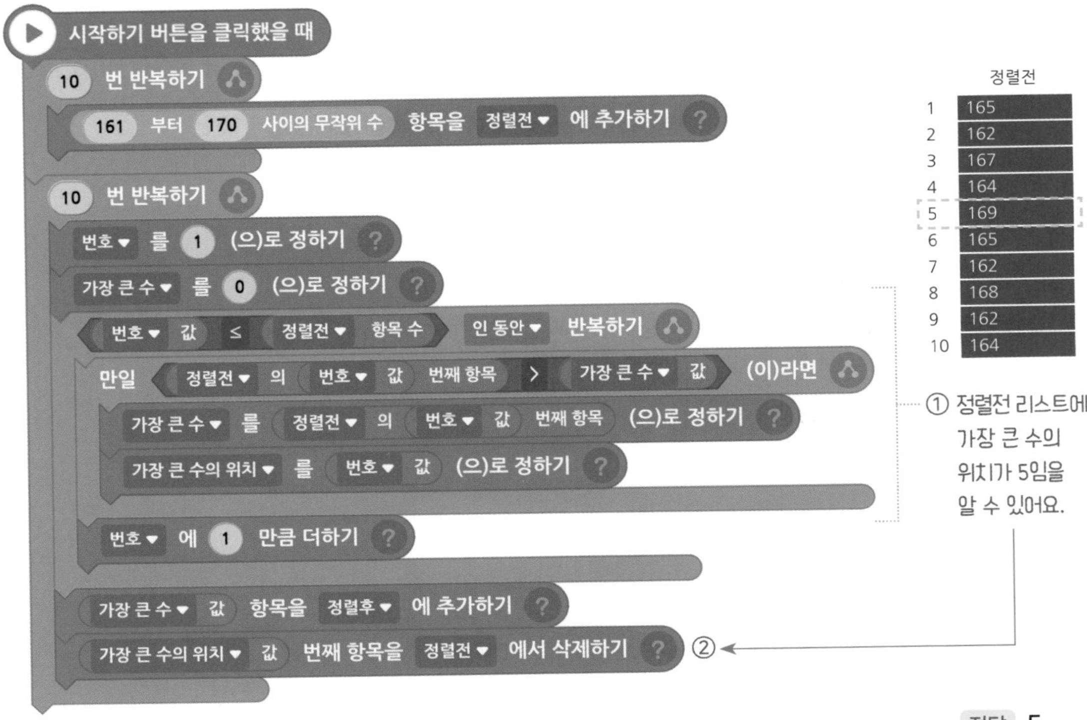

시작하기 버튼을 클릭했을 때
10 번 반복하기
161 부터 170 사이의 무작위 수 항목을 정렬전 에 추가하기
10 번 반복하기
번호 를 1 (으)로 정하기
가장 큰 수 를 0 (으)로 정하기
번호 값 ≤ 정렬전 항목 수 인 동안 반복하기
만일 정렬전 의 번호 값 번째 항목 > 가장 큰 수 값 (이)라면
가장 큰 수 를 정렬전 의 번호 값 번째 항목 (으)로 정하기
가장 큰 수의 위치 를 번호 값 (으)로 정하기
번호 에 1 만큼 더하기
가장 큰 수 값 항목을 정렬후 에 추가하기
가장 큰 수의 위치 값 번째 항목을 정렬전 에서 삭제하기
②
정렬전
1 165
2 162
3 167
4 164
5 169
6 165
7 162
8 168
9 162
10 164
① 정렬전 리스트에서 가장 큰 수의 위치가 5임을 알 수 있어요.

정답 5

개념 다지기

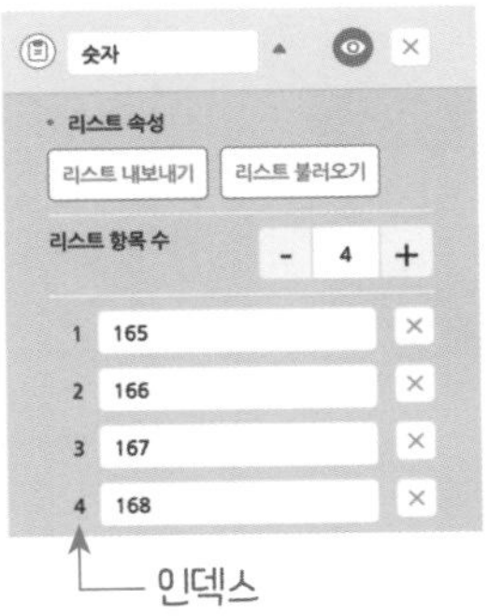

숫자
리스트 속성
리스트 내보내기
리스트 불러오기
리스트 항목 수
4
1 165
2 166
3 167
4 168
인덱스

모든 리스트에는 인덱스가 있습니다. '인덱스'란 리스트의 항목 위치를 가리키는 숫자를 의미합니다. 왼쪽 그림은 '숫자'라는 이름을 가진 리스트로 4개의 항목을 가지고 있습니다.

200 항목을 숫자 에 추가하기

이 코드를 실행하면 '숫자' 리스트의 4번째 항목 다음에 200이 추가됩니다.

1 번째 항목을 숫자 에서 삭제하기

이 코드를 실행하면 1번째 항목인 165가 삭제된답니다.

049 알고리즘 이해하기 정렬 프로그램(5)

난이도★★★

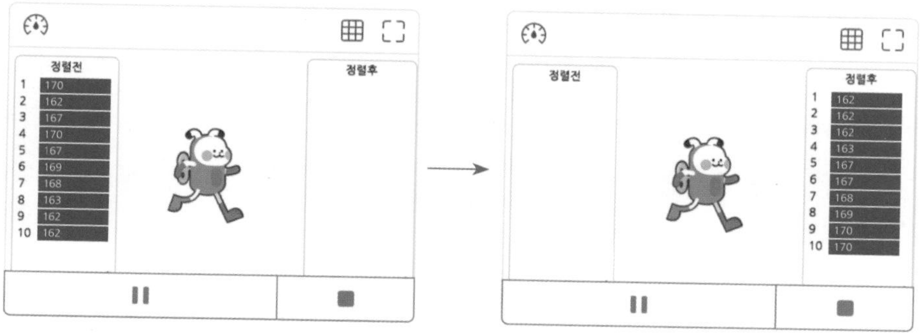
정렬전
1 170
2 162
3 167
4 170
5 167
6 169
7 168
8 163
9 162
10 162
정렬후
정렬전
정렬후
1 162
2 162
3 162
4 163
5 167
6 167
7 168
8 169
9 170
10 170

다음은 10개의 숫자를 무작위로 뽑아 큰 수부터 작은 수로 정렬해주는 프로그램 코드입니다. 코드를 분석한 후 실행화면처럼 작은 수부터 큰 수로 정렬하도록 바꿔보세요.

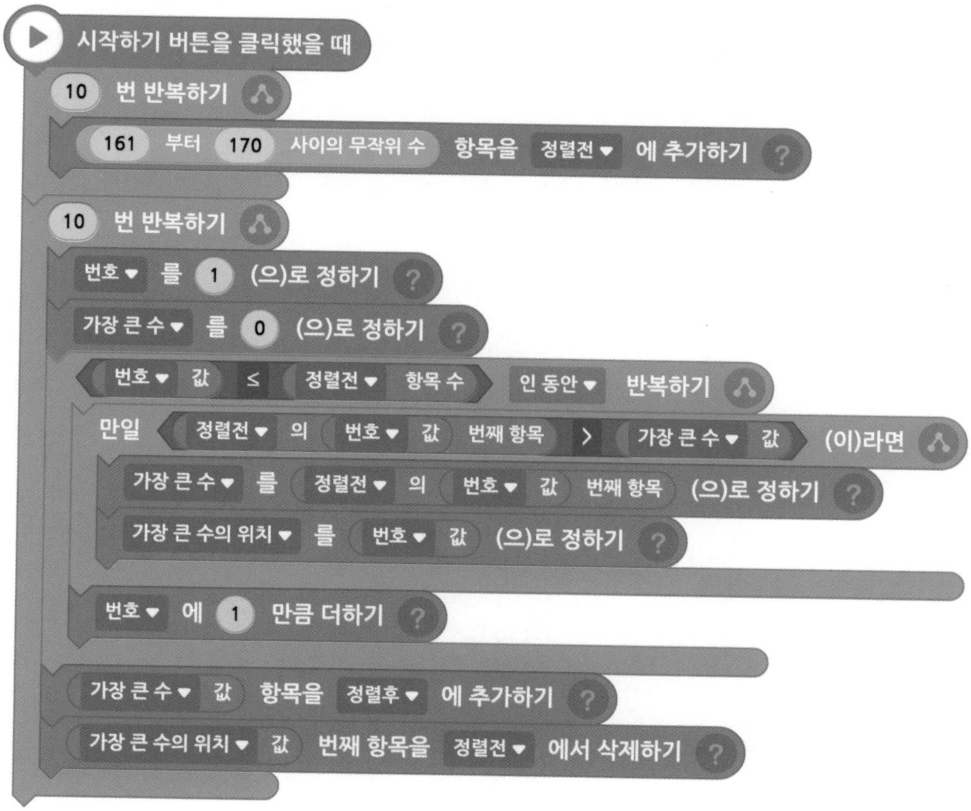
시작하기 버튼을 클릭했을 때
10 번 반복하기
161 부터 170 사이의 무작위 수 항목을 정렬전 에 추가하기
10 번 반복하기
번호 를 1 (으)로 정하기
가장 큰 수 를 0 (으)로 정하기
번호 값 ≤ 정렬전 항목 수 인 동안 반복하기
만일 정렬전 의 번호 값 번째 항목 > 가장 큰 수 값 (이)라면
가장 큰 수 를 정렬전 의 번호 값 번째 항목 (으)로 정하기
가장 큰 수의 위치 를 번호 값 (으)로 정하기
번호 에 1 만큼 더하기
가장 큰 수 값 항목을 정렬후 에 추가하기
가장 큰 수의 위치 값 번째 항목을 정렬전 에서 삭제하기

문제 해결 길잡이

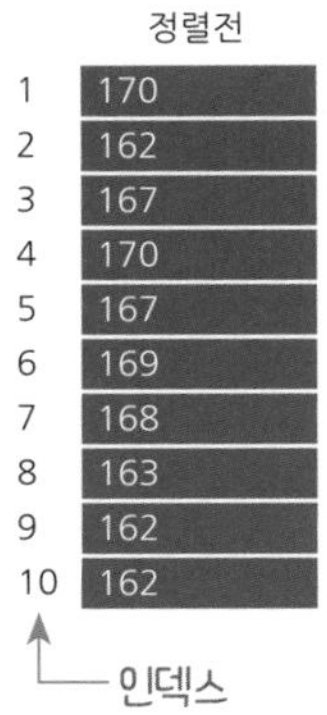
정렬전
1 170
2 162
3 167
4 170
5 167
6 169
7 168
8 163
9 162
10 162
인덱스

우선 문제의 코드를 실행 순서대로 분석하며 이해해봅시다.
시작하기 버튼을 클릭하면 161부터 170 사이에서 10개의 숫자가 무작위로 정해지고, '정렬전' 리스트에 추가됩니다.
(여기서, 무작위 수는 161과 170도 포함됩니다.)

10 번 반복하기
161 부터 170 사이의 무작위 수 항목을 정렬전 에 추가하기

그리고 다음 코드를 통해 '번호' 변수가 1로, '가장 큰 수' 변수가 0으로 정해집니다.

번호 를 1 (으)로 정하기
가장 큰 수 를 0 (으)로 정하기
1
0
번호 변수
가장 큰 수 변수

다음 블록은 '번호' 변수값이 '정렬전 항목 수'보다 작거나 같으면 실행되는 반복하기 블록입니다. '정렬전 항목 수'에는 10이 들어 있는데요. '번호' 변수가 1부터 시작해서 10으로 증가할 때까지 판단식이 참이 되므로 반복하기 블록이 10번 실행됩니다.

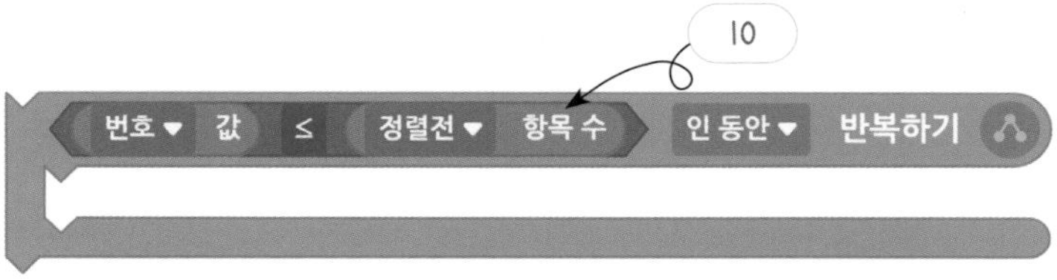
10
번호 값 ≤ 정렬전 항목 수 인 동안 반복하기

코드가 실행되고 맨 처음 (번호 값)에는 1이 들어가 있습니다.
그러므로 (정렬전 의 번호 값 번째 항목) 블록은 '정렬전' 리스트에서 1번째 항목(170)을 가져오라는 뜻입니다. (가장 큰 수 값)에는 0이 들어 있습니다. 두 블록의 값을 비교하는 다음 판단 블록은 170 > 0가 참인지 확인합니다. 170이 0보다 크므로 판단식은 참이 되고 ①번 블록이 실행됩니다.

170 > 0 참
만일 정렬전 의 번호 값 번째 항목 > 가장 큰 수 값 (이)라면
가장 큰 수 를 정렬전 의 번호 값 번째 항목 (으)로 정하기
가장 큰 수의 위치 를 번호 값 (으)로 정하기
① 실행됨

이제 ①번 블록이 어떻게 실행되는지 함께 살펴볼까요?

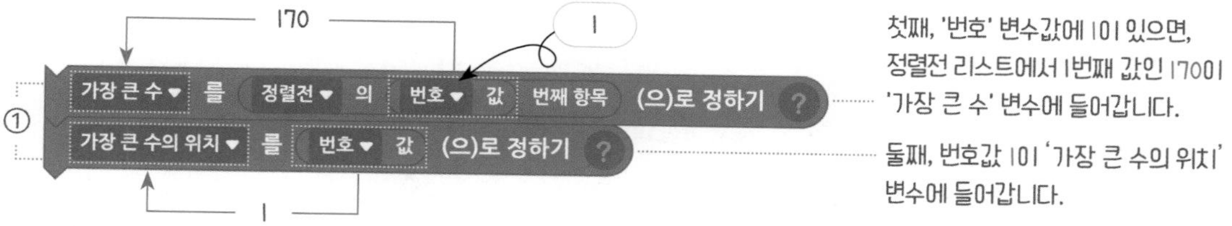
170
1
① 가장 큰 수 를 정렬전 의 번호 값 번째 항목 (으)로 정하기
가장 큰 수의 위치 를 번호 값 (으)로 정하기
1
첫째, '번호' 변수값에 1이 있으면, 정렬전 리스트에서 1번째 값인 170이 '가장 큰 수' 변수에 들어갑니다.
둘째, 번호값 1이 '가장 큰 수의 위치' 변수에 들어갑니다.

1
170
1
'번호' 변수
'가장 큰' 수 변수
가장 큰 수 위치 변수

④번 반복하기 블록 안에 ③번 블록이 있으므로,
다시 '만일 …이라면' 판단식이 참인지 확인합니다.
'번호' 변수값이 2가 되고, '정렬전' 리스트의 2번째 값은 162가 됩니다.
그리고 이를 현재 '가장 큰 수' 변수값인 170과 비교하면, 162 > 170으로
판단식은 거짓이 됩니다. 그러므로 , ①번 블록은 실행되지 않고,
②번 블록이 실행되어 '번호' 변수가 2에서 3으로 바뀝니다.

	정렬전
1	170
2	162
3	167
4	170
5	167
6	169
7	168
8	163
9	162
10	162

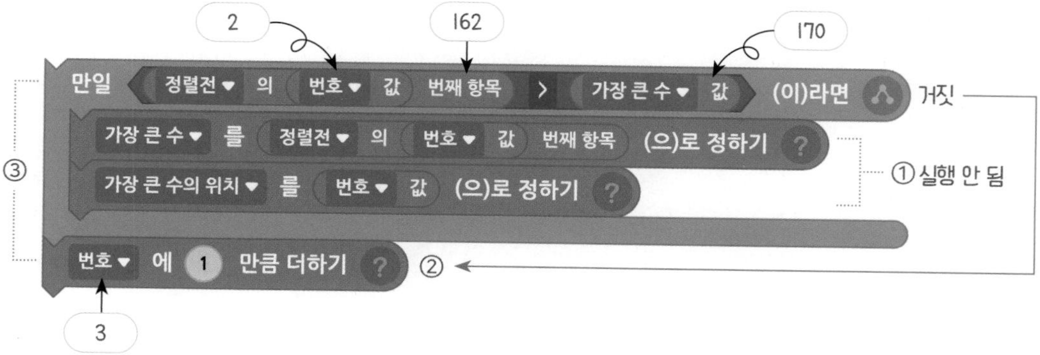
2
162
170
만일 정렬전 의 번호 값 번째 항목 > 가장 큰 수 값 (이)라면
거짓
가장 큰 수 를 정렬전 의 번호 값 번째 항목 (으)로 정하기
가장 큰 수의 위치 를 번호 값 (으)로 정하기
①실행 안 됨
③
번호 에 1 만큼 더하기
②
3

그리고 다음 반복하기 블록이 ③번 블록을 싸고 있기 때문에 ③번 블록이 10번 반복되고,
리스트의 10개의 숫자에서 가장 큰 수를 찾아 '가장 큰 수' 변수에 담습니다.

번호 값 ≤ 정렬전 항목 수 인 동안 반복하기
④
③번 블록이 여기 들어갑니다.
10번 반복됩니다.

이어서 '가장 큰 수' 변수에 들어 있는 값을 '정렬후' 리스트에 추가하고, '정렬전' 리스트에서 이 값을 삭제합니다.

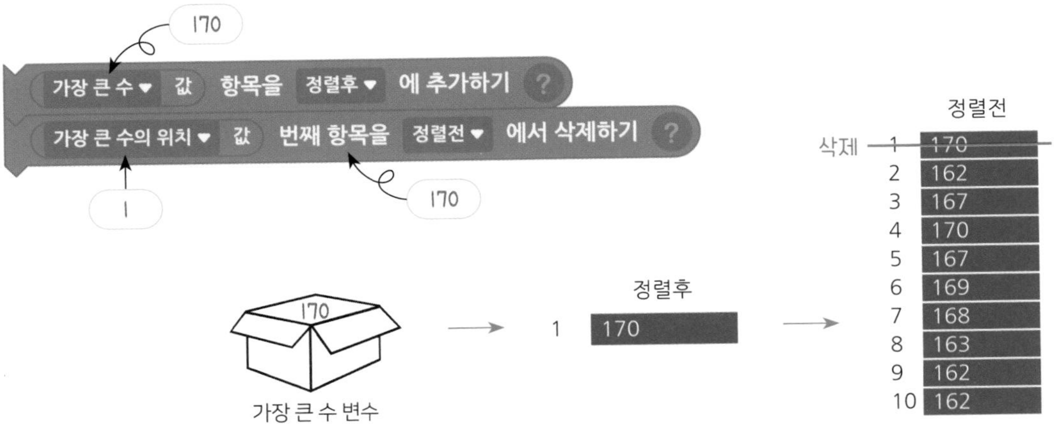

170
가장 큰 수 값 항목을 정렬후 에 추가하기
가장 큰 수의 위치 값 번째 항목을 정렬전 에서 삭제하기
1
170
정렬전
삭제
1 170
2 162
3 167
4 170
5 167
6 169
7 168
8 163
9 162
10 162
170
가장 큰 수 변수
정렬후
1 170

이러한 실행이 10번 반복되면 '정렬전'의 10개 숫자가 '정렬후' 리스트로 이동하면서 큰 수에서 작은 수 순으로 숫자가 정렬됩니다.

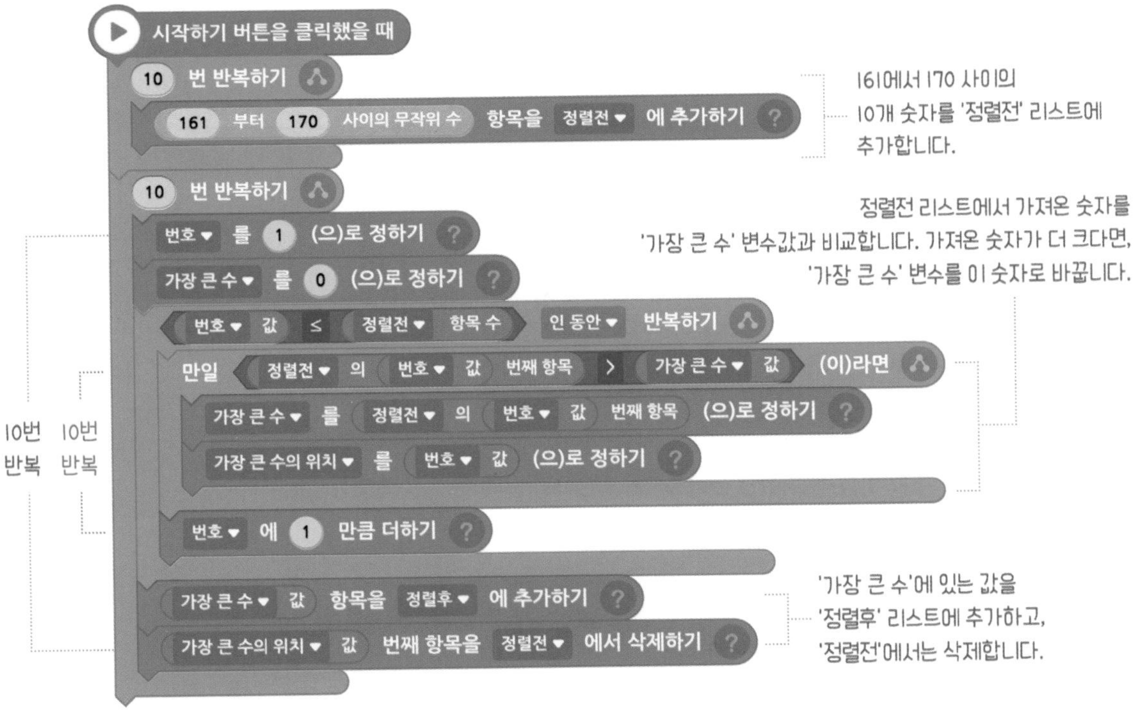

시작하기 버튼을 클릭했을 때
10 번 반복하기
161 부터 170 사이의 무작위 수 항목을 정렬전 에 추가하기
161에서 170 사이의 10개 숫자를 '정렬전' 리스트에 추가합니다.
10 번 반복하기
번호 를 1 (으)로 정하기
가장 큰 수 를 0 (으)로 정하기
번호 값 ≤ 정렬전 항목 수 인 동안 반복하기
만일 정렬전 의 번호 값 번째 항목 > 가장 큰 수 값 (이)라면
가장 큰 수 를 정렬전 의 번호 값 번째 항목 (으)로 정하기
가장 큰 수의 위치 를 번호 값 (으)로 정하기
번호 에 1 만큼 더하기
가장 큰 수 값 항목을 정렬후 에 추가하기
가장 큰 수의 위치 값 번째 항목을 정렬전 에서 삭제하기
정렬전 리스트에서 가져온 숫자를 '가장 큰 수' 변수값과 비교합니다. 가져온 숫자가 더 크다면, '가장 큰 수' 변수를 이 숫자로 바꿉니다.
10번 반복
10번 반복
'가장 큰 수'에 있는 값을 '정렬후' 리스트에 추가하고, '정렬전'에서는 삭제합니다.

지금까지 문제에 나온 블록코드를 살펴보았습니다. 자, 이제 문제를 풀어보아야겠죠?
큰 수에서 작은 수로 숫자를 정렬하는 문제 코드를 작은 수에서 큰 수로 숫자를 정렬되게 하려면, 어떻게 수정해야 할까요?

첫째, 코드에서 '가장 큰 수' 변수와 '가장 큰 수의 위치' 변수를 '가장 작은 수' 변수와 '가장 작은 수의 위치' 변수로 바꿔주세요.

둘째, ①번 블록에서 '가장 작은 수'를 '정렬전' 리스트에서 있는 값들(161~170)보다는 크게 정해주세요. 그렇게 해야 10개의 모든 값이 비교됩니다.

셋째, ②번에서 '정렬전'에 있는 숫자들과 비교해서 작은 숫자를 찾기 위해 판단식의 부등호를 '>'에서 '<'로 바꿔주어야 합니다.

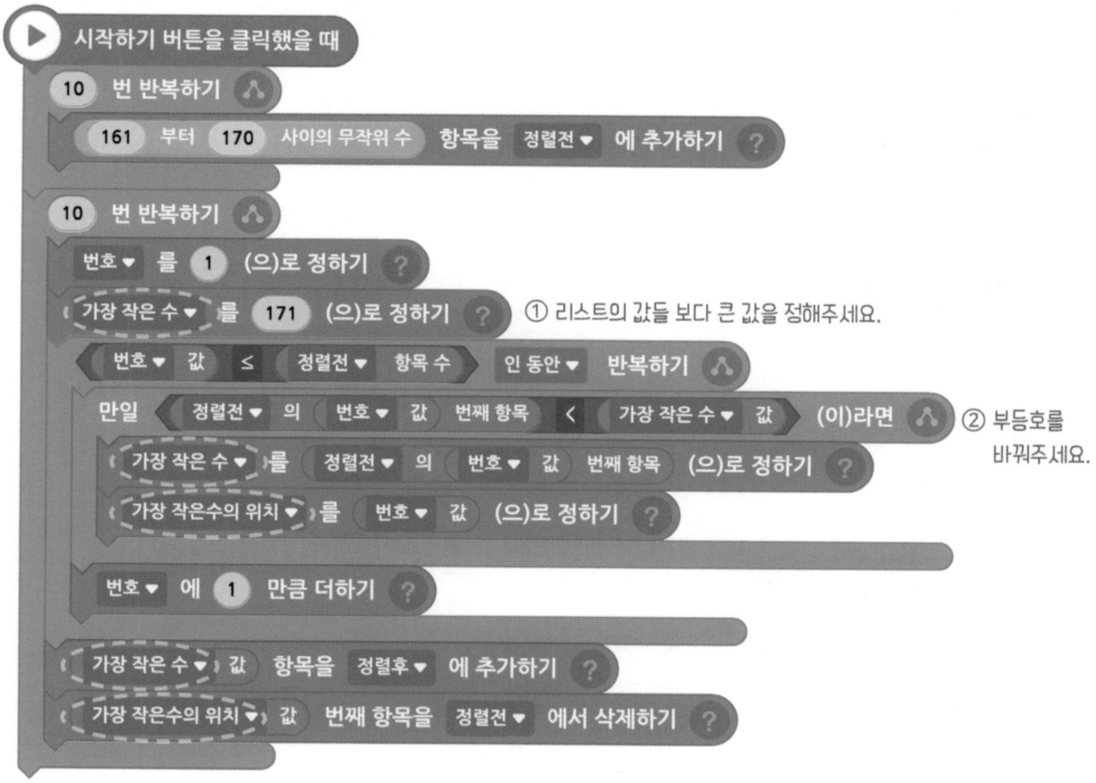

시작하기 버튼을 클릭했을 때
10 번 반복하기
161 부터 170 사이의 무작위 수 항목을 정렬전 에 추가하기
10 번 반복하기
번호 를 1 (으)로 정하기
가장 작은 수 를 171 (으)로 정하기
① 리스트의 값들 보다 큰 값을 정해주세요.
번호 값 ≤ 정렬전 항목 수 인 동안 반복하기
만일 정렬전 의 번호 값 번째 항목 < 가장 작은 수 값 (이)라면
② 부등호를 바꿔주세요.
가장 작은 수 를 정렬전 의 번호 값 번째 항목 (으)로 정하기
가장 작은수의 위치 를 번호 값 (으)로 정하기
번호 에 1 만큼 더하기
가장 작은 수 값 항목을 정렬후 에 추가하기
가장 작은수의 위치 값 번째 항목을 정렬전 에서 삭제하기

정답 해설을 참고하세요.

개념 다지기

[만일 〈참〉 (이)라면] 블록에서 '참' 위치에 들어가는 판단 블록을 소개합니다.

〈마우스를 클릭했는가?〉	마우스를 클릭한 경우 '참'으로 판단합니다.
〈q ▾ 키가 눌러져 있는가?〉	q키를 누른 경우 '참'으로 판단합니다.
〈마우스포인터 ▾ 에 닿았는가?〉	마우스포인트가 오브젝트에 닿은 경우 '참'으로 판단합니다.
〈10 = 10〉	왼쪽 값과 오른쪽 값이 같으면 '참'으로 판단합니다.
〈10 > 10〉	왼쪽 값이 오른쪽 값보다 크면 '참'으로 판단합니다.
〈10 < 10〉	왼쪽 값이 오른쪽 값보다 작으면 '참'으로 판단합니다.
〈10 ≥ 10〉	왼쪽 값이 오른쪽 값보다 크거나 같으면 '참'으로 판단합니다.
〈10 ≤ 10〉	왼쪽 값이 오른쪽 값보다 작거나 같으면 '참'으로 판단합니다.
〈참 그리고 ▾ 참〉	두 판단식이 모두 '참'인 경우 전체 판단식이 '참'이 됩니다.
〈참 또는 ▾ 거짓〉	둘 중 하나라도 '참'인 경우 전체 판단식이 '참'이 됩니다.
〈참 (이)가 아니다〉	'참'이면 '거짓'으로 판단합니다.

050 알고리즘 이해하기 정렬 프로그램(6)

난이도★★★

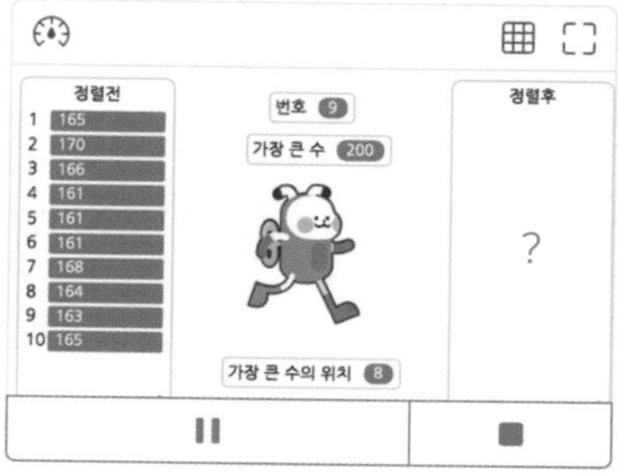
정렬전
1 165
2 170
3 166
4 161
5 161
6 161
7 168
8 164
9 163
10 165
번호 9
가장 큰 수 200
정렬후
?
가장 큰 수의 위치 8

다음은 10개의 숫자를 무작위로 뽑아 큰 수부터 작은 수로 정렬해주는 프로그램 코드입니다. 노란색 점선으로 표시된 것처럼, '가장 큰 수' 변수를 200으로 정하면 코드가 어떻게 실행될까요? 설명해보세요.

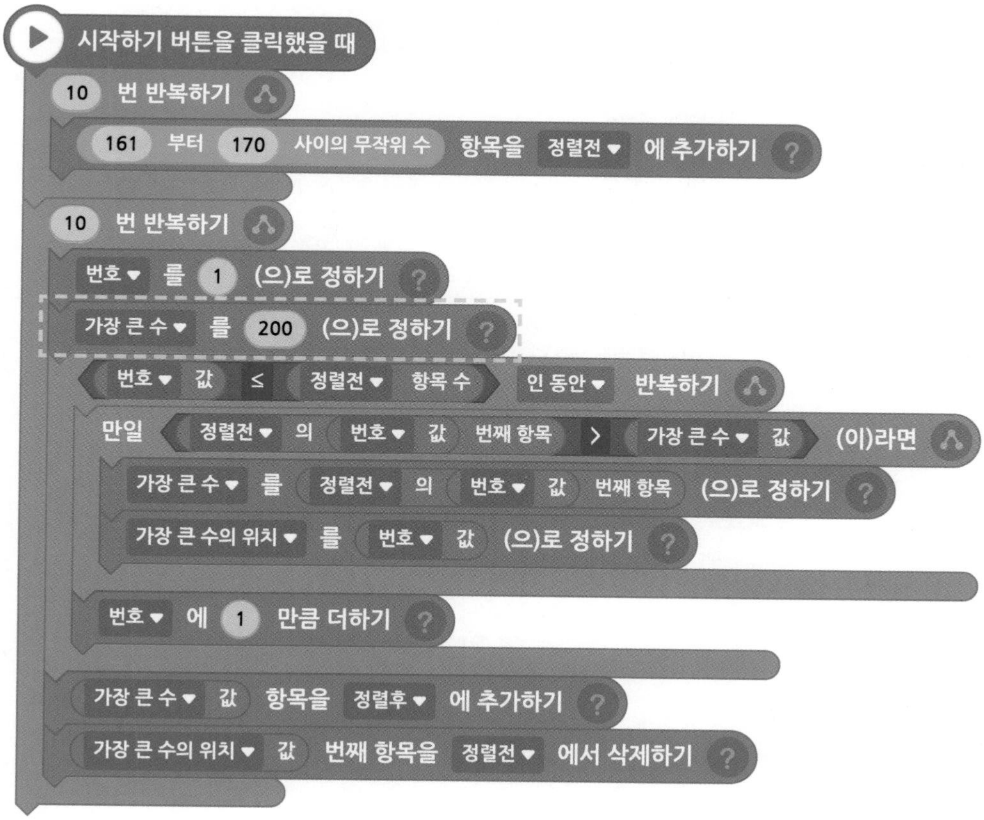
시작하기 버튼을 클릭했을 때
10 번 반복하기
161 부터 170 사이의 무작위 수 항목을 정렬전 에 추가하기
10 번 반복하기
번호 를 1 (으)로 정하기
가장 큰 수 를 200 (으)로 정하기
번호 값 ≤ 정렬전 항목 수 인 동안 반복하기
만일 정렬전 의 번호 값 번째 항목 > 가장 큰 수 값 (이)라면
가장 큰 수 를 정렬전 의 번호 값 번째 항목 (으)로 정하기
가장 큰 수의 위치 를 번호 값 (으)로 정하기
번호 에 1 만큼 더하기
가장 큰 수 값 항목을 정렬후 에 추가하기
가장 큰 수의 위치 값 번째 항목을 정렬전 에서 삭제하기

문제 해결 길잡이

문제의 코드에서 '만일…이라면' 블록 속 판단식은 '정렬전'의 항목과 '가장 큰 수' 변수값을 비교하고 있습니다. '정렬전' 리스트의 모든 항목이 '가장 큰 수'의 값인 200보다 작기 때문에 판단식이 항상 '거짓'이 됩니다.

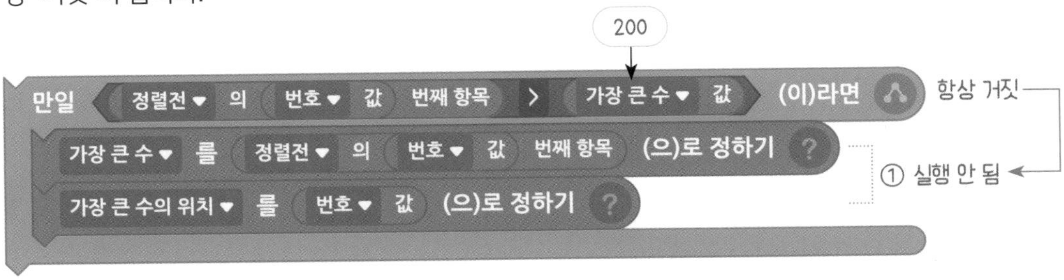

판단식이 항상 거짓이 되기 때문에 ①번 블록은 실행되지 않는답니다.
'가장 큰 수' 변수가 바뀔 일이 없으니, '정렬 후' 리스트에는 계속 200만 추가된답니다.

	정렬전		정렬후
1	170	1	200
2	162	2	200
3	167	3	200
4	170	4	200
5	167	5	200
6	169	6	200
7	168	7	200
8	163	8	200
9	162	9	200
10	162	10	200

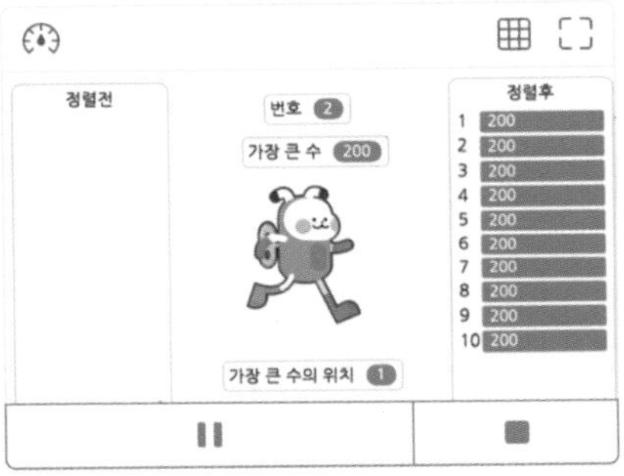

정답 **'정렬후' 리스트의 모든 항목이 200으로 채워집니다.**

학부모 길잡이

코딩은 논리적으로 고민하는 과정을 필요로 합니다.
논리적으로 작성되지 않은 코드는 엉뚱한 실행 결과를 얻을 수 있기 때문입니다.
코드가 복잡해 보이더라도 진행 과정을 스스로 생각해보고 시행착오를 거치며
이해할 수 있도록 연습을 시켜주세요. 그래야 코딩에 자신감이 생깁니다.

2부

학교 코딩 확장하기

051 예술 작품 만들기

난이도★★

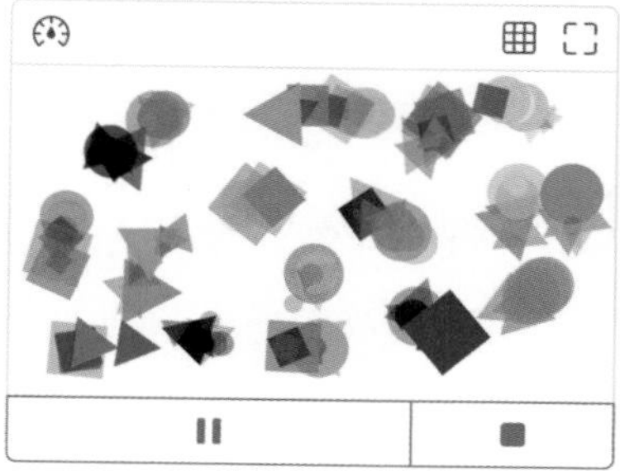

아래 코드를 실행하면 물감 오브젝트가 마우스포인터를 졸졸 따라다닙니다. 이때 마우스로 실행화면을 클릭하면 오브젝트의 색깔과 방향이 바뀌며 화면에 □모양의 도장이 찍히고, 스페이스 키를 누르면 오브젝트의 모양이 □, △, ○ 순서대로 바뀌며 도장이 찍힙니다. 빈칸 가, 나, 다에 무슨 블록이 들어가야 하는지 골라보세요.

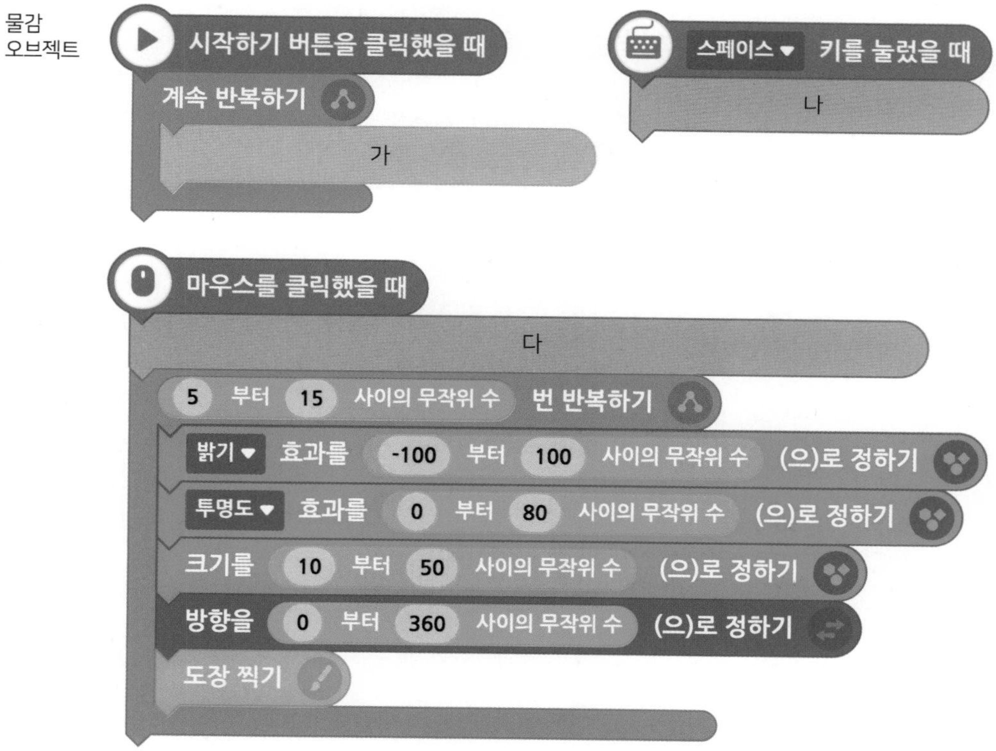
물감 오브젝트
시작하기 버튼을 클릭했을 때
계속 반복하기
가
스페이스 키를 눌렀을 때
나
마우스를 클릭했을 때
다
5 부터 15 사이의 무작위 수 번 반복하기
밝기 효과를 -100 부터 100 사이의 무작위 수 (으)로 정하기
투명도 효과를 0 부터 80 사이의 무작위 수 (으)로 정하기
크기를 10 부터 50 사이의 무작위 수 (으)로 정하기
방향을 0 부터 360 사이의 무작위 수 (으)로 정하기
도장 찍기

보기

① 밝기 효과를 0 부터 100 사이의 무작위 수 (으)로 정하기
② 마우스포인터 위치로 이동하기
③ 다음 모양으로 바꾸기
④ 색깔 효과를 0 부터 100 사이의 무작위 수 (으)로 정하기
⑤ 물감 위치로 이동하기
⑥ 네모봇 모양으로 바꾸기

문제 해결 길잡이

문제를 풀기 위해서는 지문에 나타난 코드 실행 과정을 잘 살펴야 합니다.
크게 세 가지로 정리할 수 있습니다.
첫째, 시작하기 버튼을 클릭했을 때: 물감 오브젝트가 마우스포인터를 졸졸 따라다닌다.
둘째, 키보드의 스페이스 키를 눌렀을 때: 물감 오브젝트의 모양이 □, △, ○순으로 바뀌며 도장을 찍는다.
셋째, 마우스로 실행화면을 클릭했을 때: 물감 오브젝트의 색깔과 방향이 바뀌며 도장을 찍는다.

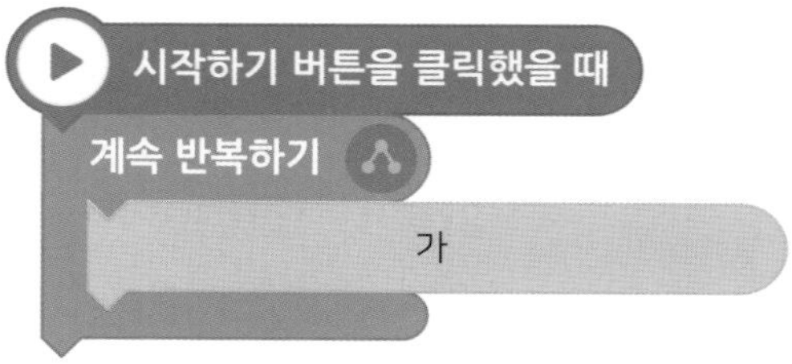

시작하기 버튼을 클릭했을 때
계속 반복하기
가

시작하기 버튼을 클릭하면 물감 오브젝트가 마우스포인터 위치를 계속 따라다녀야 합니다. 그래야 마우스를 클릭한 위치에 도형이 그려질 수 있거든요. 그래서 '가'에는 다음 블록이 들어가야 한답니다.

마우스포인터 ▾ 위치로 이동하기

스페이스 ▾ 키를 눌렀을 때
나

스페이스 키를 눌렀을 때 도형의 모양이 바뀌어야 하므로, 

다음 ▾ 모양으로 바꾸기

블록이 있어야 합니다.

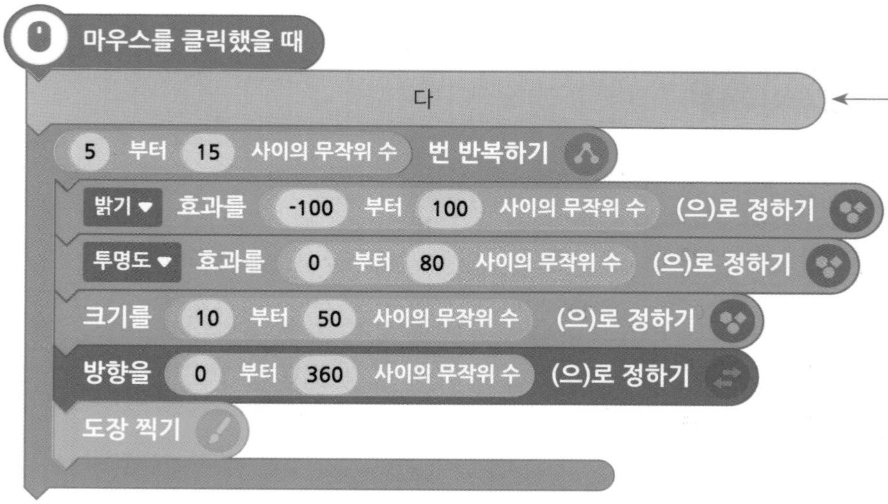

마우스를 클릭했을 때
다
5 부터 15 사이의 무작위 수 번 반복하기
밝기 ▾ 효과를 -100 부터 100 사이의 무작위 수 (으)로 정하기
투명도 ▾ 효과를 0 부터 80 사이의 무작위 수 (으)로 정하기
크기를 10 부터 50 사이의 무작위 수 (으)로 정하기
방향을 0 부터 360 사이의 무작위 수 (으)로 정하기
도장 찍기

마우스로 실행화면을 클릭했을 때 색깔과 방향을 바꾸며 도장을 찍어줘야 합니다. 그런데 이 코드에는 색깔을 바꾸는 블록이 없네요. 그러므로 '다'에는 색을 바꾸는 블록이 있어야 합니다.

색깔 ▾ 효과를 0 부터 100 사이의 무작위 수 (으)로 정하기

정답 가: ②, 나: ③, 다: ④

052 반 고흐의 영어 그림 교실

난이도★★

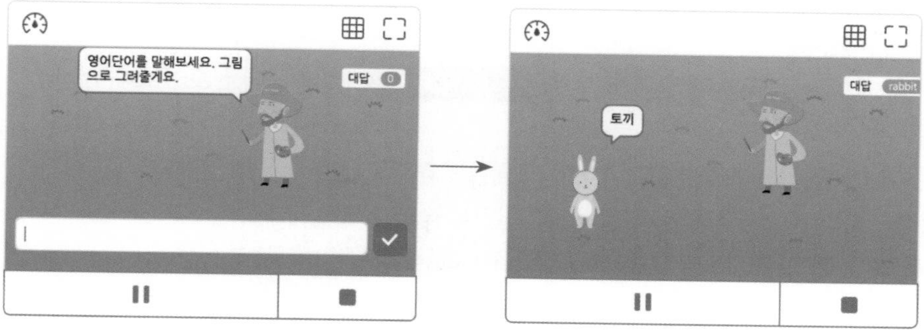
영어단어를 말해보세요. 그림으로 그려줄게요.
대답 0
토끼
대답 rabbit

다음은 반 고흐의 영어 그림 교실을 위한 프로그램 코드입니다. 실행화면에 영어단어를 입력하면 반 고흐가 그림을 그려줍니다. 'cat'을 입력하면 고양이를 그리고, 'rabbit'을 입력하면 토끼를, 'pig'를 입력하면 돼지를, 'giraffe'를 입력하면 기린을 그립니다. 그런데, 'pig'를 입력해도 반 고흐가 그림을 그려주지 않습니다. 왜 그런지 이유를 설명해보세요.

반 고흐
오브젝트

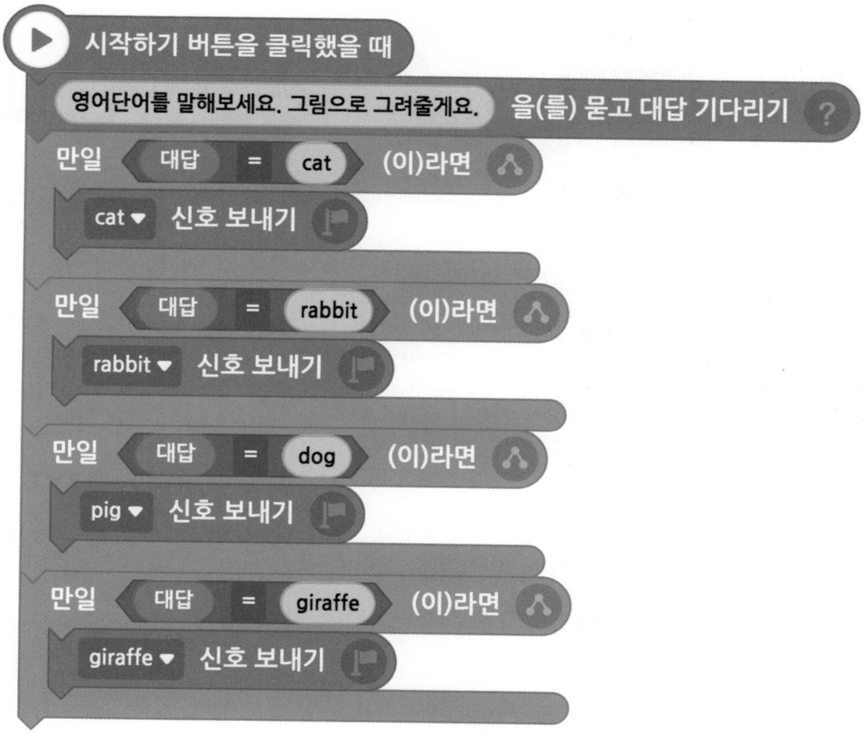
시작하기 버튼을 클릭했을 때
영어단어를 말해보세요. 그림으로 그려줄게요. 을(를) 묻고 대답 기다리기
만일 대답 = cat (이)라면
cat 신호 보내기
만일 대답 = rabbit (이)라면
rabbit 신호 보내기
만일 대답 = dog (이)라면
pig 신호 보내기
만일 대답 = giraffe (이)라면
giraffe 신호 보내기

문제 해결 길잡이

문제의 코드를 살펴보겠습니다. 시작하기 버튼을 클릭하면 반 고흐가 "영어단어를 말해보세요. 그림으로 그려줄게요"라고 말합니다. 입력필드에 영어단어를 입력하면 대답 에 담깁니다.
대답 = cat 이라는 판단식이 보이네요. '대답'에 담긴 글자가 cat이면 '만일 …이라면' 판단식이 참이 되고, cat▾ 신호 보내기 가 실행되어 신호가 보내집니다.

그런데, pig를 입력해도 반 고흐가 돼지 그림을 그려주지 않는 까닭은 뭘까요?
'만일 …이라면' 판단식들을 쭉 살펴보면 원인을 찾을 수 있습니다.
바로 '대답'과 비교하는 글자들이 cat rabbit dog giraffe 뿐이라는 것!
아하! 원인을 찾았습니다. pig라고 대답해도 참이 되는 판단식이 없었네요.
참이 되는 판단식이 없으니, pig 신호도 보내지지 않고, 돼지 그림도 그려지지 않는 것이었습니다.

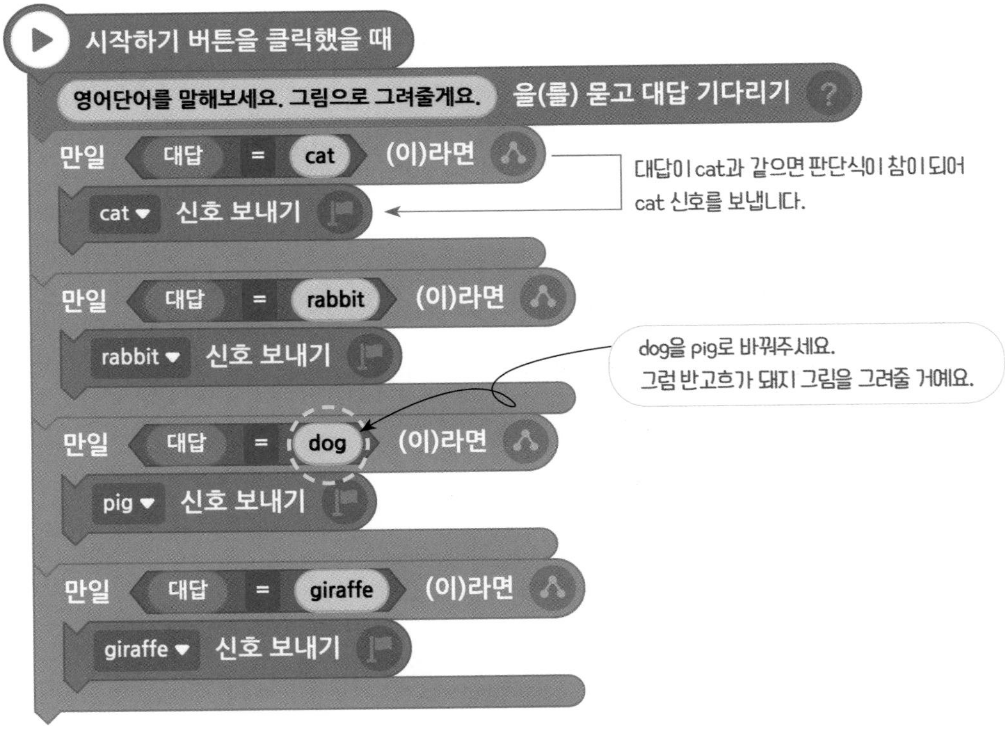

시작하기 버튼을 클릭했을 때
영어단어를 말해보세요. 그림으로 그려줄게요. 을(를) 묻고 대답 기다리기
만일 대답 = cat (이)라면
cat▾ 신호 보내기
만일 대답 = rabbit (이)라면
rabbit▾ 신호 보내기
만일 대답 = dog (이)라면
pig▾ 신호 보내기
만일 대답 = giraffe (이)라면
giraffe▾ 신호 보내기
대답이 cat과 같으면 판단식이 참이 되어
cat 신호를 보냅니다.
dog을 pig로 바꿔주세요.
그럼 반고흐가 돼지 그림을 그려줄 거예요.

정답 세 번째 판단식에서 pig가 dog로 잘못 적혀 있습니다.

053 확률 계산(1)

난이도★★

다음은 동전의 앞면과 뒷면이 나올 확률을 계산하는 프로그램 코드입니다. 동전 오브젝트를 클릭했을 때 뒷면이 나왔다면 어떤 블록이 실행된 것인지 블록번호를 실행순서대로 작성해보세요. 참고로, 동전 앞면의 모양번호는 1이고 뒷면의 모양번호는 2입니다.

동전
오브젝트

```
    오브젝트를 클릭했을 때
①  동전 돌아가는 모양 보이기
②  던진 횟수▾ 에 1 만큼 더하기
③  던져서 나온 면▾ 를 1 부터 2 사이의 무작위 수 (으)로 정하기
④  만일 < 던져서 나온 면▾ 값 = 1 > (이)라면
⑤      백원동전_앞▾ 모양으로 바꾸기
⑥      앞면▾ 에 1 만큼 더하기
⑦  아니면
⑧      백원동전_뒤▾ 모양으로 바꾸기
⑨      뒷면▾ 에 1 만큼 더하기
⑩  앞면 확률▾ 를 ( 앞면▾ 값 / 던진 횟수▾ 값 x 100 ) (으)로 정하기
⑪  뒷면 확률▾ 를 ( 뒷면▾ 값 / 던진 횟수▾ 값 x 100 ) (으)로 정하기

⑫  함수 정의하기 동전 돌아가는 모양 보이기
⑬  3 번 반복하기
⑭      다음▾ 모양으로 바꾸기
⑮      0.01 초 기다리기
```

힌트 : 동전의 뒷면이 나왔다면 4번 블록의 판단식이 거짓이 되어 5, 6번 블록을 실행되지 않습니다.

문제 해결 길잡이

문제의 실행화면에서 동전 오브젝트를 클릭하면 ①번 [동전 돌아가는 모양 보이기] 가 실행됩니다.
이 블록은 함수를 호출하는 블록이기 때문에 ⑫번 블록으로 코드가 연결되어 실행됩니다.
⑬번 블록에 3번 반복하기가 있으므로, ⑬, ⑭, ⑮번 블록이 3번 반복됩니다.
이렇게 함수 블록 실행이 완료되면, ②번 블록으로 연결됩니다.
문제에서 동전 오브젝트를 클릭했을 때 동전의 뒷면이 나왔으므로
④번 블록의 판단식은 거짓이 되어 코드 실행은 ⑦번 블록으로 연결됩니다.

동전 오브젝트
오브젝트를 클릭했을 때
① 동전 돌아가는 모양 보이기
② 던진 횟수 에 1 만큼 더하기
③ 던져서 나온 면 를 1 부터 2 사이의 무작위 수 (으)로 정하기
④ 만일 던져서 나온 면 값 = 1 (이)라면
동전 뒷면의 모양번호는 2이므로 판단식이 거짓이 됩니다.
⑤ 백원동전_앞 모양으로 바꾸기
⑥ 앞면 에 1 만큼 더하기
⑦ 아니면
⑧ 백원동전_뒤 모양으로 바꾸기
⑨ 뒷면 에 1 만큼 더하기
⑩ 앞면 확률 를 앞면 값 / 던진 횟수 값 x 100 (으)로 정하기
⑪ 뒷면 확률 를 뒷면 값 / 던진 횟수 값 x 100 (으)로 정하기
⑫ 함수 정의하기 동전 돌아가는 모양 보이기
⑬ 3 번 반복하기
⑭ 다음 모양으로 바꾸기
⑮ 0.01 초 기다리기

정답 ①, ⑫, ⑬, ⑭, ⑮, ⑬, ⑭, ⑮, ⑬, ⑭, ⑮, ②, ③, ④, ⑦, ⑧, ⑨, ⑩, ⑪

054 확률 계산(2)

난이도★★

던진 횟수 0
앞면 0
뒷면 0
앞면 확률 0
뒷면 확률 0
던져서 나온 면 0

다음은 동전 오브젝트를 마우스로 클릭했을 때 동전의 앞면과 뒷면이 나올 확률을 계산하는 프로그램 코드입니다. 이 코드를 변경해서 시작하기 버튼을 클릭했을 때 동전을 던지는 횟수를 묻고, 답변한 횟수만큼 동전을 던지도록 만들어보세요.

동전 오브젝트

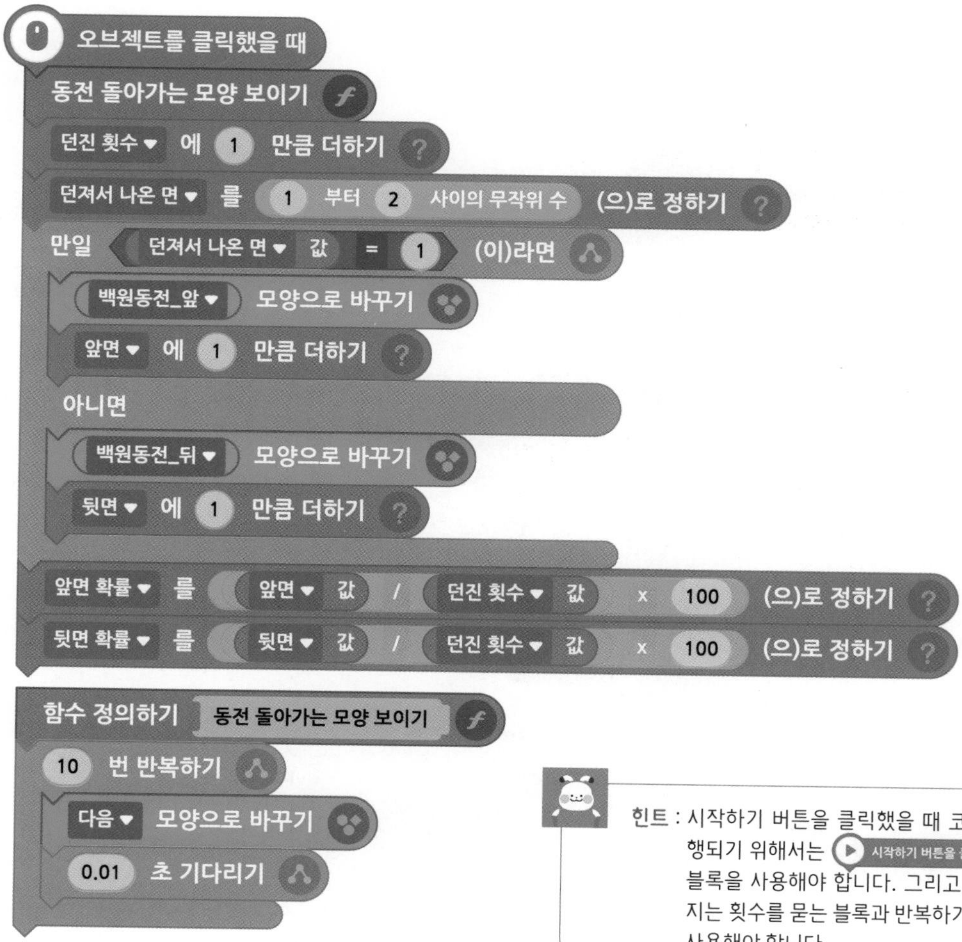
오브젝트를 클릭했을 때
동전 돌아가는 모양 보이기
던진 횟수 에 1 만큼 더하기
던져서 나온 면 를 1 부터 2 사이의 무작위 수 (으)로 정하기
만일 던져서 나온 면 값 = 1 (이)라면
백원동전_앞 모양으로 바꾸기
앞면 에 1 만큼 더하기
아니면
백원동전_뒤 모양으로 바꾸기
뒷면 에 1 만큼 더하기
앞면 확률 를 앞면 값 / 던진 횟수 값 x 100 (으)로 정하기
뒷면 확률 를 뒷면 값 / 던진 횟수 값 x 100 (으)로 정하기
함수 정의하기 동전 돌아가는 모양 보이기
10 번 반복하기
다음 모양으로 바꾸기
0.01 초 기다리기

힌트 : 시작하기 버튼을 클릭했을 때 코드가 실행되기 위해서는 [시작하기 버튼을 클릭했을 때] 블록을 사용해야 합니다. 그리고 동전 던지는 횟수를 묻는 블록과 반복하기 블록을 사용해야 합니다.

문제 해결 길잡이

시작하기 버튼을 클릭하면 코드가 실행되어야 하므로,

[오브젝트를 클릭했을 때] 를 [시작하기 버튼을 클릭했을 때] 로 변경해야 합니다.

그리고 동전을 던질 횟수를 '대답' 변수로 받아야 하기 때문에 묻고 답하기 블록인

[동전을 던질 횟수를 입력하세요. 을(를) 묻고 대답 기다리기] 를 사용하면 되지요.

또한 동전을 여러 번 던지려면, 반복하기 블록이 필요합니다.

'대답'에 들어가 있는 횟수만큼 반복하도록 아래와 같은 반복하기 블록을 사용합니다.

나머지 블록들은 이 블록 안에 쏙 넣어줍니다.

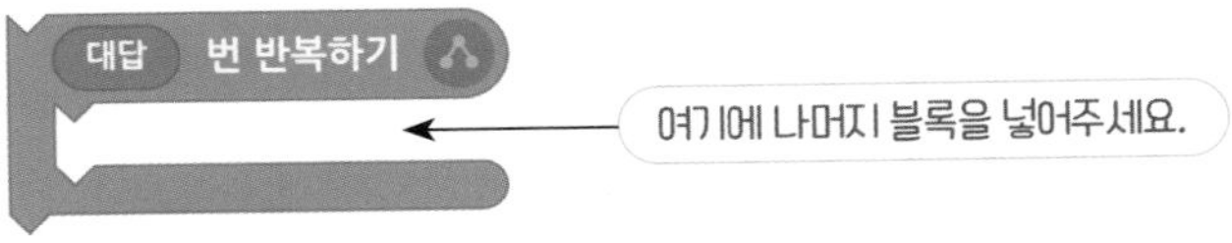

대답 번 반복하기
여기에 나머지 블록을 넣어주세요.

정답

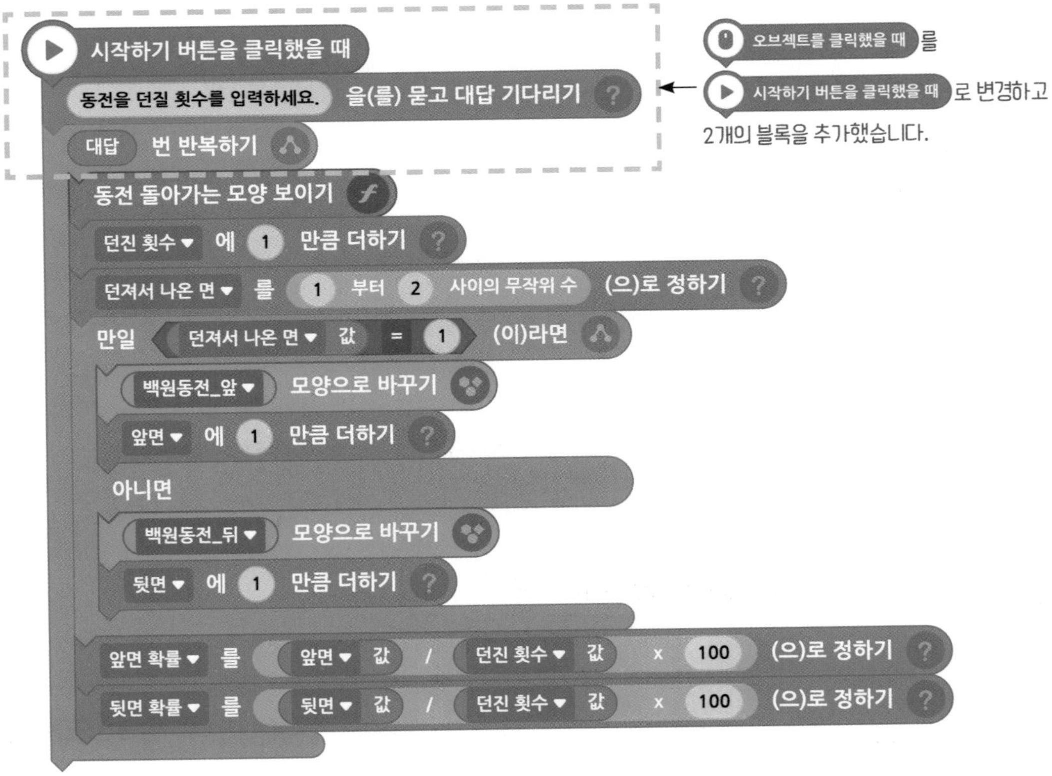

시작하기 버튼을 클릭했을 때
동전을 던질 횟수를 입력하세요. 을(를) 묻고 대답 기다리기
대답 번 반복하기
동전 돌아가는 모양 보이기
던진 횟수 에 1 만큼 더하기
던져서 나온 면 를 1 부터 2 사이의 무작위 수 (으)로 정하기
만일 던져서 나온 면 값 = 1 (이)라면
백원동전_앞 모양으로 바꾸기
앞면 에 1 만큼 더하기
아니면
백원동전_뒤 모양으로 바꾸기
뒷면 에 1 만큼 더하기
앞면 확률 를 앞면 값 / 던진 횟수 값 x 100 (으)로 정하기
뒷면 확률 를 뒷면 값 / 던진 횟수 값 x 100 (으)로 정하기
오브젝트를 클릭했을 때 를
시작하기 버튼을 클릭했을 때 로 변경하고
2개의 블록을 추가했습니다.

055 확률 계산(3)

난이도★★★

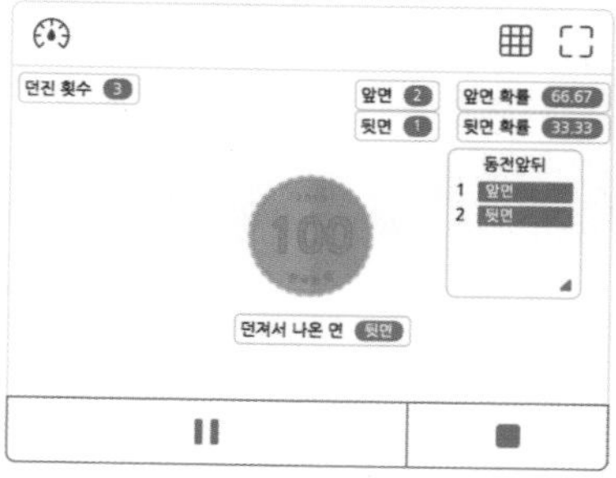

던진 횟수 3
앞면 2
뒷면 1
앞면 확률 66.67
뒷면 확률 33.33
동전앞뒤
1 앞면
2 뒷면
던져서 나온 면 뒷면

다음은 동전의 앞면과 뒷면이 나올 확률을 계산하는 프로그램의 코드입니다. '동전앞뒤' 리스트에는 '앞면'과 '뒷면' 항목 2개가 들어 있습니다. 코드에서 ①번 블록을 ②번 블록으로 바꾼다면 ③번 블록을 어떻게 바꿔야 하는지 설명해보세요.

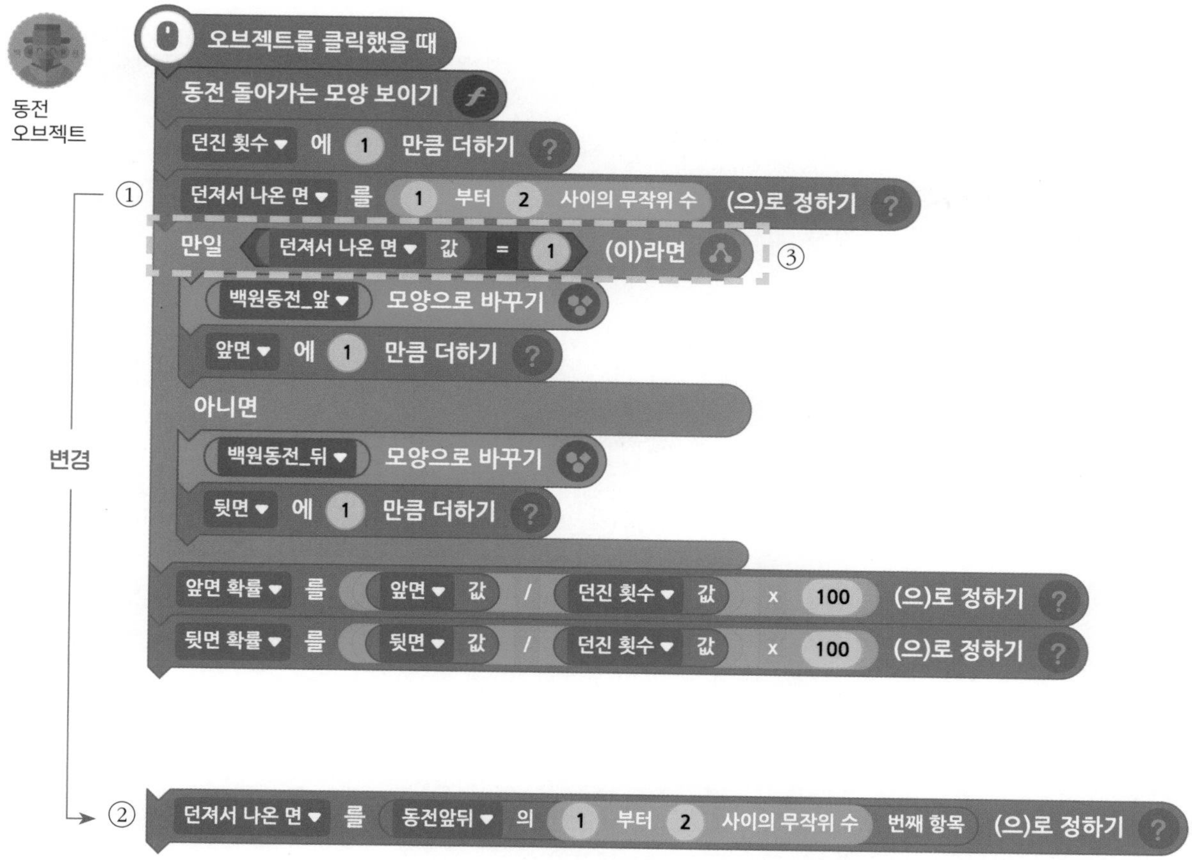

동전 오브젝트
오브젝트를 클릭했을 때
동전 돌아가는 모양 보이기
던진 횟수 에 1 만큼 더하기
① 던져서 나온 면 를 1 부터 2 사이의 무작위 수 (으)로 정하기
만일 던져서 나온 면 값 = 1 (이)라면 ③
백원동전_앞 모양으로 바꾸기
앞면 에 1 만큼 더하기
아니면
백원동전_뒤 모양으로 바꾸기
뒷면 에 1 만큼 더하기
앞면 확률 를 앞면 값 / 던진 횟수 값 x 100 (으)로 정하기
뒷면 확률 를 뒷면 값 / 던진 횟수 값 x 100 (으)로 정하기
변경
② 던져서 나온 면 를 동전앞뒤 의 1 부터 2 사이의 무작위 수 번째 항목 (으)로 정하기

문제 해결 길잡이

문제에서 ①번 블록을 실행하면 '던져서 나온 면' 변수에 1이나 2가 들어갑니다.
변경된 ②번 블록을 실행하면 '동전앞뒤' 리스트에서 임의의 항목을 무작위로 선택해 '던져서 나온 면' 변수를 정합니다. '동전앞뒤' 리스트에는 '앞면'이나 '뒷면' 항목이 있으므로, '던져서 나온 면' 변수에는 '앞면'이나 '뒷면'이 들어가게 됩니다.

던져서 나온 면▾ 를 동전앞뒤▾ 의 1 부터 2 사이의 무작위 수 번째 항목 (으)로 정하기

③번 블록의 (던져서 나온 면▾ 값)에는 '앞면'이나 '뒷면' 글자만 들어가기 때문에 판단식에서 '1'을 '앞면'으로 바꿔야 합니다.

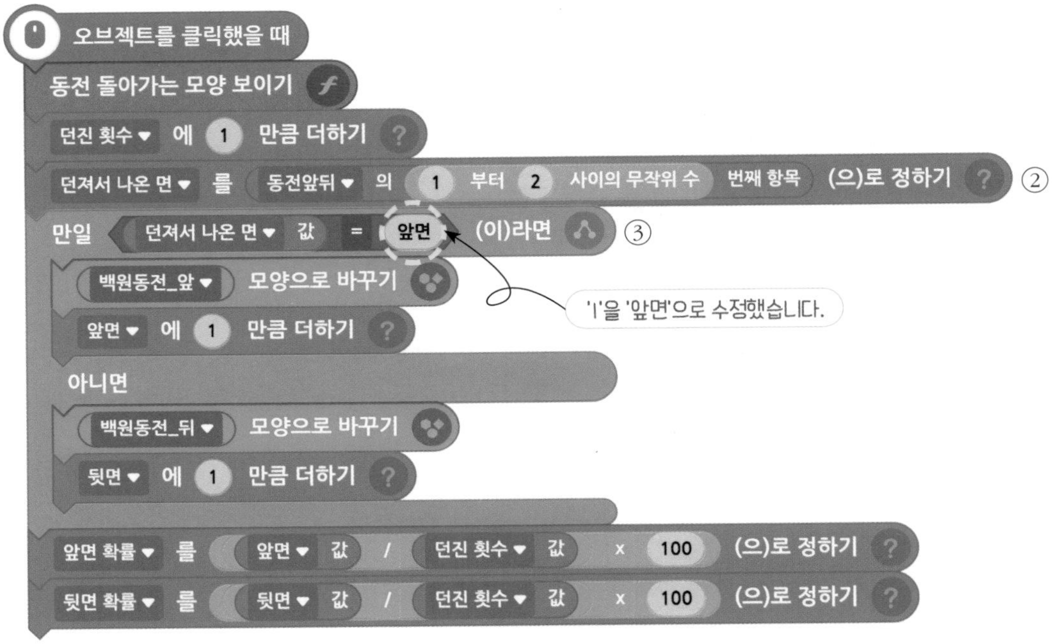
오브젝트를 클릭했을 때
동전 돌아가는 모양 보이기
던진 횟수▾ 에 1 만큼 더하기
던져서 나온 면▾ 를 동전앞뒤▾ 의 1 부터 2 사이의 무작위 수 번째 항목 (으)로 정하기 ②
만일 던져서 나온 면▾ 값 = 앞면 (이)라면 ③
백원동전_앞▾ 모양으로 바꾸기
앞면▾ 에 1 만큼 더하기
아니면
백원동전_뒤▾ 모양으로 바꾸기
뒷면▾ 에 1 만큼 더하기
앞면 확률▾ 를 앞면▾ 값 / 던진 횟수▾ 값 x 100 (으)로 정하기
뒷면 확률▾ 를 뒷면▾ 값 / 던진 횟수▾ 값 x 100 (으)로 정하기
'1'을 '앞면'으로 수정했습니다.

정답 **판단식에서 '1'을 '앞면'으로 바꿔야 합니다.**

개념 다지기

던져서 나온 면▾ 를 동전앞뒤▾ 의 1 번째 항목 (으)로 정하기

블록을 실행하면 (던져서 나온 면▾ 값)에는 '앞면'이 들어가 있습니다.

던져서 나온 면▾ 를 동전앞뒤▾ 의 2 번째 항목 (으)로 정하기

블록을 실행하면 (던져서 나온 면▾ 값)에는 '뒷면'이 들어가 있습니다.

056 전자투표하기

난이도★★

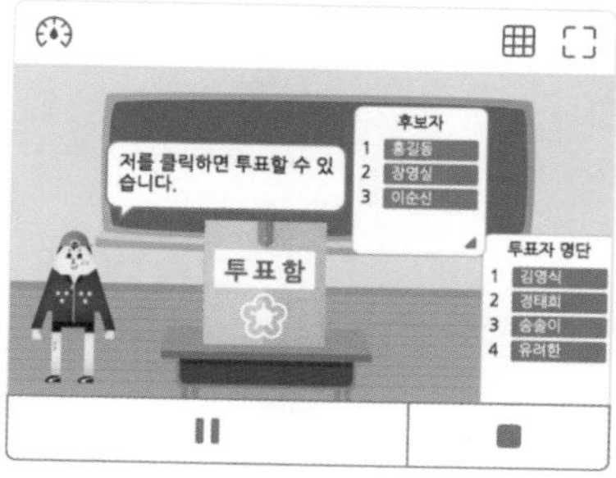
저를 클릭하면 투표할 수 있습니다.
후보자
1 홍길동
2 장영실
3 이순신
투표함
투표자 명단
1 김영식
2 경태희
3 송솔이
4 유려한

다음은 전자투표를 위한 프로그램 코드입니다. 코드를 실행하면 선거관리위원이 "저를 클릭하면 투표할 수 있습니다"라고 안내를 시작합니다. 코드에서 변수가 사용된 곳에는 동그라미 ○를 표시하고, 리스트가 사용에는 곳에는 세모 △를 표시해보세요.

선거관리위원 오브젝트

오브젝트를 클릭했을 때
당신의 이름은 무엇인가요? (투표자 명단에 있는지 확인합니다.) 을(를) 묻고 대답 기다리기
만일 투표자 명단 에 대답 이 포함되어 있는가? (이)라면
투표자 명단에서 삭제하기
투표할 후보자의 번호를 입력해주세요. 을(를) 묻고 대답 기다리기
만일 대답 = 1 (이)라면
후보1번 득표 에 1 만큼 더하기
아니면
만일 대답 = 2 (이)라면
후보2번 득표 에 1 만큼 더하기
아니면
만일 대답 = 3 (이)라면
후보3번 득표 에 1 만큼 더하기
아니면
무효표 에 1 만큼 더하기
투표가 정상적으로 처리되었습니다. 을(를) 1 초 동안 말하기
아니면
투표자 명단에 없습니다. 을(를) 1 초 동안 말하기
만일 투표자 명단 항목 수 = 0 (이)라면
결과집계 신호 보내기
아니면
저를 클릭하면 투표할 수 있습니다. 을(를) 말하기

문제 해결 길잡이

코드에서 리스트와 변수를 구분하는 문제입니다. 리스트와 변수는 어떻게 다를까요?
그림으로 나타내면 다음과 같습니다.

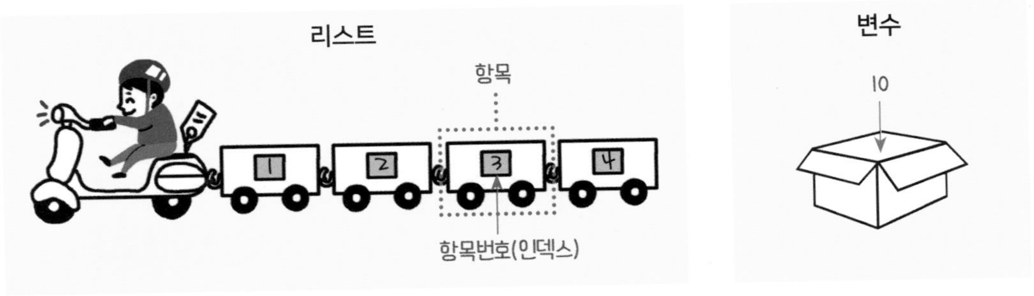

리스트는 여러 개의 바구니가 달린 카트와 같아요. 그래서 항목번호(인덱스)를 지정해줘야 한답니다.
반면, 변수는 항목번호를 정할 필요가 없어요. 바구니가 하나만 있어서 값이 직접 들어가니까요.
항목번호를 정하지 않고 특정값(10)을 더하거나 정하는 블록이 있다면
변수가 사용되었다는 것을 알 수 있습니다.

다음에서 리스트와 변수를 구분해볼까요?

리스트가 사용된 블록

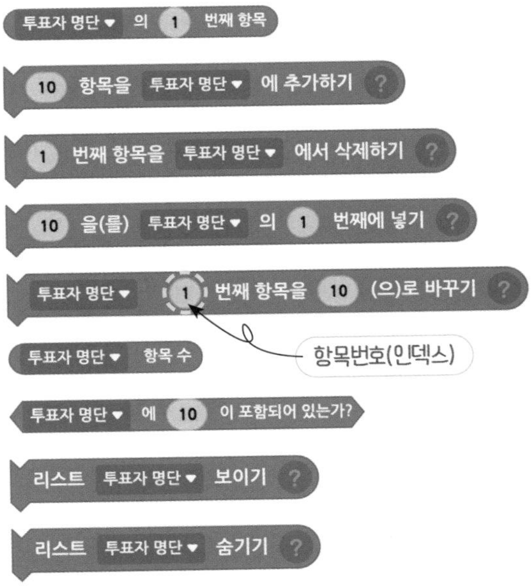

변수가 사용된 블록

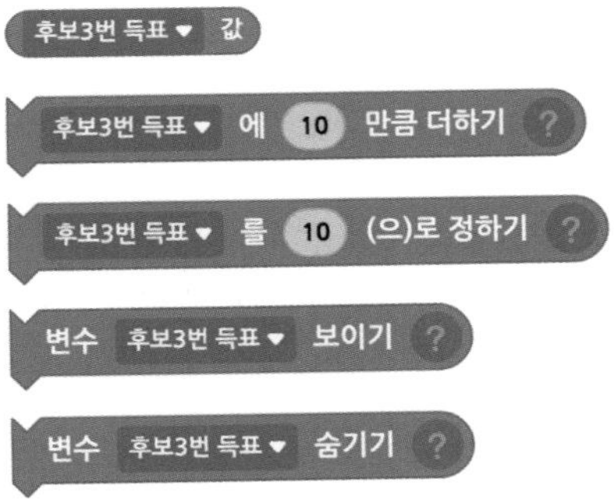

자, 그럼 문제의 코드를 살펴보겠습니다. 변수는 동그라미, 리스트는 세모로 표시해봅시다.

정답 위 해설을 참조하세요.

개념 다지기

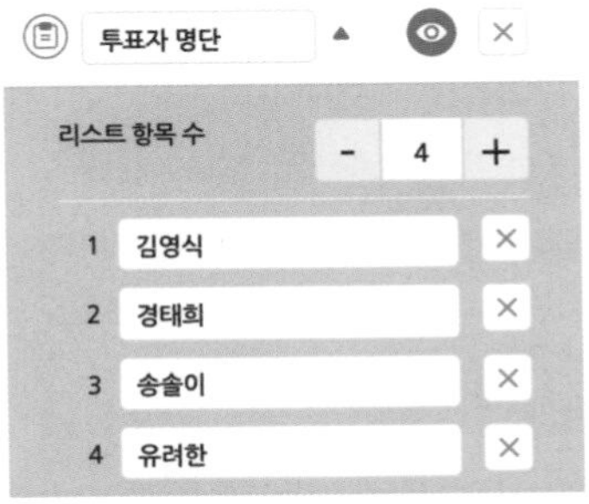

투표자 명단 리스트에서 1번째 항목인 '김영식'을 가져옵니다.

투표자 명단 리스트에 있는 항목의 개수를 알려줍니다.
여기서 투표자 명단의 항목 수는 4입니다.

'도티'를 투표자 명단 리스트의 마지막에 추가합니다.

'도티'를 투표자 명단 리스트에서 첫번째에 추가합니다.
그러면 이미 있는 항목들은 하나씩 뒤로 밀리게 됩니다.
예를 들어, 김영식은 두번째 항목으로 이동합니다.

투표자 명단 리스트에 '도티'가 있으면
'참'이라는 결과를 알려줍니다.

투표자 명단 리스트에서 첫번째 항목을 삭제합니다.
삭제하면 나머지 항목들이 자동으로
하나씩 앞으로 옮겨집니다.

투표자 명단 리스트에서 첫번째 항목인
'김영식'을 '도티'로 바꿉니다.

057 미로 탈출 게임

난이도★

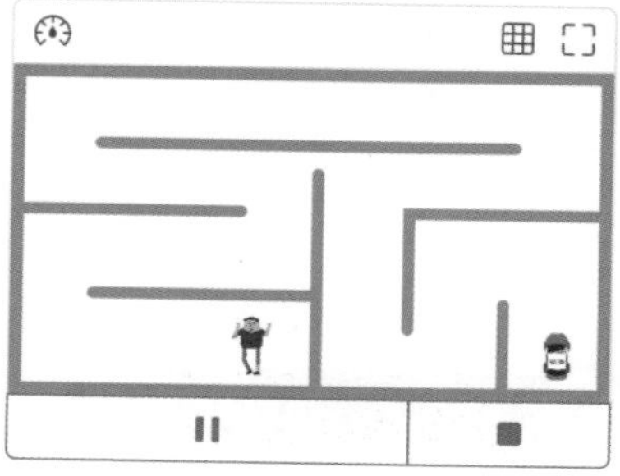

다음은 미로 탈출 게임을 위한 프로그램 코드입니다. 시작하기 버튼을 클릭하면 좀비가 좌우로 왔다갔다 하며 모양을 바꾸고, 좀비가 자동차에 닿으면 사라지도록 하고 싶다면 빈칸 가, 나에 어떤 블록이 들어가야 하는지 작성해보세요.

경찰차 오브젝트

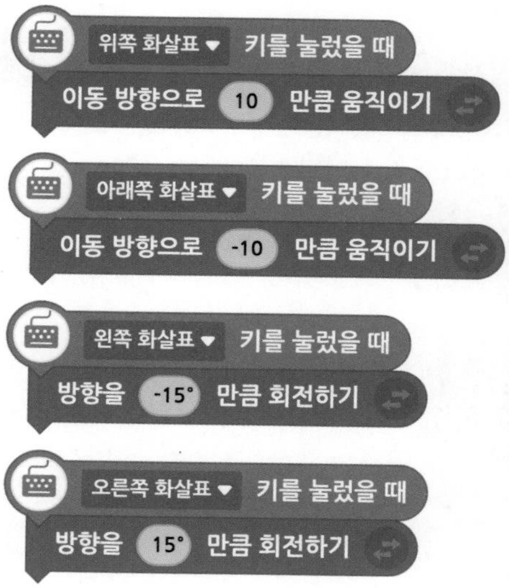

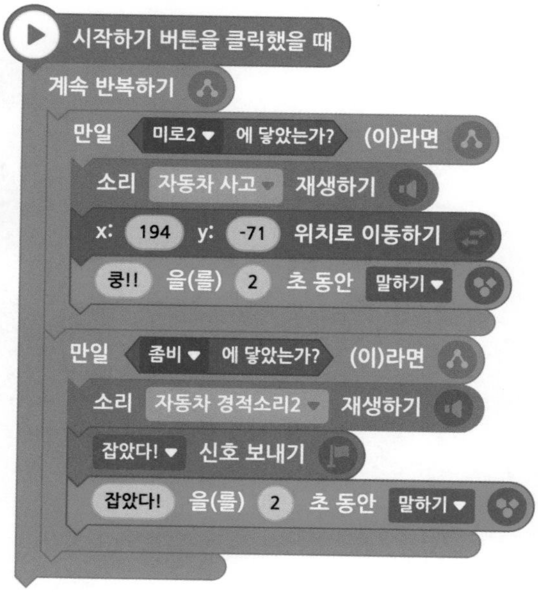

좀비 오브젝트

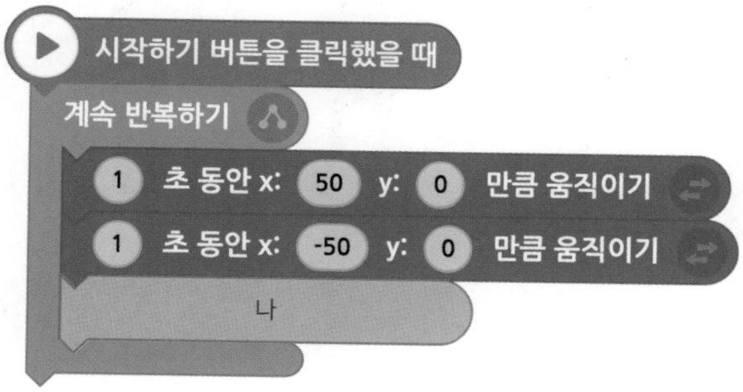

문제 해결 길잡이

문제의 빈칸은 좀비 오브젝트를 실행하는 코드들에 있습니다. 우선 빈칸 '가'는 "잡았다!"라는 신호를 받았을 때 좀비의 상태를 지정하는 블록입니다. 전체 코드에서 "잡았다!" 신호를 찾아보면, 경찰차 오브젝트가 좀비에 닿았을 때 나오는 말임을 알 수 있습니다. 자, 그럼 지문으로 돌아가서 생각해보죠. 자동차와 좀비가 닿으면 좀비를 사라지도록 해야 합니다. 그래서 빈칸 '가'에는 좀비를 숨기는 블록을 넣어야 한답니다. 좀비 오브젝트를 숨기기 위해서는 [모양 숨기기] 블록을 사용합니다.

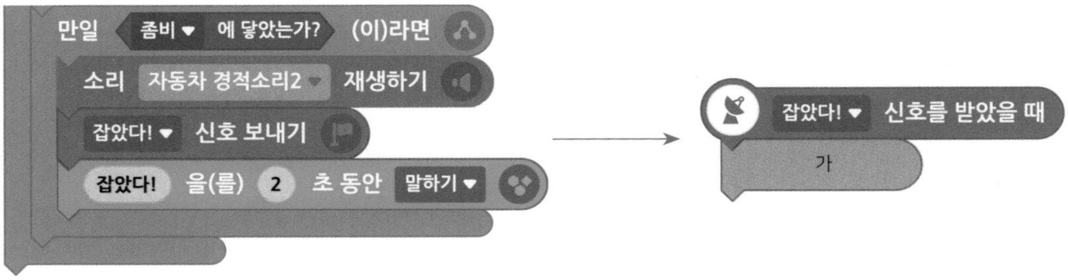

만일 좀비 ▾ 에 닿았는가? (이)라면
소리 자동차 경적소리2 ▾ 재생하기
잡았다! ▾ 신호 보내기
잡았다! 을(를) 2 초 동안 말하기 ▾
잡았다! ▾ 신호를 받았을 때
가

빈칸 '나'는 시작하기 버튼을 클릭해서 코드를 실행했을 때 계속 반복되는 좀비의 상태와 관련 있습니다. 지문에서 시작하기 버튼을 클릭하면 좀비는 좌우로 왔다갔다 하며 모양을 바꾼다고 했습니다. 그러므로 빈칸 '나'에는 좀비의 모양을 바꾸는 블록이 와야 합니다.

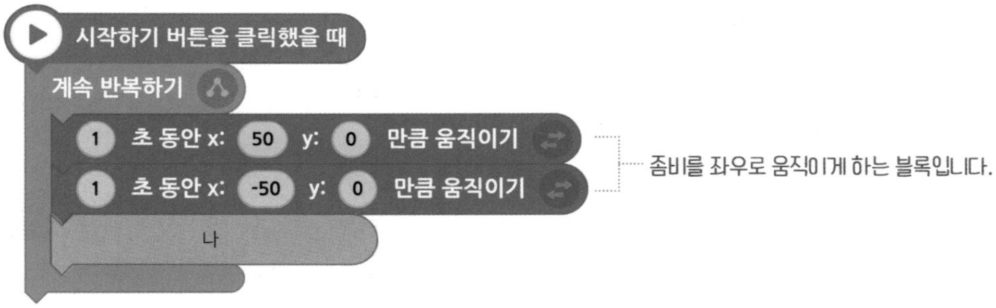

시작하기 버튼을 클릭했을 때
계속 반복하기
1 초 동안 x: 50 y: 0 만큼 움직이기
1 초 동안 x: -50 y: 0 만큼 움직이기
나
좀비를 좌우로 움직이게 하는 블록입니다.

참고로, 다음 그림과 같이 좀비 오브젝트에는 5개의 모양이 포함되어 있는데요. 이렇게 오브젝트가 여러 개의 모양으로 이루어진 경우 [다음 ▾ 모양으로 바꾸기] 블록을 사용할 수 있습니다.

1
2
3
4
5

정답 가: [모양 숨기기] 나: [다음 ▾ 모양으로 바꾸기]

058 칠교놀이

난이도★

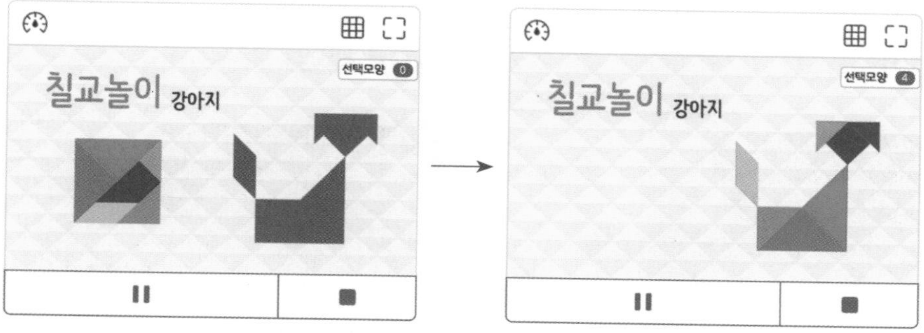
선택모양 0
칠교놀이 강아지
선택모양 4
칠교놀이 강아지

다음은 칠교놀이 게임을 위한 프로그램 코드입니다. 칠교놀이는 실행화면에서 왼쪽의 7개 도형조각을 이동시켜 오른쪽의 회색 강아지 모양 틀에 맞추는 놀이인데요. 아래 코드의 빈칸에 들어갈 블록을 보기에서 골라보세요.

칠교놀이 조각1 오브젝트

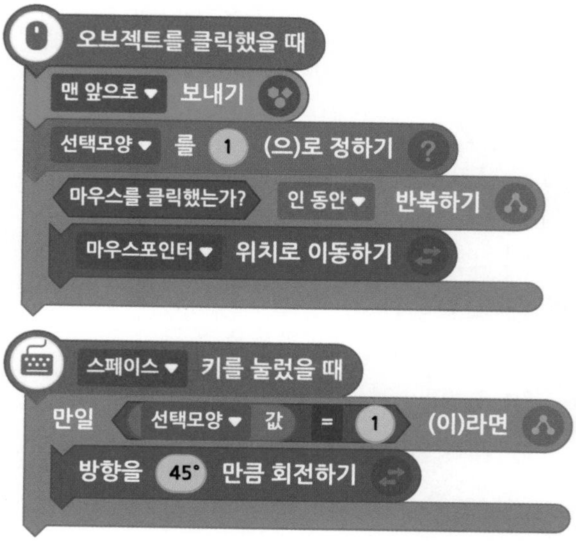
오브젝트를 클릭했을 때
맨 앞으로 보내기
선택모양 를 1 (으)로 정하기
마우스를 클릭했는가? 인 동안 반복하기
마우스포인터 위치로 이동하기
스페이스 키를 눌렀을 때
만일 선택모양 값 = 1 (이)라면
방향을 45° 만큼 회전하기

칠교놀이 조각2 오브젝트

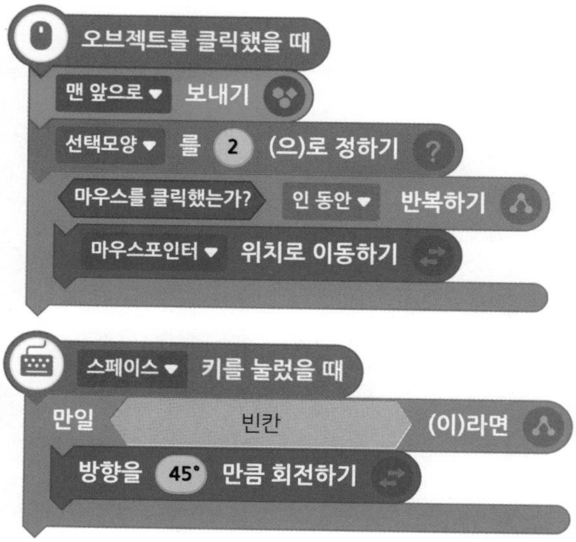
오브젝트를 클릭했을 때
맨 앞으로 보내기
선택모양 를 2 (으)로 정하기
마우스를 클릭했는가? 인 동안 반복하기
마우스포인터 위치로 이동하기
스페이스 키를 눌렀을 때
만일 빈칸 (이)라면
방향을 45° 만큼 회전하기

보기

① 선택모양 값 = 1 ② 선택모양 값 = 2 ③ 선택모양 값 = 3

문제 해결 길잡이

문제의 빈칸은 칠교놀이 조각2 오브젝트를 움직이는 코드에 있습니다. 해당 코드를 살펴보면 칠교놀이 조각2 오브젝트를 클릭했을 때 '선택모양' 변수를 2로 정하고 있습니다.

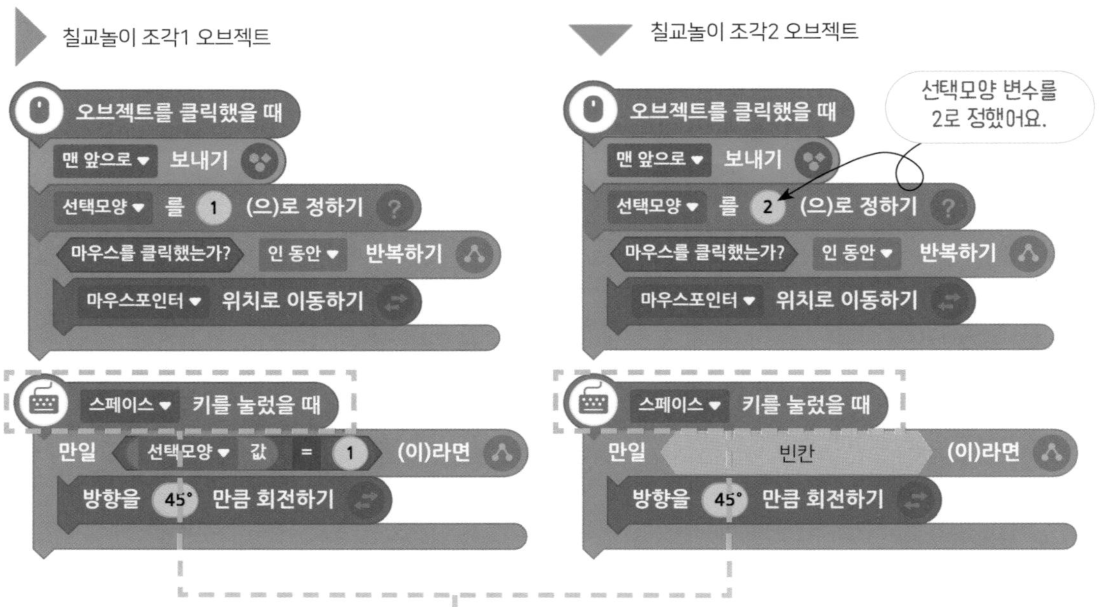

칠교놀이 조각1 오브젝트
오브젝트를 클릭했을 때
맨 앞으로 보내기
선택모양 를 1 (으)로 정하기
마우스를 클릭했는가? 인 동안 반복하기
마우스포인터 위치로 이동하기
스페이스 키를 눌렀을 때
만일 선택모양 값 = 1 (이)라면
방향을 45° 만큼 회전하기
칠교놀이 조각2 오브젝트
선택모양 변수를 2로 정했어요.
오브젝트를 클릭했을 때
맨 앞으로 보내기
선택모양 를 2 (으)로 정하기
마우스를 클릭했는가? 인 동안 반복하기
마우스포인터 위치로 이동하기
스페이스 키를 눌렀을 때
만일 빈칸 (이)라면
방향을 45° 만큼 회전하기

전체 코드에서 보면 두 개의 칠교놀이 조각 오브젝트에
'스페이스 키를 눌렀을 때'라는 블록이 공통으로 포함되어 있습니다.
이럴 경우 각 오브젝트의 선택모양 변수 값을 판단식에서
각각 지정해주어야 스페이스 키를 눌렀을 때
두 개의 다른 블록이 한꺼번에 회전하지 않게 됩니다.

스페이스 키를 누르면 '만일 …이라면 '블록이 실행되어 조각의 방향을 45°만큼 회전시킵니다. 선택모양 변수를 2로 정한 '칠교놀이 조각2' 오브젝트를 회전하도록 해야 하므로 코드의 빈칸에 판단식 

선택모양 값 = 2

블록을 넣어주면 됩니다.

정답 ② 

선택모양 값 = 2

059 바다낚시 게임

난이도★★

다음은 삼지창으로 바다낚시를 하는 게임 프로그램의 코드입니다. 게임 점수 100점을 달성하면 게임이 정지되고 몇 초가 걸렸는지 말해주는데요. 게임 방식을 한 번 바꿔볼까요? 초시계가 30초가 되면 게임을 멈추고 달성한 점수를 말하도록 코드를 변경해보세요.

삼지창 오브젝트

```
시작하기 버튼을 클릭했을 때
초시계 시작하기▼
계속 반복하기
    만일 < 점수▼ 값 = 100 > (이)라면
        초시계 정지하기▼
        (초시계 값 과(와) 초가 걸렸습니다! 를 합치기) 을(를) 4 초 동안 말하기▼
        모든▼ 코드 멈추기

마우스를 클릭했을 때
이동 방향으로 10 만큼 움직이기

시작하기 버튼을 클릭했을 때
계속 반복하기
    마우스포인터▼ 위치로 이동하기
```

바다동물 오브젝트

```
시작하기 버튼을 클릭했을 때
계속 반복하기
    0.3 초 동안 x: (-70 부터 70 사이의 무작위 수) y: (-70 부터 70 사이의 무작위 수) 만큼 움직이기
    화면 끝에 닿으면 튕기기

오브젝트를 클릭했을 때
점수▼ 에 10 만큼 더하기
모양 숨기기
```

문제 해결 길잡이

문제의 코드를 수정해서 초시계가 30초가 되면 게임을 멈추도록 하려면 '만일 …이라면' 블록을 살펴봐야 합니다. 현재는 바다낚시 점수가 100이면 게임이 멈추도록 설정되어 있습니다.

①
만일 점수 값 = 100 (이)라면
초시계 정지하기
초시계 값 과(와) 초가 걸렸습니다! 를 합치기 을(를) 4 초 동안 말하기
모든 코드 멈추기
게임 점수값이 100일 때 코드가 멈추므로 '만일 …이라면' 코드를 수정해서 초시계가 30초가 되면 코드가 멈추도록 해야 합니다.

'만일 …이라면' 블록에 초시계가 30초가 되면 게임을 멈추도록 판단식을 작성해 넣어주세요.

만일 초시계 값 ≥ 30 (이)라면
초시계 정지하기
초시계 값 과(와) 초가 걸렸습니다! 를 합치기 을(를) 4 초 동안 말하기
모든 코드 멈추기

그리고 달성한 점수를 알려주기 위해 아래와 같이 말하기 블록을 수정해줘야 한답니다.

점수 값 과(와) 점을 획득하였습니다! 를 합치기 을(를) 4 초 동안 말하기
수정하기

정답 **삼지창 오브젝트의 일부 블록(①번 블록)을 다음처럼 수정합니다.**

만일 초시계 값 ≥ 30 (이)라면
초시계 정지하기
점수 값 과(와) 점을 획득하였습니다! 를 합치기 을(를) 4 초 동안 말하기
모든 코드 멈추기

학부모 길잡이

Q) 문제의 판단식에서 '초시계 값 = 30'으로 작성하면 안 되나요?

A) 네. 그러면 안 됩니다! 소수점 이하 단위로 초시계의 값이 빠르게 변하기 때문에 초시계가 30.00인 순간에 판단식(초시계 값=30)이 아닌 다른 블록이 실행될 수 있거든요. 이렇게 되면 '만일 …이라면' 블록이 실행되는 시점(예: 30.01)에 초시계값이 30.00이 아니므로 이 블록은 거짓이 됩니다.

060 축구공 구하기 게임

난이도★★★

다음은 축구공이 바닥에 닿지 않도록 보라색 판으로 공을 튕겨 별을 맞추면 점수를 얻는 게임 프로그램 코드입니다. 현재 공을 1개만 사용하고 있는데요. 축구공 2개로 게임할 수 있도록 보기의 복제하기 블록을 사용하여 코드를 변경해보세요.

별 오브젝트

```
시작하기 버튼을 클릭했을 때
x: -240 부터 240 사이의 무작위 수 y: -135 부터 135 사이의 무작위 수 위치로 이동하기
계속 반복하기
    만일 축구공▾ 에 닿았는가? (이)라면
        점수▾ 에 10 만큼 더하기
        모양 숨기기
        x: -240 부터 240 사이의 무작위 수 y: -135 부터 135 사이의 무작위 수 위치로 이동하기
        2 초 기다리기
        모양 보이기
```

축구공 오브젝트

```
시작하기 버튼을 클릭했을 때
계속 반복하기
    만일 판▾ 에 닿았는가? (이)라면
        방향을 -90 부터 0 사이의 무작위 수 (으)로 정하기
    만일 가시▾ 에 닿았는가? (이)라면
        목숨▾ 에 -1 만큼 더하기
        만일 목숨▾ 값 = 0 (이)라면
            모든▾ 코드 멈추기
        x: 0 y: 80 위치로 이동하기
```

```
시작하기 버튼을 클릭했을 때
계속 반복하기
    화면 끝에 닿으면 튕기기
    이동 방향으로 3 만큼 움직이기
```

보기

```
자신▾ 의 복제본 만들기
복제본이 처음 생성되었을 때
```

문제 해결 길잡이

축구공을 2개 사용하여 게임을 하려면, 우선 보기의 자신 ▾ 의 복제본 만들기 블록을 축구공 오브젝트 코드에 추가해 축구공의 복제본을 만들어야 합니다. 그리고 복제된 축구공이 움직이도록 관련 블록을 추가해야 하지요. 이때 복제본이 처음 생성되었을 때 블록을 사용합니다. 복제된 축구공도 원본 축구공과 동일하게 움직여야 하므로, '가', '나' 블록을 그대로 복사해 복제본이 처음 생성되었을 때 블록 다음에 붙여 넣어주면 된답니다.

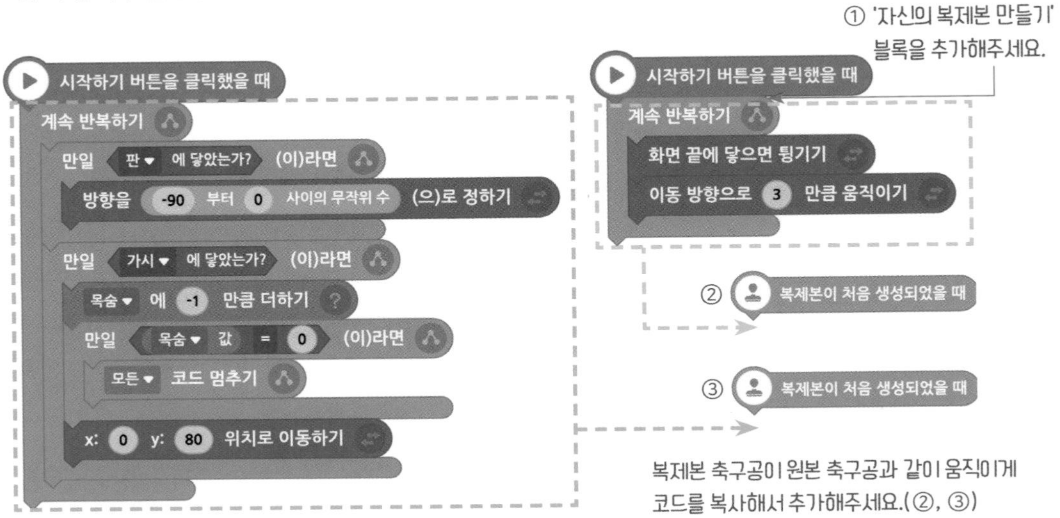

시작하기 버튼을 클릭했을 때
계속 반복하기
만일 판 ▾ 에 닿았는가? (이)라면
방향을 -90 부터 0 사이의 무작위 수 (으)로 정하기
만일 가시 ▾ 에 닿았는가? (이)라면
목숨 ▾ 에 -1 만큼 더하기
만일 목숨 ▾ 값 = 0 (이)라면
모든 ▾ 코드 멈추기
x: 0 y: 80 위치로 이동하기
① '자신의 복제본 만들기' 블록을 추가해주세요.
시작하기 버튼을 클릭했을 때
계속 반복하기
화면 끝에 닿으면 튕기기
이동 방향으로 3 만큼 움직이기
② 복제본이 처음 생성되었을 때
③ 복제본이 처음 생성되었을 때
복제본 축구공이 원본 축구공과 같이 움직이게 코드를 복사해서 추가해주세요.(②, ③)

정답 **축구공 오브젝트의 코드를 다음처럼 수정합니다.**

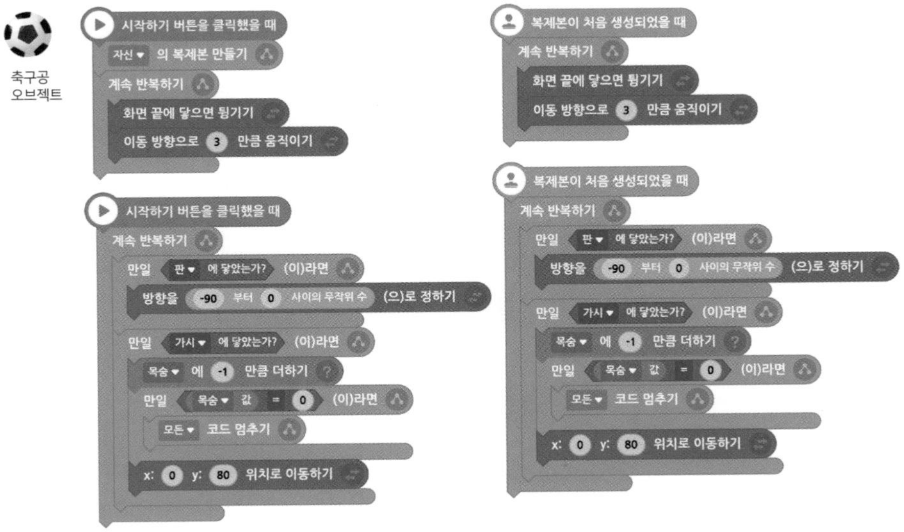

축구공 오브젝트
시작하기 버튼을 클릭했을 때
자신 ▾ 의 복제본 만들기
계속 반복하기
화면 끝에 닿으면 튕기기
이동 방향으로 3 만큼 움직이기
시작하기 버튼을 클릭했을 때
계속 반복하기
만일 판 ▾ 에 닿았는가? (이)라면
방향을 -90 부터 0 사이의 무작위 수 (으)로 정하기
만일 가시 ▾ 에 닿았는가? (이)라면
목숨 ▾ 에 -1 만큼 더하기
만일 목숨 ▾ 값 = 0 (이)라면
모든 ▾ 코드 멈추기
x: 0 y: 80 위치로 이동하기
복제본이 처음 생성되었을 때
계속 반복하기
화면 끝에 닿으면 튕기기
이동 방향으로 3 만큼 움직이기
복제본이 처음 생성되었을 때
계속 반복하기
만일 판 ▾ 에 닿았는가? (이)라면
방향을 -90 부터 0 사이의 무작위 수 (으)로 정하기
만일 가시 ▾ 에 닿았는가? (이)라면
목숨 ▾ 에 -1 만큼 더하기
만일 목숨 ▾ 값 = 0 (이)라면
모든 ▾ 코드 멈추기
x: 0 y: 80 위치로 이동하기

061 바운스 볼 게임

난이도★★★

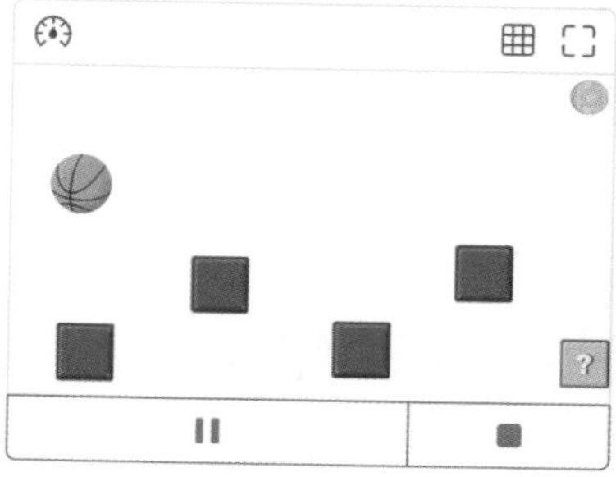

다음은 농구공이 갈색상자에 튕겨 위쪽에 있는 동전에 맞추면 성공하고, 바닥에 떨어지면 실패하는 게임 프로그램의 코드입니다. 어? 그런데, 공이 상자에 튕겨지질 않습니다. 코드의 어딘가 버그(오류)가 숨어 있나 보군요. 찬찬히 살펴보며 버그가 생긴 이유를 설명해보세요.

농구공 오브젝트

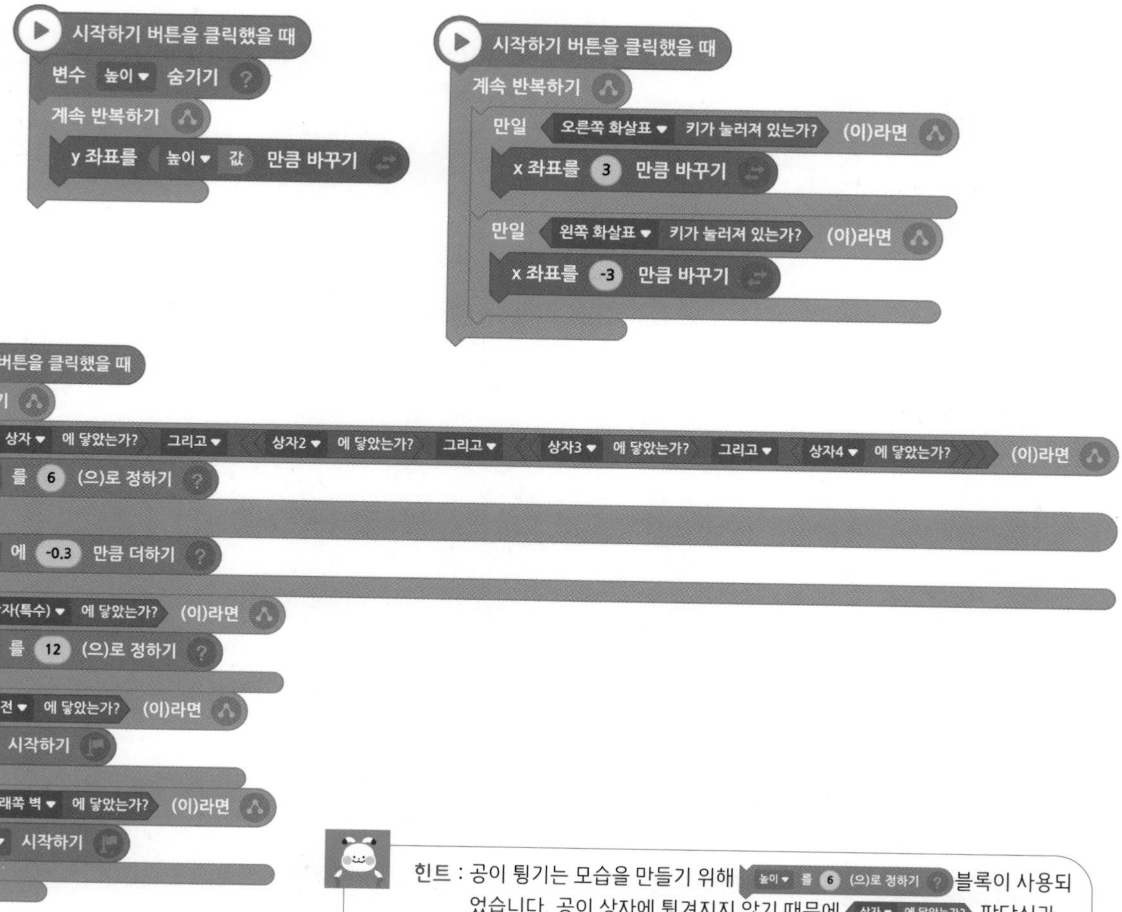

시작하기 버튼을 클릭했을 때
변수 높이▾ 숨기기
계속 반복하기
y 좌표를 높이▾ 값 만큼 바꾸기
시작하기 버튼을 클릭했을 때
계속 반복하기
만일 오른쪽 화살표▾ 키가 눌러져 있는가? (이)라면
x 좌표를 3 만큼 바꾸기
만일 왼쪽 화살표▾ 키가 눌러져 있는가? (이)라면
x 좌표를 -3 만큼 바꾸기
시작하기 버튼을 클릭했을 때
계속 반복하기
만일 상자▾ 에 닿았는가? 그리고▾ 상자2▾ 에 닿았는가? 그리고▾ 상자3▾ 에 닿았는가? 그리고▾ 상자4▾ 에 닿았는가? (이)라면
높이▾ 를 6 (으)로 정하기
아니면
높이▾ 에 -0.3 만큼 더하기
만일 상자(특수)▾ 에 닿았는가? (이)라면
높이▾ 를 12 (으)로 정하기
만일 동전▾ 에 닿았는가? (이)라면
성공▾ 시작하기
만일 아래쪽 벽▾ 에 닿았는가? (이)라면
실패~!▾ 시작하기

힌트 : 공이 튕기는 모습을 만들기 위해 [높이▾ 를 6 (으)로 정하기] 블록이 사용되었습니다. 공이 상자에 튕겨지지 않기 때문에 [상자▾ 에 닿았는가?] 판단식과 관련이 있습니다.

문제 해결 길잡이

문제의 코드에서 버그의 위치를 찾기 위해서는 우선 공을 튕기게 하는 블록을 찾아야 합니다.
①번 블록을 보니 공을 튕기게 하기 위해서 '높이' 변수를 6으로 정하고 있군요.
공이 튕기지 않는 것은 바로 이 코드가 실행되지 않았기 때문입니다.
여기서 이 블록을 실행하게 하는 판단 블록에 오류가 있다는 것을 생각할 수 있습니다.

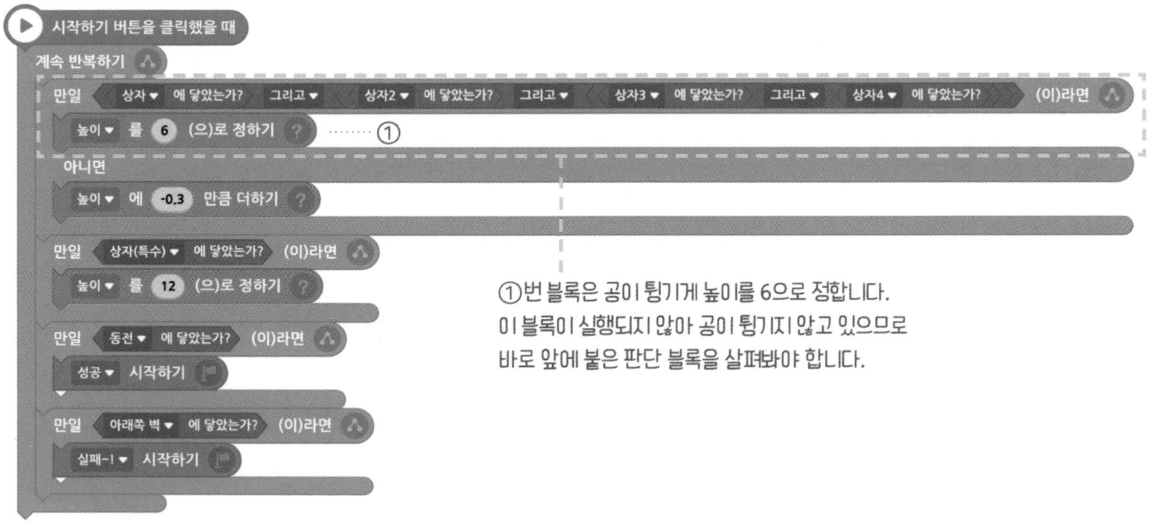

시작하기 버튼을 클릭했을 때
계속 반복하기
만일 상자 에 닿았는가? 그리고 상자2 에 닿았는가? 그리고 상자3 에 닿았는가? 그리고 상자4 에 닿았는가? (이)라면
높이 를 6 (으)로 정하기
①
아니면
높이 에 -0.3 만큼 더하기
만일 상자(특수) 에 닿았는가? (이)라면
높이 를 12 (으)로 정하기
만일 동전 에 닿았는가? (이)라면
성공 시작하기
만일 아래쪽 벽 에 닿았는가? (이)라면
실패~! 시작하기
①번 블록은 공이 튕기게 높이를 6으로 정합니다.
이 블록이 실행되지 않아 공이 튕기지 않고 있으므로
바로 앞에 붙은 판단 블록을 살펴봐야 합니다.

①번 블록을 실행시키는 판단 블록을 좀 더 자세히 살펴보겠습니다.
이 블록에는 4개의 판단식이 있습니다. 판단식에는 '상자에 닿았는가?'라는 내용이 들어 있네요.
판단식이 모두 '그리고'로 연결되어 있어 4개의 판단식이 모두 참이 되어야
연결된 블록이 실행될 수 있습니다.

상자 에 닿았는가? 그리고 상자2 에 닿았는가? 그리고 상자3 에 닿았는가? 그리고 상자4 에 닿았는가?

아하! 여기에 문제가 있었네요. 공이 한 번에 상자 하나씩만 닿으므로
4개의 판단식이 모두 참일 수는 없으니까요.
코드가 제대로 실행되기 위해서는 '그리고'를 '또는'으로 바꿔줘야 합니다.

정답 **위 해설을 참조하세요. 수정된 블록은 다음과 같습니다.**

상자 에 닿았는가? 또는 상자2 에 닿았는가? 또는 상자3 에 닿았는가? 또는 상자4 에 닿았는가?

062 승부차기 게임

난이도★

점수 0
기회 5

다음은 승부차기 게임 프로그램의 코드입니다. 축구공이 만세남이나 벽에 닿으면 "노골!"이라고 말하고, '골대'에 닿으면 "골!"이라고 말하는 게임인데요. 코드의 빈칸 가, 나, 다에 들어갈 판단식을 보기에서 골라 보세요.

축구공 오브젝트

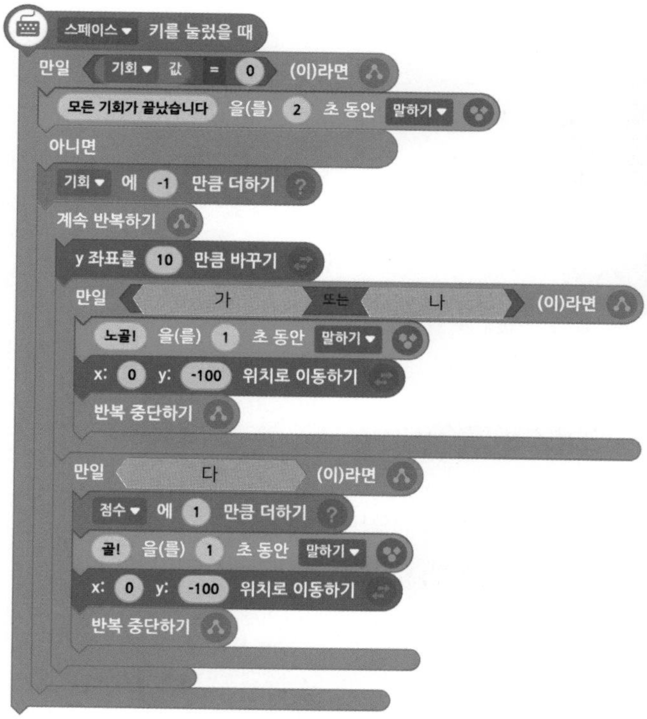
스페이스 키를 눌렀을 때
만일 기회 값 = 0 (이)라면
모든 기회가 끝났습니다 을(를) 2 초 동안 말하기
아니면
기회 에 -1 만큼 더하기
계속 반복하기
y 좌표를 10 만큼 바꾸기
만일 가 또는 나 (이)라면
노골! 을(를) 1 초 동안 말하기
x: 0 y: -100 위치로 이동하기
반복 중단하기
만일 다 (이)라면
점수 에 1 만큼 더하기
골! 을(를) 1 초 동안 말하기
x: 0 y: -100 위치로 이동하기
반복 중단하기

만세남 오브젝트

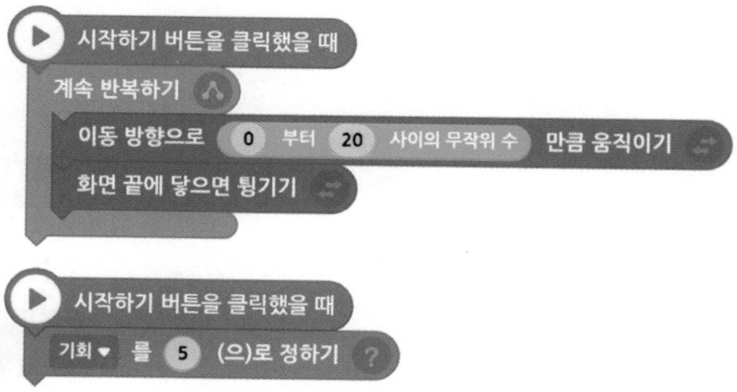
시작하기 버튼을 클릭했을 때
계속 반복하기
이동 방향으로 0 부터 20 사이의 무작위 수 만큼 움직이기
화면 끝에 닿으면 튕기기
시작하기 버튼을 클릭했을 때
기회 를 5 (으)로 정하기

보기

① 골대(앞) ▾ 에 닿았는가?

② 만세남 ▾ 에 닿았는가?

③ 벽 ▾ 에 닿았는가?

문제 해결 길잡이

문제를 풀기 위해서는 지문과 빈칸 앞뒤의 코드를 잘 살펴야 합니다.
"축구공이 만세남이나 벽에 닿으면 '노골!'이라고 말하고, '골대'에 닿으면 '골!'이라고 말한다"라고 설명했는데요. 코드에서 "노골!"과 "골!"이라고 말하는 부분을 체킹해주세요.

축구공
오브젝트
스페이스 키를 눌렀을 때
만일 기회 값 = 0 (이)라면
모든 기회가 끝났습니다 을(를) 2 초 동안 말하기
아니면
기회 에 -1 만큼 더하기
계속 반복하기
y 좌표를 10 만큼 바꾸기
만일 가 또는 나 (이)라면
노골! 을(를) 1 초 동안 말하기
① 지문에서 "노골!"이라고 말하는 조건을 찾아보세요!
x: 0 y: -100 위치로 이동하기
반복 중단하기
만일 다 (이)라면
점수 에 1 만큼 더하기
골! 을(를) 1 초 동안 말하기
② 지문에서 "골!"이라고 말하는 조건을 찾아보세요!
x: 0 y: -100 위치로 이동하기
반복 중단하기

①번 블록을 보니 "노골!"이라고 말하는 블록이 보입니다.
그렇다면, 빈칸 가와 나에는 〈만세남 ▾ 에 닿았는가?〉와 〈벽 ▾ 에 닿았는가?〉 블록이 들어가야겠지요.

"골!"이라고 말하는 블록은 ②번 블록입니다. 이 블록이 실행되는 경우는
'골대'에 축구공이 닿는 경우이기 때문에 빈칸 다에는 〈골대(앞) ▾ 에 닿았는가?〉 블록이 들어가야 합니다.

정답 **가: ②, 나: ③, 다: ①**
또는 가: ③, 나: ②, 다: ①

063 엔트리런 게임

난이도★★

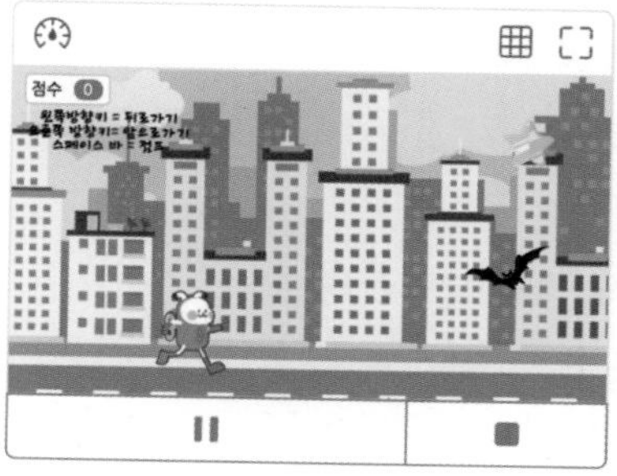

다음 게임은 0.5~1.5초 간격으로 별이 계속 만들어지고, 엔트리가 별에 닿으면 점수가 올라간 후 별이 사라집니다. 그리고, 박쥐 오브젝트에 닿으면 게임이 종료되는데요. 이 규칙에 따라 코드가 실행되도록 빈칸에 들어갈 블록을 채우세요.

별
오브젝트

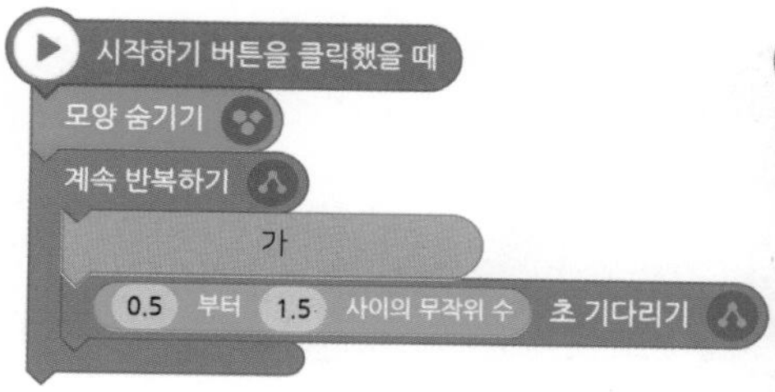

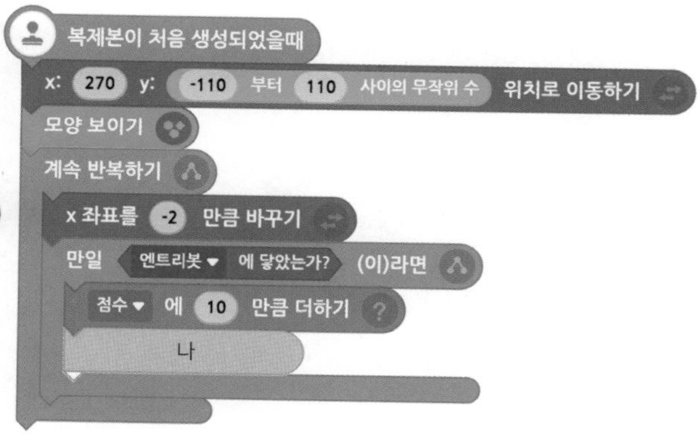

박쥐
오브젝트

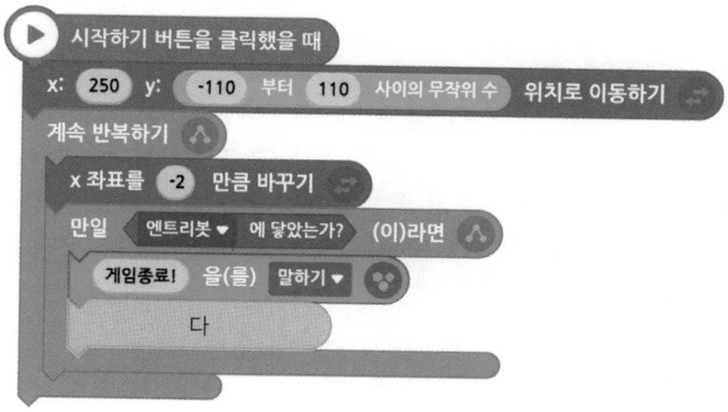

힌트 : '가'와 '나'는 복제하기와 관련이 있고, '다'는 게임 종료를 위한 블록입니다.
엔트리 블록이 궁금하다면 231쪽을 참고하세요.

문제 해결 길잡이

아래의 게임 동작 설명을 읽고 필요한 블록을 찾아보겠습니다.

> 0.5~1.5초 간격으로 별이 계속 만들어집니다. 엔트리가 별에 닿으면 점수가 올라가고 별이 사라집니다. 그리고, 박쥐에 닿으면 게임이 종료됩니다.

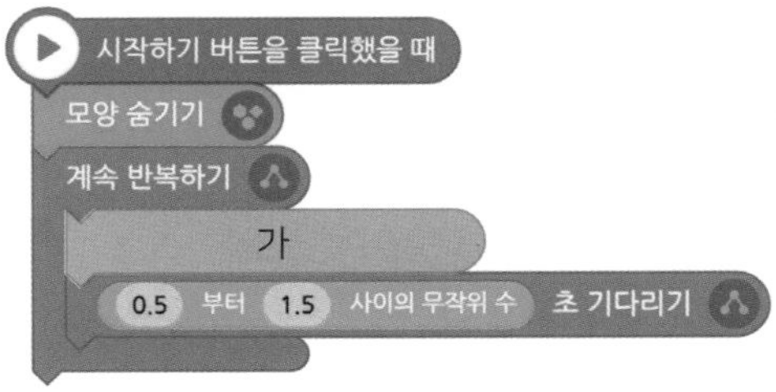

게임에 관한 설명에서 "별이 0.5~1.5 초 간격으로 계속 만들어집니다"라는 내용이 있네요. 동일한 별을 만들기 위해서는 [자신▼ 의 복제본 만들기] 블록을 사용하면 됩니다.

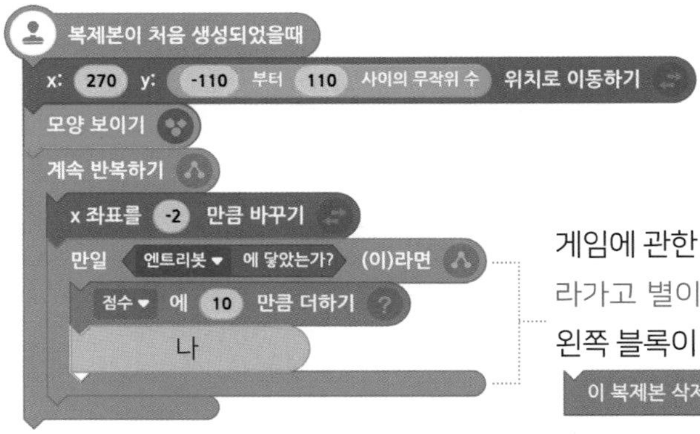

게임에 관한 설명에서 "엔트리가 별에 닿으면 점수가 올라가고 별이 사라집니다."라는 내용이 있는 것을 보니 왼쪽 블록이 관련이 있습니다. 별이 사라지게 만들려면, [이 복제본 삭제하기] 블록이 필요하답니다.

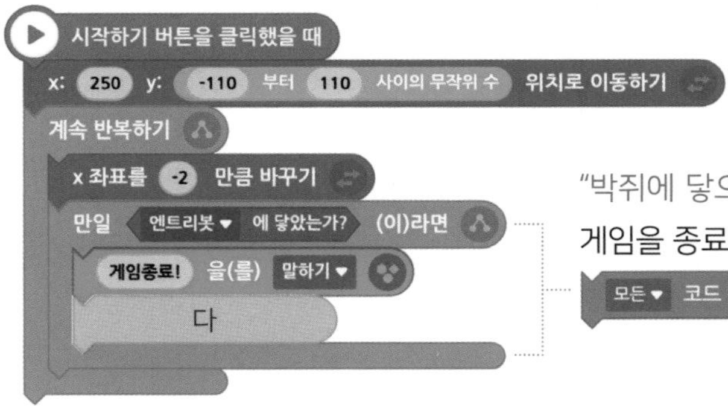

"박쥐에 닿으면 게임이 종료됩니다"라는 내용을 보니, 게임을 종료하기 위한 블록이 필요하겠군요. 이를 위해 [모든▼ 코드 멈추기] 블록을 추가해야 한답니다.

정답 가: [자신▼ 의 복제본 만들기] 나: [이 복제본 삭제하기] 다: [모든▼ 코드 멈추기]

064 그림판 만들기

난이도★★

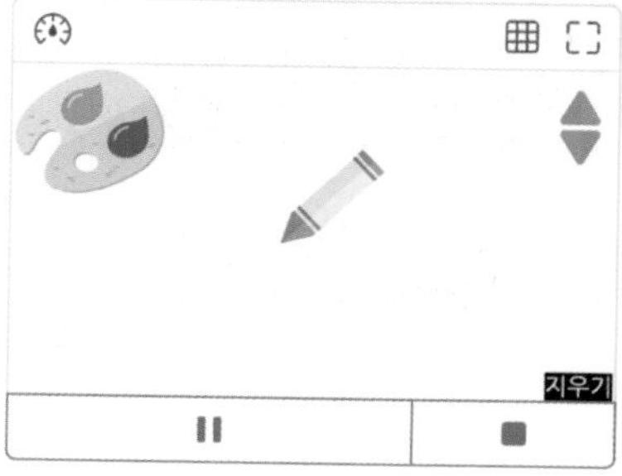

그림판 만들기 프로그램의 기능을 다음과 같이 실행했다면 블록의 실행 순서에 따라 빈칸을 작성하세요.

· 1단계: 파란색 물감 을 선택한다.

· 2단계: 위쪽 화살표 를 클릭한다.

· 3단계: 마우스를 클릭해 자유롭게 그림을 그린 후 마우스 클릭을 해제한다.

· 4단계: 지우기 버튼 지우기을 클릭한다.

블록 실행 순서: 21, 22, 9, 10, ( ), ( ), ( ), ( ), ( ), 1, 2, 3, 4, ( ), ( ), 15, 16

연필 오브젝트

1 마우스를 클릭했을 때
2 그리기 시작하기

3 마우스 클릭을 해제했을 때
4 그리기 멈추기

5 얇게▾ 신호를 받았을 때
6 붓의 굵기를 -1 만큼 바꾸기

7 굵게▾ 신호를 받았을 때
8 붓의 굵기를 1 만큼 바꾸기

9 파란색▾ 신호를 받았을 때
10 크레파스_파랑▾ 모양으로 바꾸기
11 붓의 색을 ■ (으)로 정하기

12 빨간색▾ 신호를 받았을 때
13 크레파스_빨강▾ 모양으로 바꾸기
14 붓의 색을 □ (으)로 정하기

15 지우기▾ 신호를 받았을 때
16 모든 붓 지우기

굵게 오브젝트

17 오브젝트를 클릭했을 때
18 굵게▾ 신호 보내기

지우기

지우기 오브젝트

19 오브젝트를 클릭했을 때
20 지우기▾ 신호 보내기

파란색 오브젝트

21 오브젝트를 클릭했을 때
22 파란색▾ 신호 보내기

문제 해결 길잡이

1단계: 파란색 물감을 선택한다.

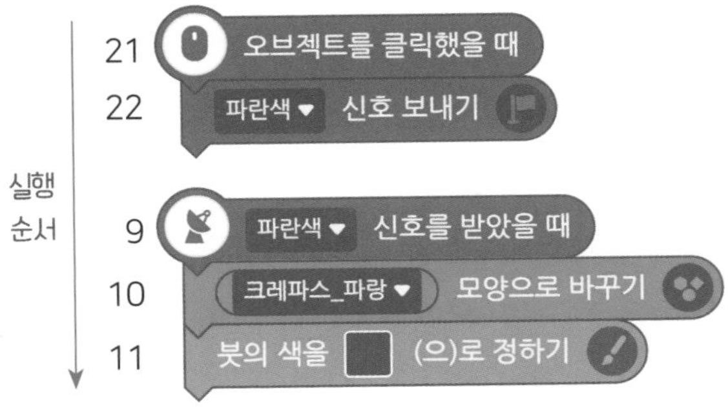
실행 순서
21 오브젝트를 클릭했을 때
22 파란색 신호 보내기
9 파란색 신호를 받았을 때
10 크레파스_파랑 모양으로 바꾸기
11 붓의 색을 (으)로 정하기

2단계: 위쪽 화살표를 클릭한다.

실행 순서
17 오브젝트를 클릭했을 때
18 굵게 신호 보내기
7 굵게 신호를 받았을 때
8 붓의 굵기를 1 만큼 바꾸기

1단계 22번에서 '파란색 신호 보내기'를 실행하면, 9번 신호를 받는 블록이 실행됩니다. 2단계의 '굵게 신호 보내기'도 마찬가지로 18번이 실행되면 7번이 실행됩니다.

3단계: 자유롭게 그림을 그린 후 마우스 클릭을 해제한다.

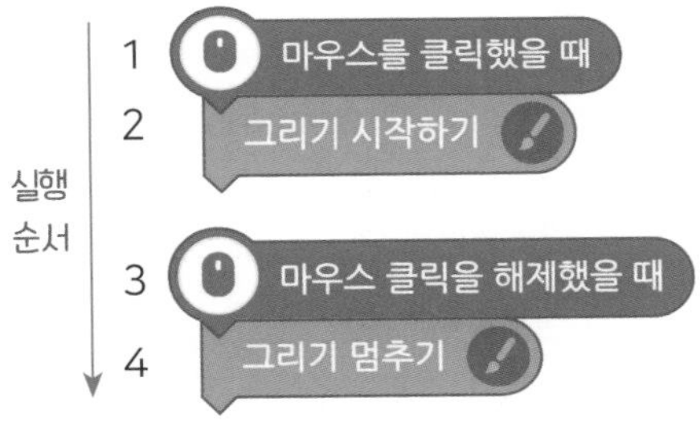
실행 순서
1 마우스를 클릭했을 때
2 그리기 시작하기
3 마우스 클릭을 해제했을 때
4 그리기 멈추기

4단계: 지우기 버튼을 클릭한다.

실행 순서
19 오브젝트를 클릭했을 때
20 지우기 신호 보내기
15 지우기 신호를 받았을 때
16 모든 붓 지우기

정답 21, 22, 9, 10, 11, 17, 18, 7, 8, 1, 2, 3, 4, 19, 20, 15, 16

학부모 길잡이

코드의 실행 흐름을 이해하는 것이 곧 문제 해결 방법을 배우는 과정입니다. 그래야 머릿속에서 생각하는 것을 코드로 작성할 수 있는 능력도 생기고 오류가 발생한 위치를 추적할 수 있는 디버깅 능력도 키워지게 된답니다.

065 미디어 아트(1)

난이도★

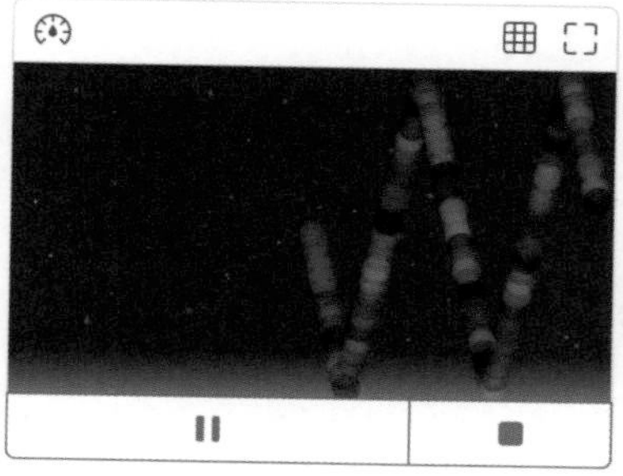

코딩을 통해 미디어 아트를 만들었습니다. 코드를 보니 공이 움직이면서 색과 투명도가 바뀌고, 화면 끝에 닿으면 공이 튕기도록 되어 있습니다. 실행화면을 멋지게 디자인하는 아래 코드에서 무작위 수로 결정되는 것을 보기에서 모두 고르세요.

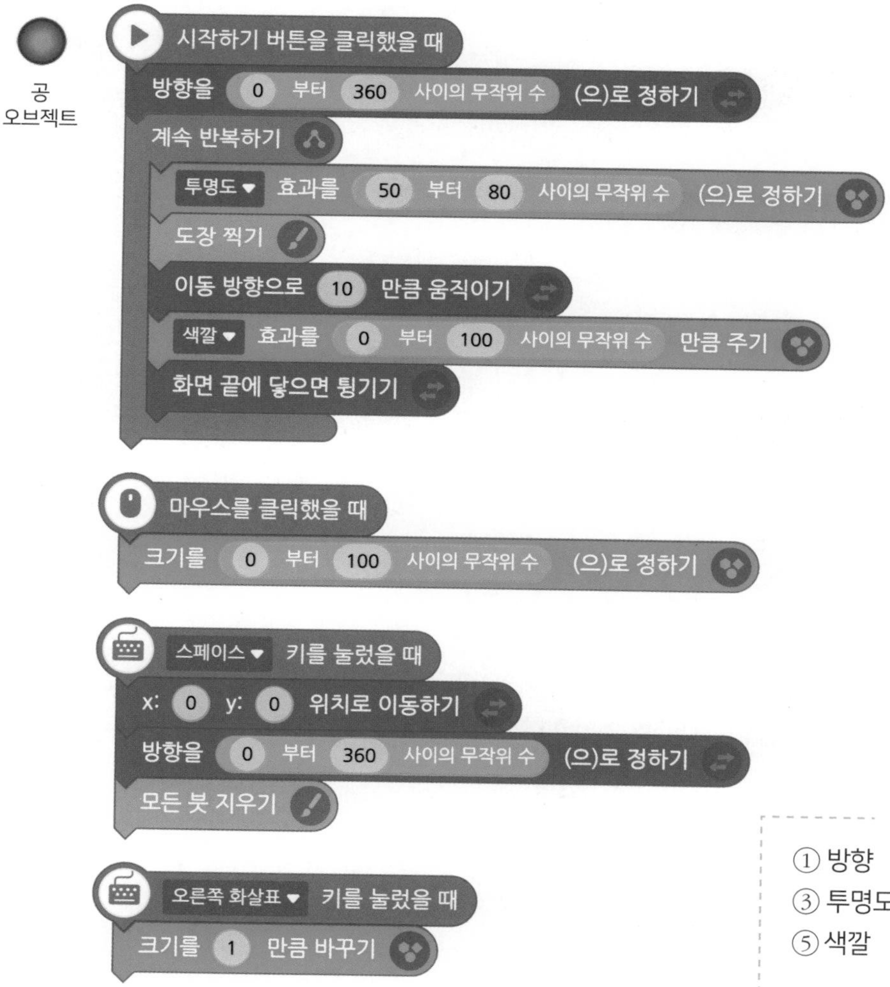
공
오브젝트
시작하기 버튼을 클릭했을 때
방향을 0 부터 360 사이의 무작위 수 (으)로 정하기
계속 반복하기
투명도 ▾ 효과를 50 부터 80 사이의 무작위 수 (으)로 정하기
도장 찍기
이동 방향으로 10 만큼 움직이기
색깔 ▾ 효과를 0 부터 100 사이의 무작위 수 만큼 주기
화면 끝에 닿으면 튕기기
마우스를 클릭했을 때
크기를 0 부터 100 사이의 무작위 수 (으)로 정하기
스페이스 ▾ 키를 눌렀을 때
x: 0 y: 0 위치로 이동하기
방향을 0 부터 360 사이의 무작위 수 (으)로 정하기
모든 붓 지우기
오른쪽 화살표 ▾ 키를 눌렀을 때
크기를 1 만큼 바꾸기

보기

① 방향 ② 크기
③ 투명도 ④ 밝기
⑤ 색깔

문제 해결 길잡이

무작위 수로 결정되는 것을 찾기 위해서는 (0 부터 10 사이의 무작위 수)가 포함되어 있는 블록을 찾으면 되는데요. 아래 코드를 보니, 방향, 투명도, 색깔, 크기가 무작위 수로 정해집니다.

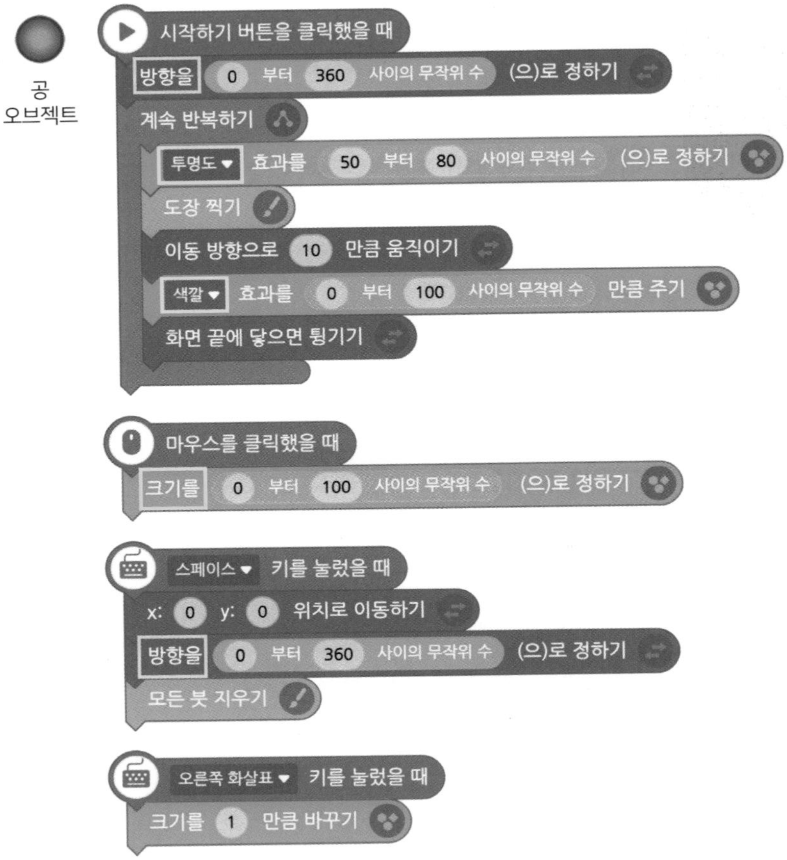

공
오브젝트
시작하기 버튼을 클릭했을 때
방향을 0 부터 360 사이의 무작위 수 (으)로 정하기
계속 반복하기
투명도 효과를 50 부터 80 사이의 무작위 수 (으)로 정하기
도장 찍기
이동 방향으로 10 만큼 움직이기
색깔 효과를 0 부터 100 사이의 무작위 수 만큼 주기
화면 끝에 닿으면 튕기기
마우스를 클릭했을 때
크기를 0 부터 100 사이의 무작위 수 (으)로 정하기
스페이스 키를 눌렀을 때
x: 0 y: 0 위치로 이동하기
방향을 0 부터 360 사이의 무작위 수 (으)로 정하기
모든 붓 지우기
오른쪽 화살표 키를 눌렀을 때
크기를 1 만큼 바꾸기

정답 ①, ②, ③, ⑤

개념 다지기

(0 부터 10 사이의 무작위 수)는 1~10에서 하나의 숫자가 정해집니다.

(0 부터 360 사이의 무작위 수)는 0~360에서 하나의 숫자가 정해집니다.

학부모 길잡이

'무작위 수'를 '랜덤 값'이라고 부릅니다. 랜덤(random)은 '무작위'라는 의미입니다.

066 미디어 아트(2)

난이도★

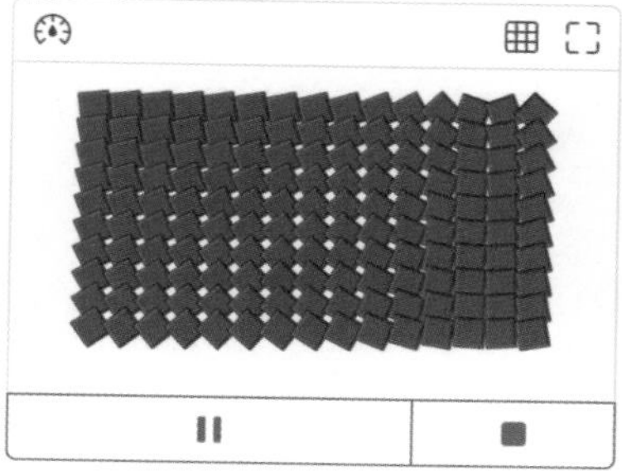

코딩을 통해 왼쪽 그림과 같이 상자 모양의 멋진 작품을 만들 수 있습니다. 아래 코드를 실행하면 ①번 '자신의 복제본 만들기' 블록이 몇 번 실행되는지 작성하세요.

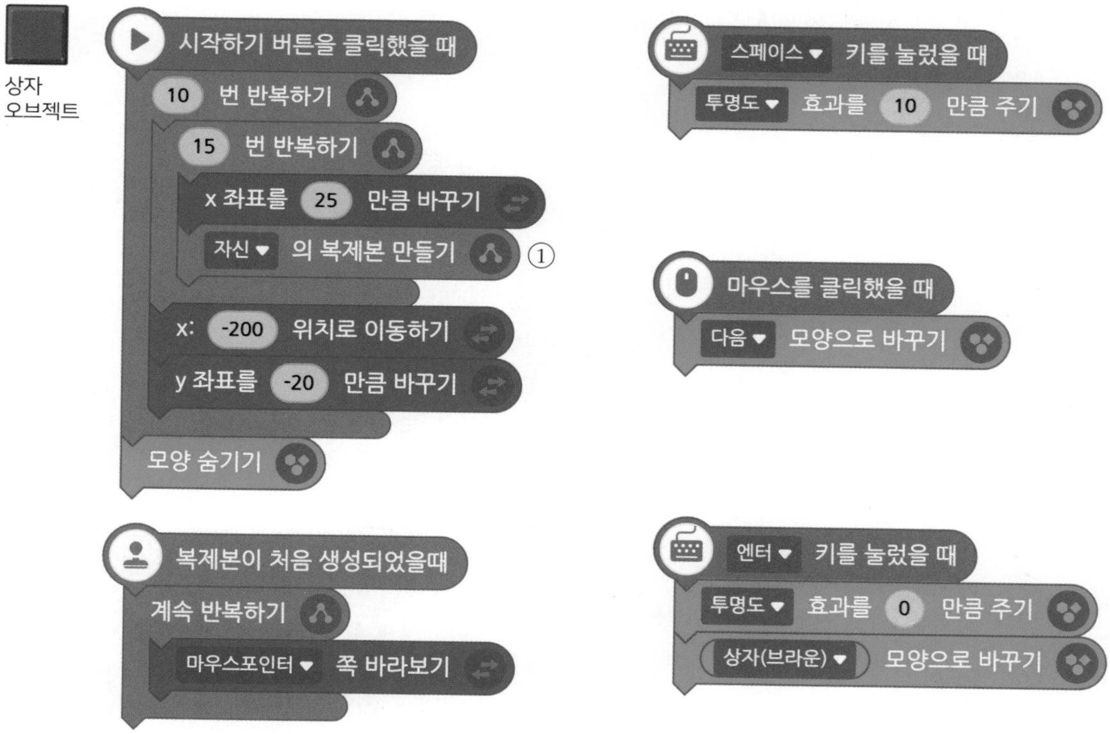
상자
오브젝트
시작하기 버튼을 클릭했을 때
10 번 반복하기
15 번 반복하기
x 좌표를 25 만큼 바꾸기
자신 의 복제본 만들기 ①
x: -200 위치로 이동하기
y 좌표를 -20 만큼 바꾸기
모양 숨기기
복제본이 처음 생성되었을때
계속 반복하기
마우스포인터 쪽 바라보기
스페이스 키를 눌렀을 때
투명도 효과를 10 만큼 주기
마우스를 클릭했을 때
다음 모양으로 바꾸기
엔터 키를 눌렀을 때
투명도 효과를 0 만큼 주기
상자(브라운) 모양으로 바꾸기

힌트 : ① 블록의 실행횟수는 반복하게 블록과 관련이 있습니다.

문제 해결 길잡이

상자가 [자신▼ 의 복제본 만들기] 를 통해 복제됩니다. '10번 반복하기' 블록 안에 '15번 반복하기' 블록이 있으므로 '자신의 복제본 만들기' 블록은 150번 반복됩니다.

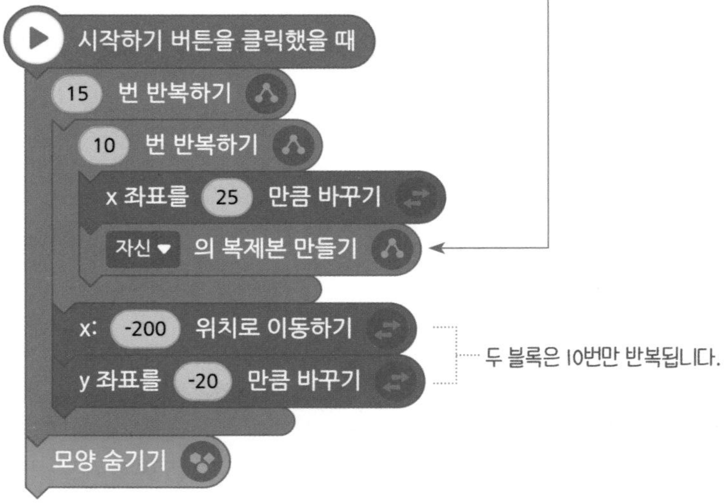
시작하기 버튼을 클릭했을 때
15 번 반복하기
10 번 반복하기
x 좌표를 25 만큼 바꾸기
자신▼ 의 복제본 만들기
x: -200 위치로 이동하기
y 좌표를 -20 만큼 바꾸기
모양 숨기기
두 블록은 10번만 반복됩니다.

정답 150번

이렇게도 생각해보기

만약, 반복하기를 오른쪽과 같이 15번 반복하기 안에 10번 반복하기 블록을 둔다면, ①번 블록의 x좌표를 어떻게 바꿔야 할까요? 엔트리에서 코드를 작성해보고 답을 찾아보세요.

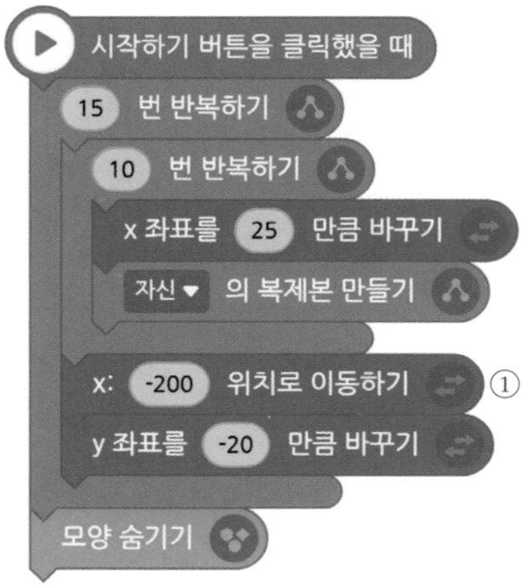
시작하기 버튼을 클릭했을 때
15 번 반복하기
10 번 반복하기
x 좌표를 25 만큼 바꾸기
자신▼ 의 복제본 만들기
x: -200 위치로 이동하기 ①
y 좌표를 -20 만큼 바꾸기
모양 숨기기

067 음악 플레이어

난이도★

연주 중 0
노래 번호 1

다음은 음악 플레이어의 코드 일부입니다. 다음 코드를 보니 '연주중' 변수를 0과 1로 정하고 있는데요. 어떤 목적으로 변수가 사용되고 있는지 설명하세요.

재생
오브젝트

오브젝트를 클릭했을 때
만일 연주 중 값 = 0 (이)라면
연주 중 를 1 (으)로 정하기
소리 노래 번호 값 재생하기
플레이어 버튼(2)_정지 모양으로 바꾸기
아니면
연주 중 를 0 (으)로 정하기
모든 소리 멈추기
플레이어 버튼(2)_재생 모양으로 바꾸기

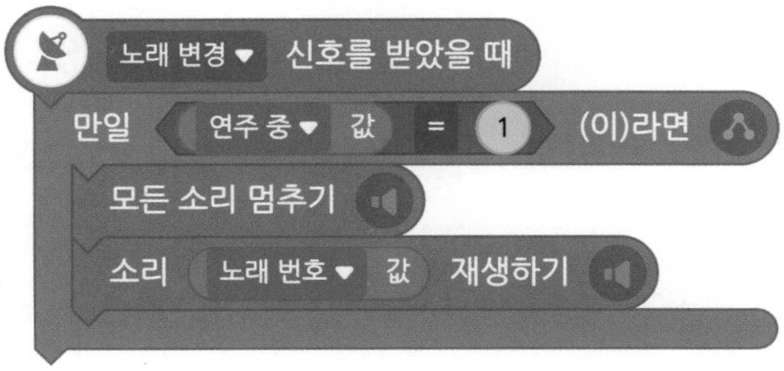
노래 변경 신호를 받았을 때
만일 연주 중 값 = 1 (이)라면
모든 소리 멈추기
소리 노래 번호 값 재생하기

문제 해결 길잡이

코드를 이해하면 어떤 목적으로 '연주중' 변수가 사용되었는지 알 수 있습니다.

오브젝트를 클릭했을 때
만일 연주 중 값 = 0 (이)라면
연주 중 를 1 (으)로 정하기
소리 노래 번호 값 재생하기
플레이어 버튼(2)_정지 모양으로 바꾸기
아니면
연주 중 를 0 (으)로 정하기
모든 소리 멈추기
플레이어 버튼(2)_재생 모양으로 바꾸기

'연주중' 값이 0이라면,
노래를 재생해줍니다.
0은 정지 상태임을 알려줍니다.

'연주중' 값이 0이 아니라는 것은
1이 들어 있다는 의미인데요.
'연주중' 값이 1이라면, 모든 소리를 멈춥니다.
아하! 1은 음악이 재생되고 있다는
표시로 사용되었네요.

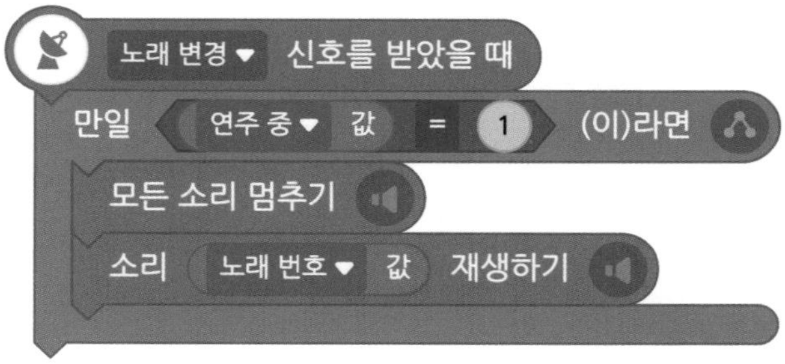
노래 변경 신호를 받았을 때
만일 연주 중 값 = 1 (이)라면
모든 소리 멈추기
소리 노래 번호 값 재생하기

노래 변경 신호를 받을 때 '연주중'이
1이라면 모든 소리를 멈춥니다.
음악이 재생중이어서 소리를
멈추는 것 같군요.
즉, 1은 음악이 재생되고 있다는
의미로 사용되었습니다.

정답 **'연주중' 변수는 음악이 재생되고 있는지를 표시하기 위해 사용되고 있습니다. 0은 음악이 재생되지 않은 상태를 의미하고, 1은 재생되고 있는 상태를 의미합니다.**

정리하기

'연주중' 값이 0이라면 음악재생이 멈춰 있다는 의미입니다. 따라서 ▶ 모양을 클릭하면 음악이 재생됩니다. '연주중'값이 1이라면 음악이 재생중이라는 의미이므로, ■ 모양을 클릭하면 음악재생이 멈춥니다.

068 계이름 맞히기

난이도★

다음은 계이름 맞추기 프로그램입니다. 아래표는 각 블록에 대한 의미를 작성한 내용인데요. 블록에 맞게 빈칸을 채워보세요.

선생님
오브젝트

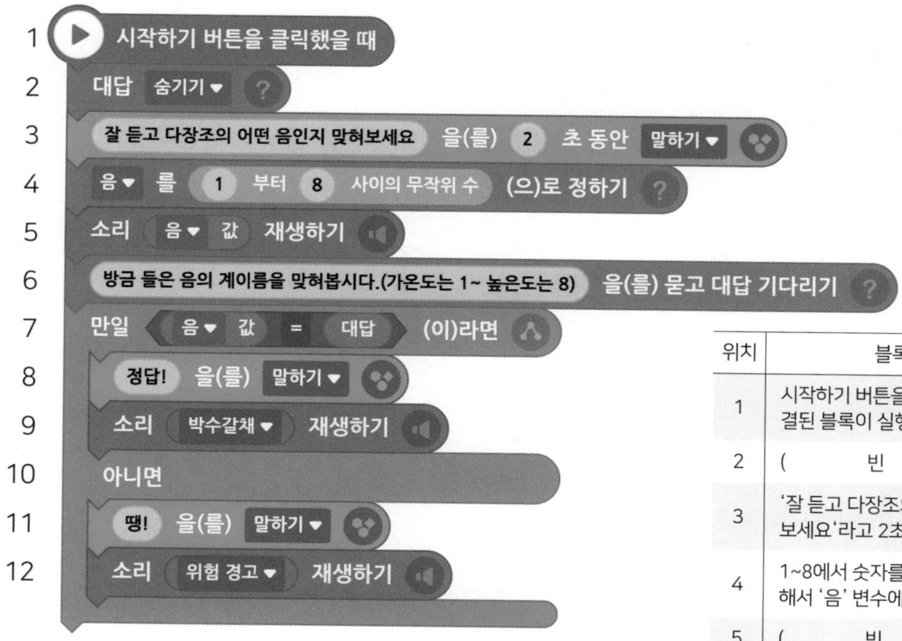

블록의 의미를
작성해보세요.

위치	블록의 의미
1	시작하기 버튼을 클릭했을 때 아래 연결된 블록이 실행됩니다.
2	(빈 칸)
3	'잘 듣고 다장조의 어떤 음인지 맞혀보세요'라고 2초 동안 말합니다.
4	1~8에서 숫자를 무작위로 하나 선택해서 '음' 변수에 넣습니다.
5	(빈 칸)
6	(빈 칸)
7	만일 대답한 숫자와 '음' 변수와 동일하다면
8	'정답'이라고 말합니다.
9	박수갈채 소리를 냅니다.
10	(빈 칸)
11	(빈 칸)
12	(빈 칸)

문제 해결 길잡이

```
1  시작하기 버튼을 클릭했을 때
2    대답 숨기기▾
3    잘 듣고 다장조의 어떤 음인지 맞혀보세요 을(를) 2 초 동안 말하기▾
4    음▾ 를 1 부터 8 사이의 무작위 수 (으)로 정하기
5    소리 (음▾ 값) 재생하기
6    방금 들은 음의 계이름을 맞혀봅시다.(가온도는 1~ 높은도는 8) 을(를) 묻고 대답 기다리기
7    만일 <(음▾ 값) = (대답)> (이)라면
8      정답! 을(를) 말하기▾
9      소리 (박수갈채▾) 재생하기
10   아니면
11     땡! 을(를) 말하기▾
12     소리 (위험 경고▾) 재생하기
```

정답

위치	블록의 의미
1	시작하기 버튼을 클릭했을 때 아래 연결된 블록이 실행됩니다.
2	(선생님 오브젝트가 대답하는 내용을 화면에 표시하지 않습니다.)
3	'잘 듣고 다장조의 어떤 음인지 맞혀보세요'라고 2초 동안 말합니다.
4	1~8에서 숫자를 무작위로 하나 선택해서 '음' 변수에 넣습니다.
5	('음' 변수 값에 해당하는 음을 재생합니다. 예를 들어, '음' 변수 값이 1이면 '도' 음이 재생됩니다.)
6	('방금 들은 음의 계이름을 맞혀봅시다. (가온도는 1~높은도는 8)'이라고 말하고 대답을 기다립니다.)
7	만일 대답한 숫자와 '음' 변수와 동일하다면
8	'정답'이라고 말합니다.
9	박수 갈채 소리를 냅니다.
10	(만일 대답한 숫자와 '음' 변수와 동일하지 않다면)
11	('땡'이라고 말합니다.)
12	(위험 경고 소리를 냅니다.)

069 주사위 던지기

난이도★★

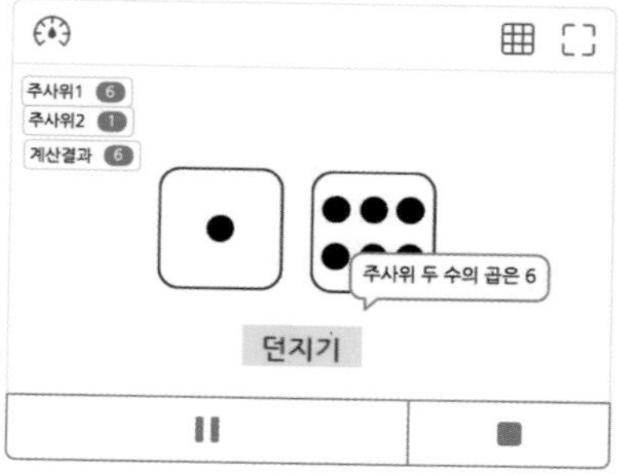

다음은 주사위 던지기 프로그램입니다. '던지기'를 마우스로 클릭하면 2개의 주사위를 던지고, 주사위의 두 수를 곱해줍니다. 그리고 계산 결과를 말해주는데요. 이 설명에 따라 코드가 실행되도록 빈칸을 채워보세요.

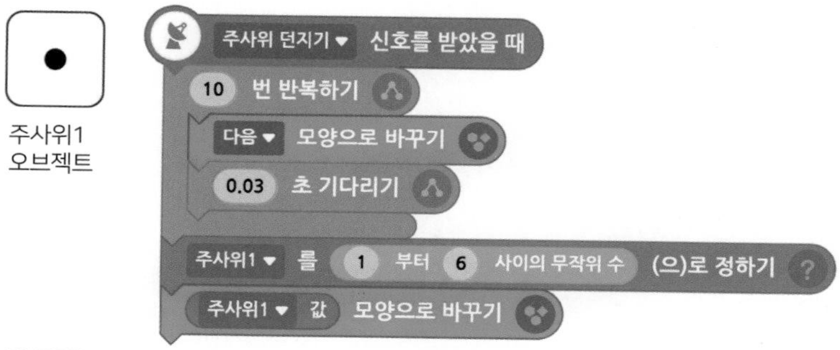

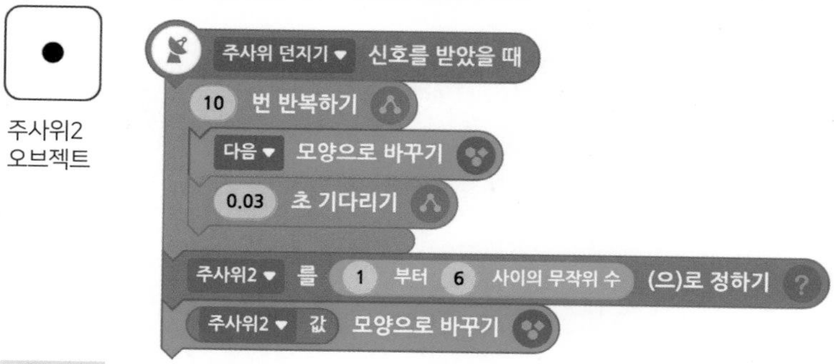

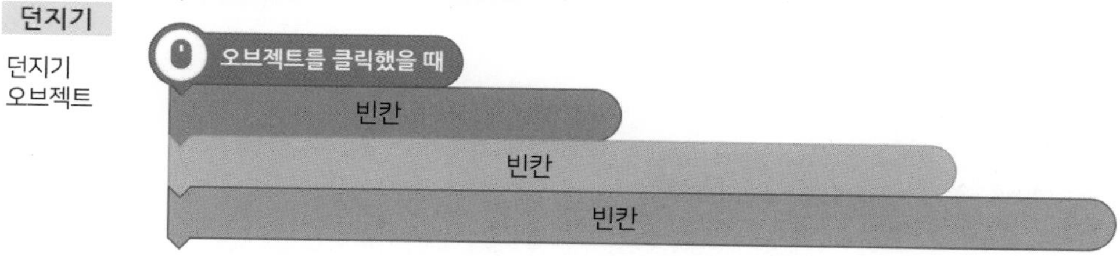

힌트 : 주사위 던지기 신호를 받았을 때 가 있으므로 신호를 보내는 블록이 있어야 합니다.

문제 해결 길잡이

프로그램이 어떻게 동작해야 하는지 머릿속으로 생각하며 문제를 해결해봅시다.

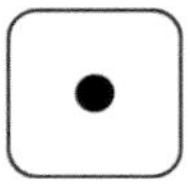

주사위1
오브젝트

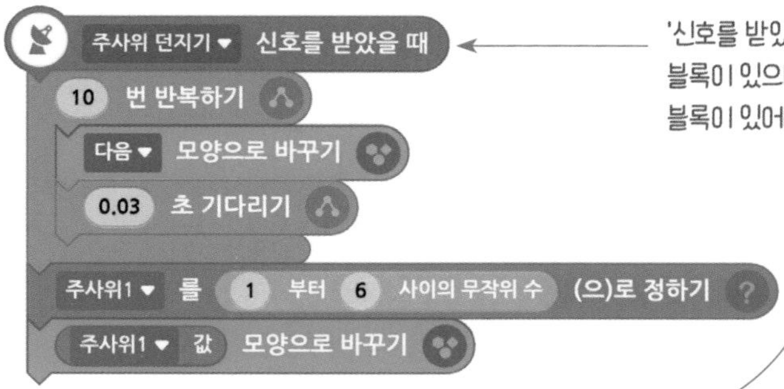

주사위 던지기 ▾ 신호를 받았을 때
10 번 반복하기
다음 ▾ 모양으로 바꾸기
0.03 초 기다리기
주사위1 ▾ 를 1 부터 6 사이의 무작위 수 (으)로 정하기
주사위1 ▾ 값 모양으로 바꾸기

'신호를 받았을 때'
블록이 있으니 신호를 보내는
블록이 있어야 합니다.

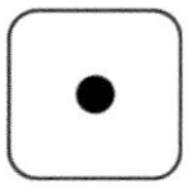

주사위2
오브젝트

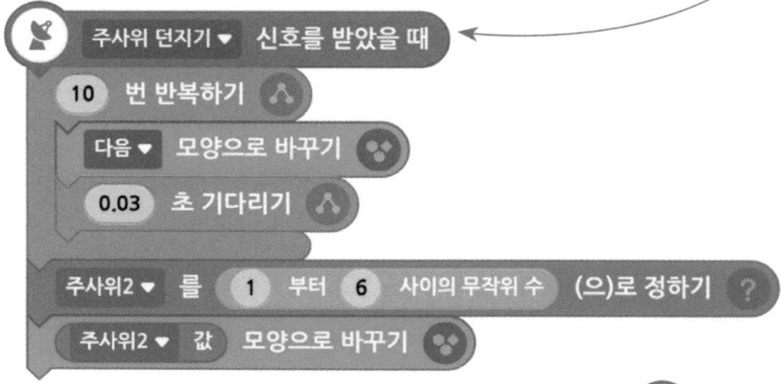

주사위 던지기 ▾ 신호를 받았을 때
10 번 반복하기
다음 ▾ 모양으로 바꾸기
0.03 초 기다리기
주사위2 ▾ 를 1 부터 6 사이의 무작위 수 (으)로 정하기
주사위2 ▾ 값 모양으로 바꾸기

던지기

던지기
오브젝트

오브젝트를 클릭했을 때
주사위 던지기 ▾ 신호 보내고 기다리기
계산결과 ▾ 를 (주사위1 ▾ 값 x 주사위2 ▾ 값) (으)로 정하기
주사위 두 수의 곱은 과(와) 계산결과 ▾ 값 를 합치기 을(를) 4 초 동안 말하기 ▾

주사위 던지기 ▾ 신호를 받았을 때

와 대응되도록
신호를 보내는 블록이 있어야 합니다.

두 수를 곱해주고 계산 결과를 말해주는 블록을 추가합니다.

정답

오브젝트를 클릭했을 때
주사위 던지기 ▾ 신호 보내고 기다리기
계산결과 ▾ 를 (주사위1 ▾ 값 x 주사위2 ▾ 값) (으)로 정하기
주사위 두 수의 곱은 과(와) 계산결과 ▾ 값 를 합치기 을(를) 4 초 동안 말하기 ▾

070 약수 구하기

난이도★

자~! 약수를 살펴봐!
약수
1 1
2 2
3 5
4 10

다음은 약수를 구하는 프로그램입니다. 시작하기 버튼을 클릭하면 '입력한 숫자의 약수를 구해줄게! 아무 자연수나 입력해봐'라고 말하고 입력상자가 나타납니다. 이 입력상자에 10을 작성하면 '입력한 값' 변수에 10이 들어가게 되는데요. 이때 변수에 10이 들어 있다면, '약수' 리스트에 들어갈 숫자가 무엇인지 작성하세요.

남자 선생님 오브젝트

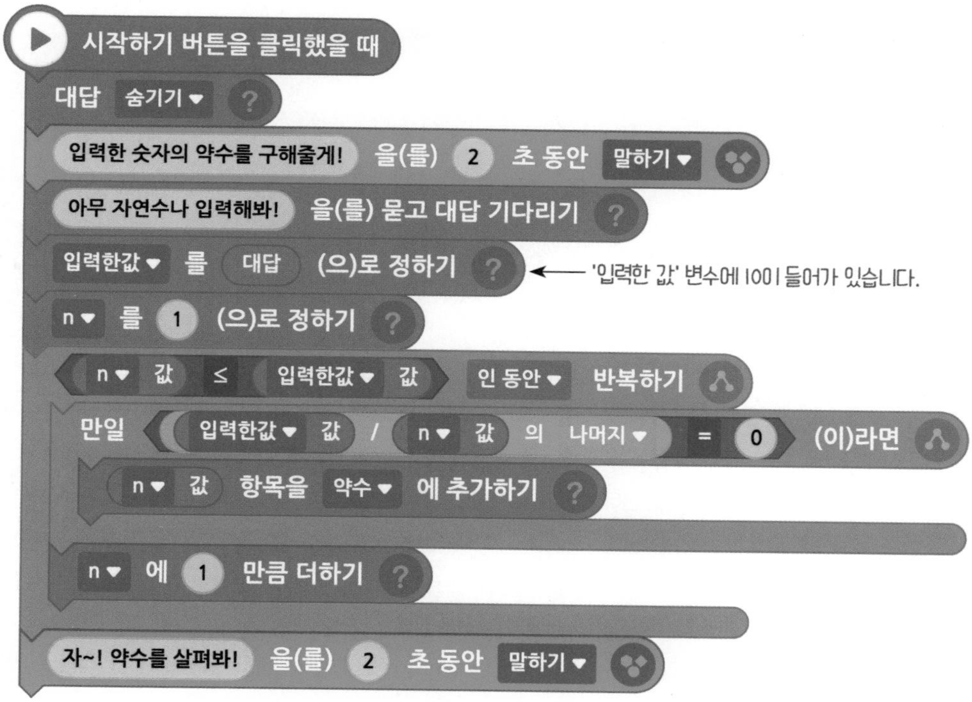
시작하기 버튼을 클릭했을 때
대답 숨기기
입력한 숫자의 약수를 구해줄게! 을(를) 2 초 동안 말하기
아무 자연수나 입력해봐! 을(를) 묻고 대답 기다리기
입력한값 를 대답 (으)로 정하기
n 를 1 (으)로 정하기
n 값 ≤ 입력한값 값 인 동안 반복하기
만일 입력한값 값 / n 값 의 나머지 = 0 (이)라면
n 값 항목을 약수 에 추가하기
n 에 1 만큼 더하기
자~! 약수를 살펴봐! 을(를) 2 초 동안 말하기

← '입력한 값' 변수에 10이 들어가 있습니다.

힌트 : 약수란 어떤 수를 나누어 떨어지게 하는 수를 말합니다. ≤는 =와 <를 합쳐놓은 표시입니다.

문제 해결 길잡이

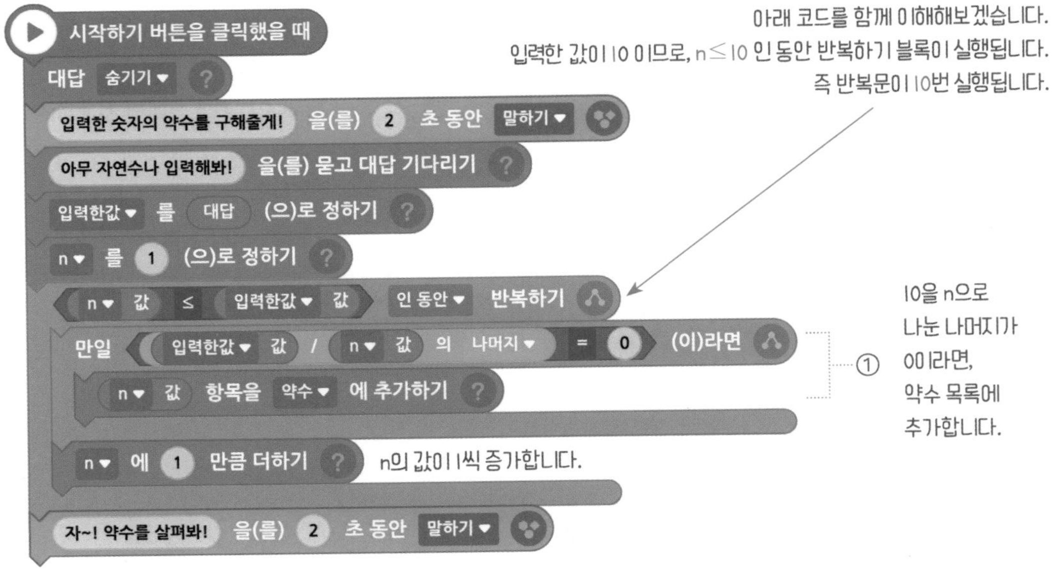
시작하기 버튼을 클릭했을 때
대답 숨기기
입력한 숫자의 약수를 구해줄게! 을(를) 2 초 동안 말하기
아무 자연수나 입력해봐! 을(를) 묻고 대답 기다리기
입력한값 를 대답 (으)로 정하기
n 를 1 (으)로 정하기
n 값 ≤ 입력한값 값 인 동안 반복하기
만일 입력한값 값 / n 값 의 나머지 = 0 (이)라면
n 값 항목을 약수 에 추가하기
n 에 1 만큼 더하기
n의 값이 1씩 증가합니다.
자~! 약수를 살펴봐! 을(를) 2 초 동안 말하기
아래 코드를 함께 이해해보겠습니다.
입력한 값이 10 이므로, n ≤ 10 인 동안 반복하기 블록이 실행됩니다.
즉 반복문이 10번 실행됩니다.
①
10을 n으로 나눈 나머지가 0이라면, 약수 목록에 추가합니다.

반복하기 안에 있는 ①번 블록이 단계별로 어떻게 실행되는지 살펴봅시다.

10을 n으로 나눠서 나머지가 0이면 약수 목록에 추가해줍니다.
- n이 1이면 나머지가 0이 됩니다. '만일...이라면'이 참이네요. 약수 목록에 추가!
- n이 2이면 나머지가 0이 됩니다. '만일...이라면'이 참이네요. 약수 목록에 추가!
- n이 3이면 나머지가 1이 됩니다. '만일...이라면'이 거짓이네요. ①블록이 실행되지 않습니다.
- n이 4이면 나머지가 2이 됩니다. '만일...이라면'이 거짓이네요. ①블록이 실행되지 않습니다.
- n이 5이면 나머지가 0이 됩니다. '만일...이라면'이 참이네요. 약수 목록에 추가!
- n이 6이면 나머지가 4이 됩니다. '만일...이라면'이 거짓이네요. ①블록이 실행되지 않습니다.
- n이 7이면 나머지가 3이 됩니다. '만일...이라면'이 거짓이네요. ①블록이 실행되지 않습니다.
- n이 8이면 나머지가 2이 됩니다. '만일...이라면'이 거짓이네요. ①블록이 실행되지 않습니다.
- n이 9이면 나머지가 1이 됩니다. '만일...이라면'이 거짓이네요. ①블록이 실행되지 않습니다.
- n이 10이면 나머지가 0이 됩니다. '만일...이라면'이 참이네요. 약수 목록에 추가!

정답 1, 2, 5, 10

학부모 길잡이

코딩에서는 곱하기를 *로 표시하고 나누기를 /로 표시를 합니다.

071 좌우대칭 도형 그리기

난이도★

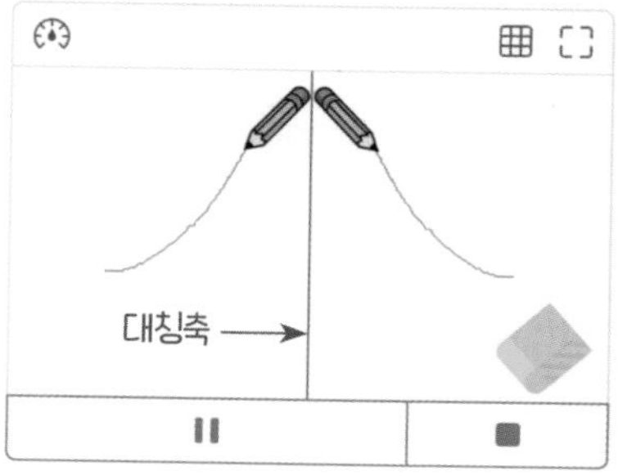
대칭축

다음은 좌우대칭 도형 그리기 프로그램입니다. 대칭축을 중심으로 왼편에서 연필로 도형을 그리면, 오른편에 동일한 도형이 그려지는데요. 좌우 대칭 그림을 그리기 위해 아래 코드에서 물음표에 들어가야 하는 연산자를 +, -, *, /에서 하나 고르세요.

연필
오브젝트

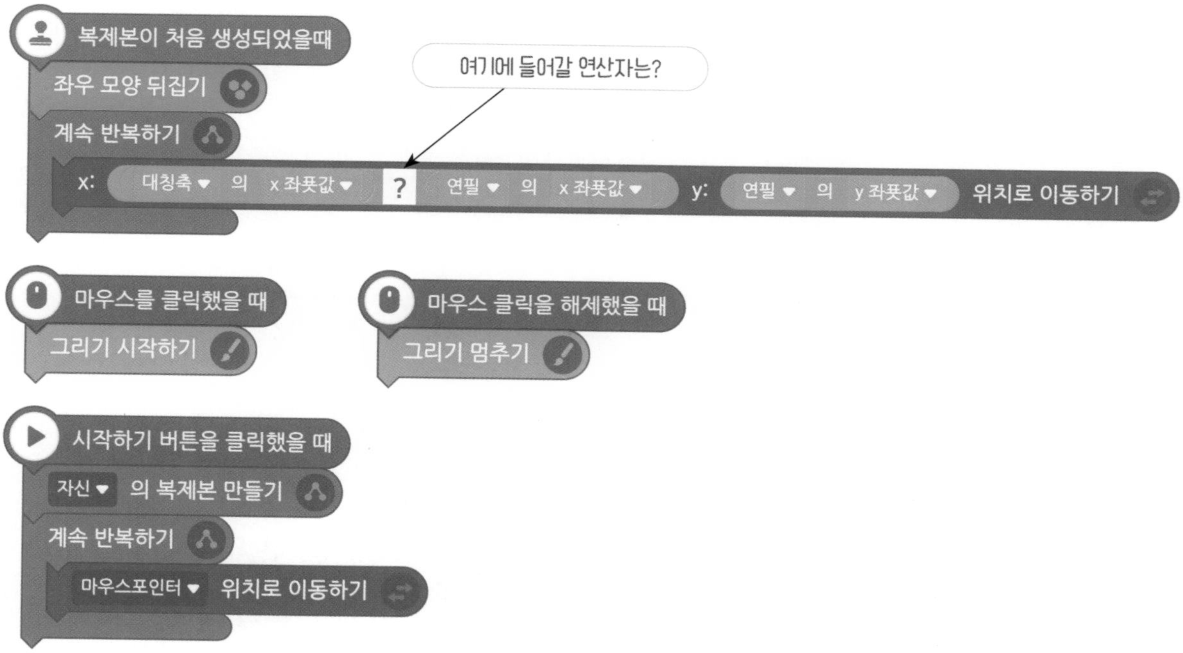
복제본이 처음 생성되었을때
좌우 모양 뒤집기
계속 반복하기
x: 대칭축 의 x 좌푯값 ? 연필 의 x 좌푯값 y: 연필 의 y 좌푯값 위치로 이동하기
여기에 들어갈 연산자는?
마우스를 클릭했을 때
그리기 시작하기
마우스 클릭을 해제했을 때
그리기 멈추기
시작하기 버튼을 클릭했을 때
자신 의 복제본 만들기
계속 반복하기
마우스포인터 위치로 이동하기

힌트 : 대칭축과 연필의 간격만큼 복제본 연필을 대칭축으로부터 떨어뜨려야 합니다.

문제 해결 길잡이

좌우 대칭 그림을 그리기 위해서는 '대칭축'과 연필 사이의 간격만큼 복제본 연필을 대칭축으로부터 떨어뜨려야 합니다. 그러므로 두 지점의 간격을 구하기 위해서는 - 연산자가 필요하답니다.

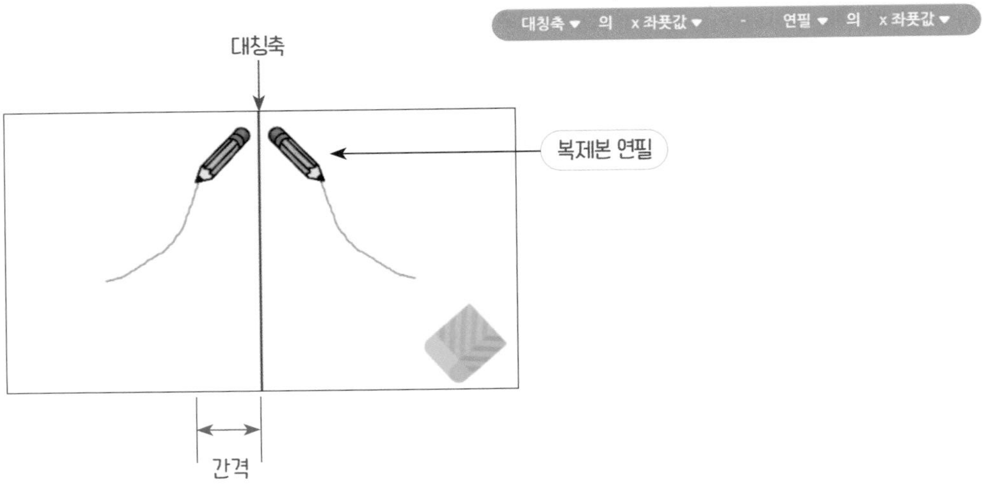

정답 - 연산자

실행화면의 좌표 이해하기

오른쪽(→)으로 갈수록 x축 좌표값이 커집니다.

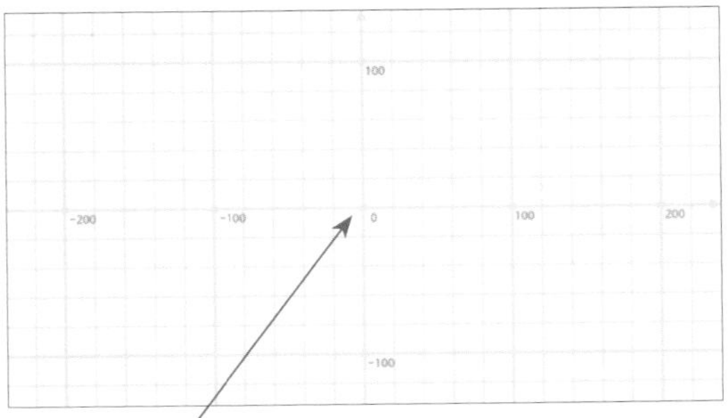

위쪽(↑)으로 갈수록 y축 좌표값이 커집니다.

모눈 종이에 보이는 것처럼, 정가운데의 좌표값은 (0,0)입니다.

072 중력 시뮬레이션

난이도★★

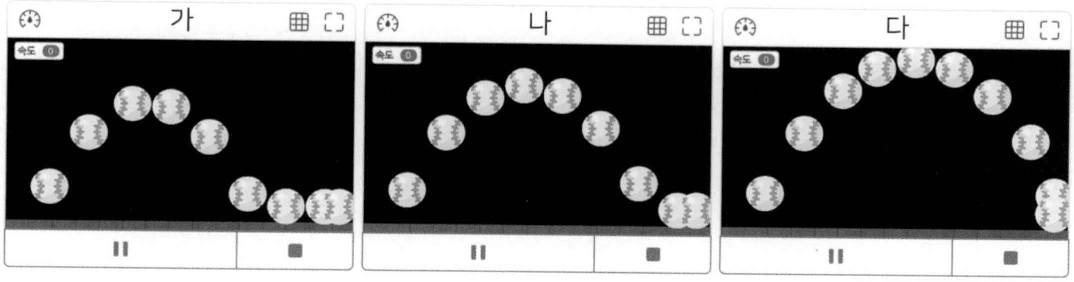
가
속도 0
나
속도 0
다
속도 0

다음은 중력 시뮬레이션을 위한 코드입니다. ①번에서 속도 변수에 -0.5만큼 더하면 '나'와 같은 포물선이 그려집니다. '가'와 '다' 포물선을 보고 아래 보기의 설명이 참 또는 거짓인지 판단하세요.

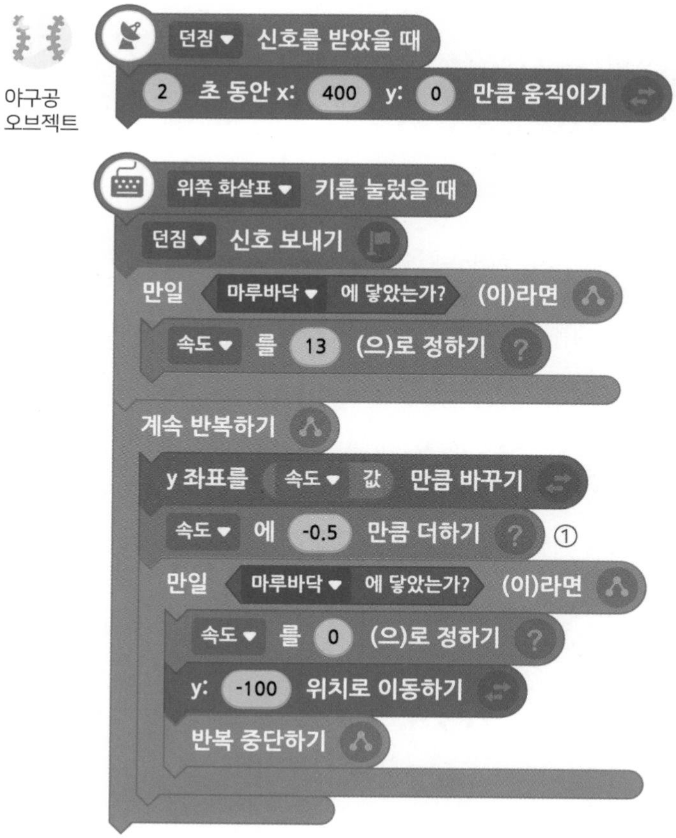
야구공 오브젝트
던짐 신호를 받았을 때
2 초 동안 x: 400 y: 0 만큼 움직이기
위쪽 화살표 키를 눌렀을 때
던짐 신호 보내기
만일 마루바닥 에 닿았는가? (이)라면
속도 를 13 (으)로 정하기
계속 반복하기
y 좌표를 속도 값 만큼 바꾸기
속도 에 -0.5 만큼 더하기 ①
만일 마루바닥 에 닿았는가? (이)라면
속도 를 0 (으)로 정하기
y: -100 위치로 이동하기
반복 중단하기

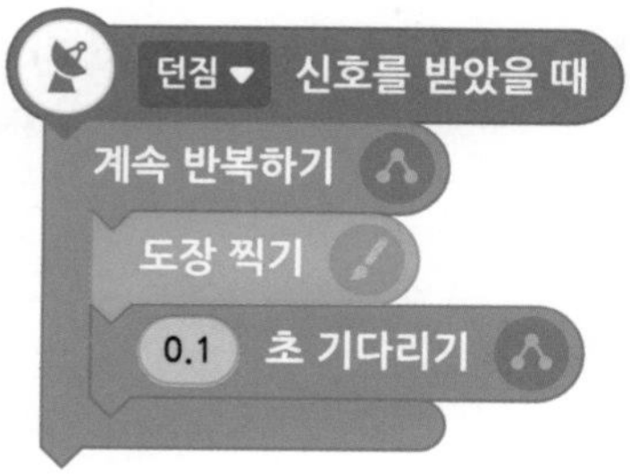
던짐 신호를 받았을 때
계속 반복하기
도장 찍기
0.1 초 기다리기

보기

- '가' 포물선이 그려지기 위해서는 속도에 -0.5보다 큰 값(예: -0.4)을 더해야 한다. (　　)
- '다' 포물선이 그려지기 위해서는 속도에 -0.5보다 작은 값(예: -0.6)을 더해야 한다. (　　)

문제 해결 길잡이

키보드의 위쪽 화살표 ↑를 누르면 공의 속도가 13으로 정해집니다. 그리고 0.5만큼 줄어드는데요. 만약, 줄어드는 폭이 크다면 공이 높이 올라가지 못하겠지요? 반대로 줄어드는 폭이 작다면 더 높게 올라갈 겁니다.

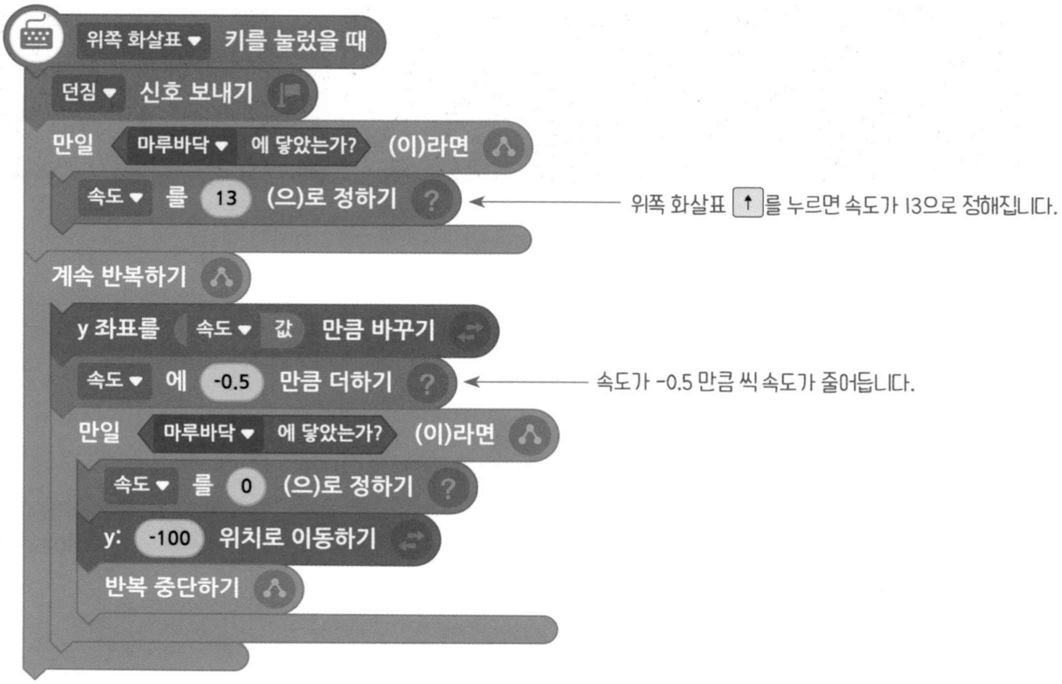
위쪽 화살표 키를 눌렀을 때
던짐 신호 보내기
만일 마루바닥 에 닿았는가? (이)라면
속도 를 13 (으)로 정하기
위쪽 화살표 ↑를 누르면 속도가 13으로 정해집니다.
계속 반복하기
y 좌표를 속도 값 만큼 바꾸기
속도 에 -0.5 만큼 더하기
속도가 -0.5 만큼 씩 속도가 줄어듭니다.
만일 마루바닥 에 닿았는가? (이)라면
속도 를 0 (으)로 정하기
y: -100 위치로 이동하기
반복 중단하기

'가' 포물선은 '나'보다 높이가 낮으므로, 줄어드는 폭이 '나'보다 크다는 의미입니다. 그러므로 -0.5보다 작은 값(예: -0.6)이 더해져야 합니다. '다' 포물선은 '나'보다 높이가 높으므로, 줄어드는 폭이 '나'보다 작다는 의미입니다. 그러므로 -0.5보다 큰 값(예: - 0.4)이 더해져야 합니다.

그럼 두 설명이 모두 거짓인 것을 알 수 있겠지요?

'가' 포물선이 그려지기 위해서는 속도에 -0.5보다 큰값(예:-0.4)을 더해야 한다. (거짓)
'다' 포물선이 그려지기 위해서는 속도에 -0.5보다 작은값(예: -0.6)을 더해야 한다. (거짓)

정답 **거짓, 거짓**

학부모 길잡이

시뮬레이션이란? 실제와 비슷하게 컴퓨터 프로그램으로 만들어놓은 모형을 말합니다.

073 자동문 시뮬레이션

난이도★

자동문

사람이 센서에 닿으면

자동문이 내려갑니다.

다음은 자동문 시뮬레이션을 위한 코드입니다. 다음 코드에서 사람이 센서에 닿았을 때 문이 열리도록 빈칸을 작성해보세요.

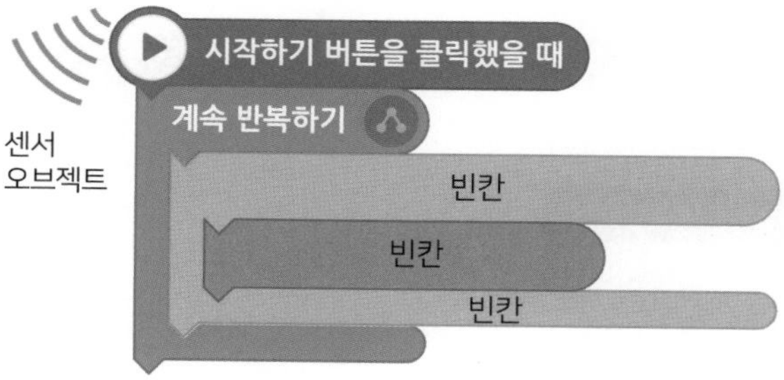
시작하기 버튼을 클릭했을 때
계속 반복하기
빈칸
빈칸
빈칸
센서
오브젝트

신호를 받는 블록이 있으므로
신호를 보내는 블록도 있어야 합니다.

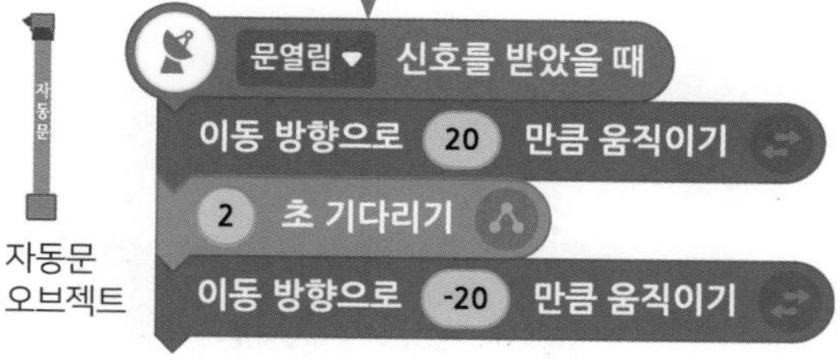
자동문
문열림 신호를 받았을 때
이동 방향으로 20 만큼 움직이기
2 초 기다리기
이동 방향으로 -20 만큼 움직이기
자동문
오브젝트

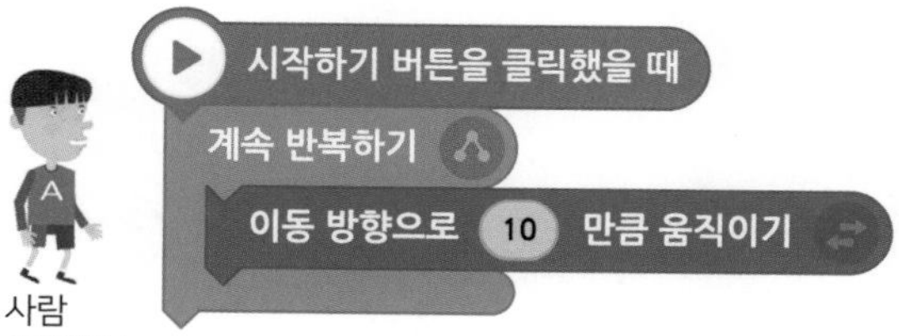
시작하기 버튼을 클릭했을 때
계속 반복하기
이동 방향으로 10 만큼 움직이기
사람
오브젝트

힌트 : '사람이 센서에 닿으면'이라는 문장은 '만약... 이라면' 블록과 관련이 있습니다.
엔트리 블록이 궁금하다면 231쪽을 참고하세요.

문제 해결 길잡이

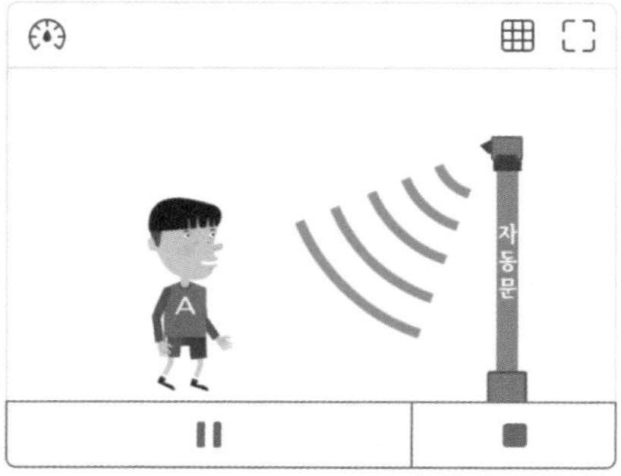

자동문

사람이 센서에 닿으면

자동문이 열립니다.

‘사람이 센서에 닿으면’에 대한 코드를 작성하기 위해 ‘만일 … 이라면’ 블록을 사용합니다. 센서가 사람에 닿았는지 판단하기 위해 사람▼ 에 닿았는가? 를 추가해야 합니다.

만일 사람▼ 에 닿았는가? (이)라면

신호를 받는 블록이 있으므로
신호를 보내는 블록도 있어야 합니다.

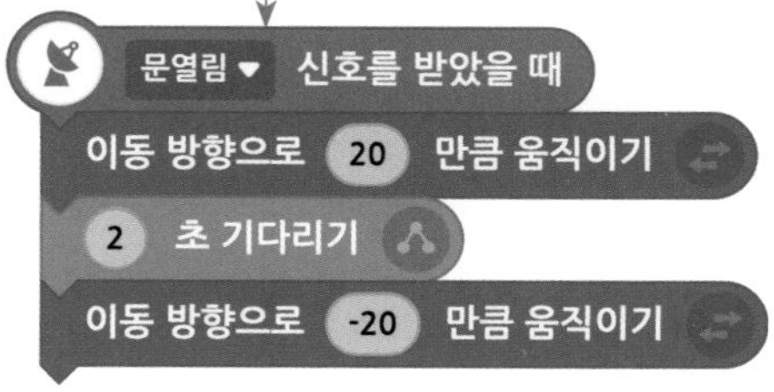

문열림▼ 신호를 받았을 때
이동 방향으로 20 만큼 움직이기
2 초 기다리기
이동 방향으로 -20 만큼 움직이기

자동문 오브젝트의 코드에 ‘문열림 신호를 받았을 때’가 있는 것을 보니 ‘신호 보내기’를 사용해야겠네요.

문열림▼ 신호 보내기

정답

만일 사람▼ 에 닿았는가? (이)라면
문열림▼ 신호 보내기

학부모 길잡이

자동문에도 엘리베이터에도 소프트웨어가 들어간다는 사실을 아시나요?
소프트웨어는 코딩을 통해 만들어집니다. 엘리베이터에 장착된 센서가 사람의 움직임을 인식하면, 모터가 움직여 문이 자동으로 열립니다. 엘리베이터에도 ‘만일… 이라면’ 블록이 사용된다는 사실!

074 행성의 움직임 시뮬레이션

난이도★★

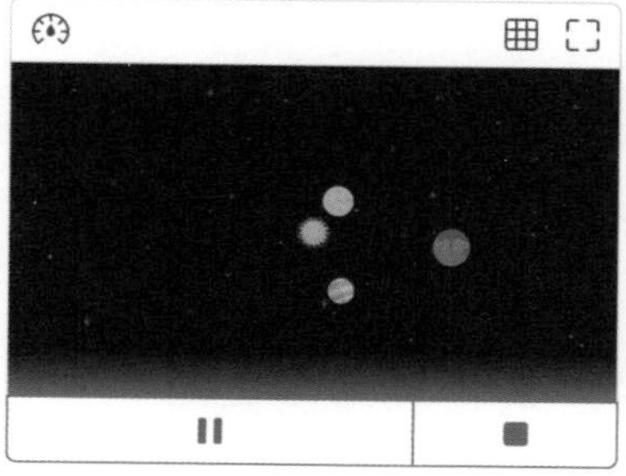

다음은 행성의 움직임을 시뮬레이션하는 코드입니다. 각 행성의 공전 주기가 지구는 365일, 금성은 224일, 수성은 88일입니다. 지구의 공전주기를 6초로 시뮬레이션하기 위해 지구의 회전 각도를 1초 동안 60°만큼 회전하기로 정했다면, 가, 나에 들어갈 회전 각도를 구하세요. (단, 소수점 이하는 버림)

지구 오브젝트

```
시작하기 버튼을 클릭했을 때
계속 반복하기
    크기를 30 (으)로 정하기
    1 초 동안 방향을 60° 만큼 회전하기
```

금성 오브젝트

```
시작하기 버튼을 클릭했을 때
계속 반복하기
    크기를 21 (으)로 정하기
    1 초 동안 방향을 가 만큼 회전하기
```

수성 오브젝트

```
시작하기 버튼을 클릭했을 때
계속 반복하기
    크기를 24 (으)로 정하기
    1 초 동안 방향을 나 만큼 회전하기
```

과학 연계

문제 해결 길잡이

지구의 공전주기가 제일 길다는 의미는 지구가 가장 천천히 움직여야 한다는 의미입니다.
그러므로, 1초 동안 회전하는 각도가 다른 행성에 비해 제일 작아야 합니다.

지구: 365일, 금성: 224일, 수성: 88일

그렇다면 공전주기의 상대적인 비율을 계산해 회전각도를 정할 수 있겠군요. 지구 대비 금성의 감소 비율(224/365=0.61)만큼 금성의 회전각도(60/0.61=97.77)를 구하면 됩니다.
소수점 이하는 버려야 하므로 금성은 1초 동안 97° 회전하도록 정하면 된답니다.

동일한 방법으로 계산하면 금성은 1초 동안 248° 회전하도록 정해야 합니다.

행성	공전주기	회전각도
지구	365	60.00 → 60
금성	224	97.77 → 97
수성	88	248.86 → 248

정답 가 97°, 나 248°

학부모 길잡이

'시뮬레이션'이란 어떠한 현상이나 사건을 컴퓨터로 모형화하여 가상으로 수행시켜 봄으로써 실제 상황에서의 결과를 예측하는 것을 말합니다. 예를 들어, 우주 비행 시뮬레이션과 같은 것이 있지요.
코딩은 물리적인 현상을 관찰하기 위한 목적으로 시뮬레이션을 만들기 위해 사용됩니다.
이렇게 코딩은 물리적인 현상을 컴퓨터라는 가상의 세계로 연결하는 과정입니다.
그러므로 과학에서 배운 이론을 응용하여 코딩을 하는 것도 코딩 공부의 일환이랍니다.

075 성적 평균 계산기

난이도★

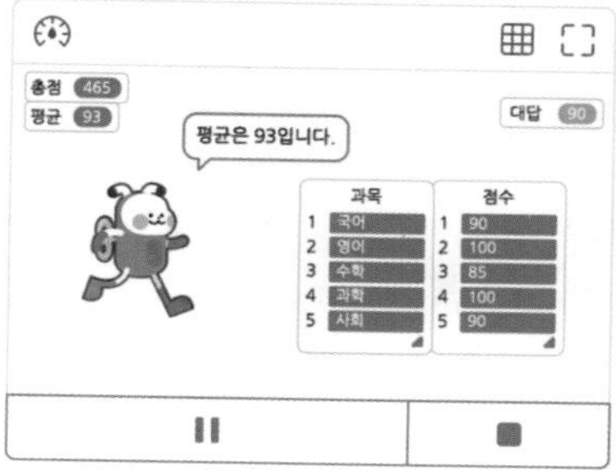

총점 465
평균 93
대답 90
평균은 93입니다.
과목
1 국어
2 영어
3 수학
4 과학
5 사회
점수
1 90
2 100
3 85
4 100
5 90

다음은 과목 이름과 점수를 입력받아 평균 점수를 계산해주는 프로그램입니다. 코드를 분석한 후 프로그램에서 입력받기를 중단하기 위해 입력상자에 작성해야 할 단어가 무엇인지 보기에서 고르세요.

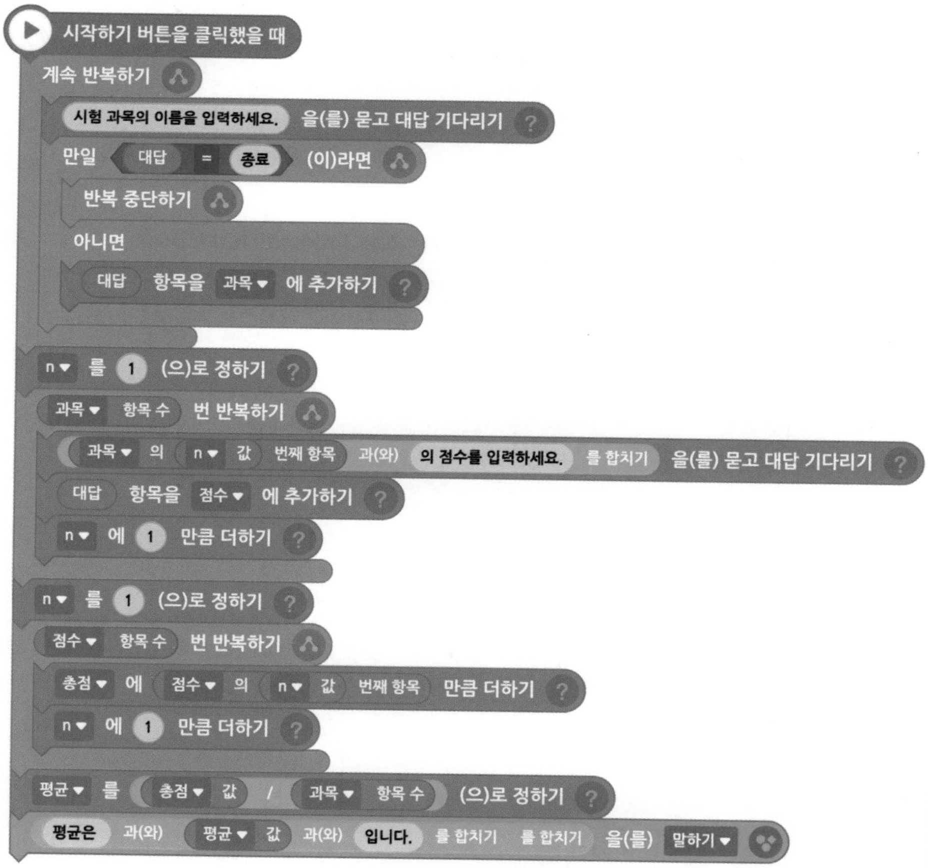

시작하기 버튼을 클릭했을 때
계속 반복하기
시험 과목의 이름을 입력하세요. 을(를) 묻고 대답 기다리기
만일 대답 = 종료 (이)라면
반복 중단하기
아니면
대답 항목을 과목 에 추가하기
n 를 1 (으)로 정하기
과목 항목 수 번 반복하기
과목 의 n 값 번째 항목 과(와) 의 점수를 입력하세요. 를 합치기 을(를) 묻고 대답 기다리기
대답 항목을 점수 에 추가하기
n 에 1 만큼 더하기
n 를 1 (으)로 정하기
점수 항목 수 번 반복하기
총점 에 점수 의 n 값 번째 항목 만큼 더하기
n 에 1 만큼 더하기
평균 를 총점 값 / 과목 항목 수 (으)로 정하기
평균은 과(와) 평균 값 과(와) 입니다. 를 합치기 를 합치기 을(를) 말하기

힌트 : 반복 중단하기 블록이 어디 있는지 찾아보세요.

보기

① 점수
② 평균
③ 종료
④ 과목

문제 해결 길잡이

아래 코드를 이해하면 쉽게 답을 찾을 수 있을 것 같군요. '시작하기 버튼을 클릭했을 때' 계속 반복하기가 실행됩니다.

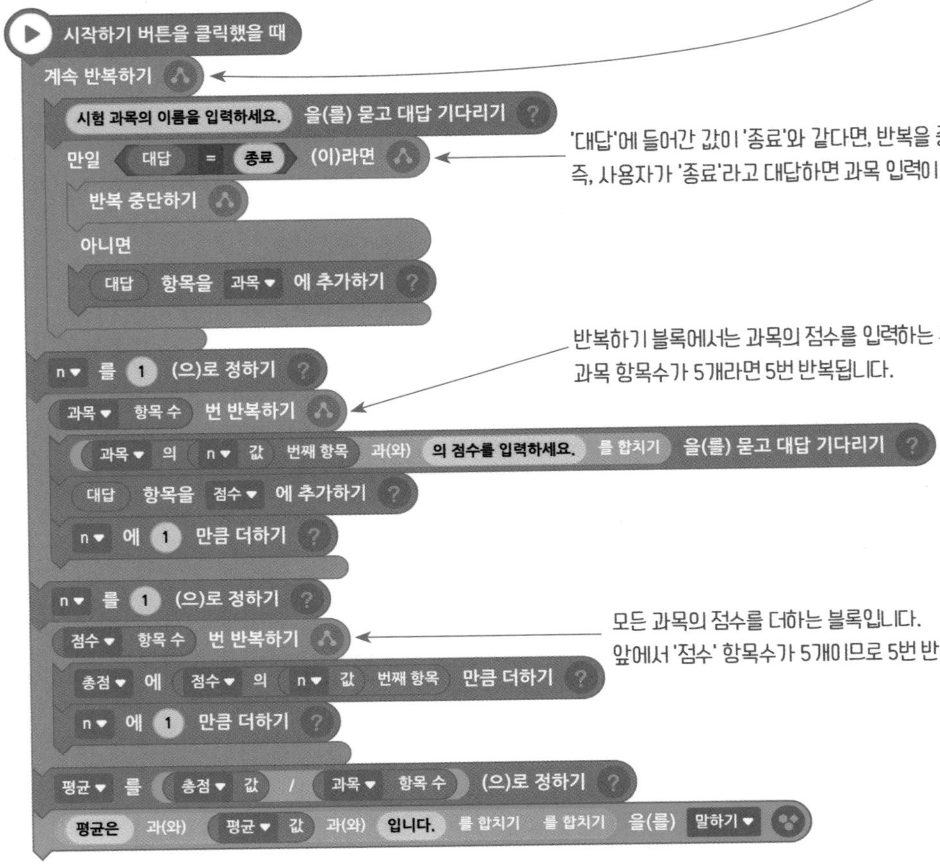

시작하기 버튼을 클릭했을 때
계속 반복하기
시험 과목의 이름을 입력하세요. 을(를) 묻고 대답 기다리기
만일 대답 = 종료 (이)라면
반복 중단하기
아니면
대답 항목을 과목 에 추가하기
n 를 1 (으)로 정하기
과목 항목 수 번 반복하기
과목 의 n 값 번째 항목 과(와) 의 점수를 입력하세요. 를 합치기 을(를) 묻고 대답 기다리기
대답 항목을 점수 에 추가하기
n 에 1 만큼 더하기
n 를 1 (으)로 정하기
점수 항목 수 번 반복하기
총점 에 점수 의 n 값 번째 항목 만큼 더하기
n 에 1 만큼 더하기
평균 를 (총점 값 / 과목 항목 수) (으)로 정하기
평균은 과(와) 평균 값 과(와) 입니다. 를 합치기 를 합치기 을(를) 말하기

'대답'에 들어간 값이 '종료'와 같다면, 반복을 중단합니다.
즉, 사용자가 '종료'라고 대답하면 과목 입력이 종료된답니다.

반복하기 블록에서는 과목의 점수를 입력하는 부분입니다.
과목 항목수가 5개라면 5번 반복됩니다.

모든 과목의 점수를 더하는 블록입니다.
앞에서 '점수' 항목수가 5개이므로 5번 반복됩니다.

정답 ③

개념 다지기

반복 중단하기 : 계속 반복하기 블록의 실행을 멈추게 합니다.

모든 코드 멈추기 : 모든 코드를 멈추게 합니다.
'게임 종료'와 같은 상황을 만들기 위해 사용합니다.

076 투표 프로그램

난이도★★★

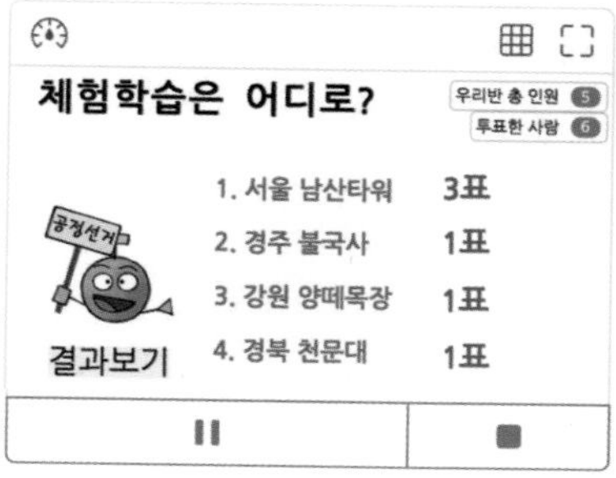
체험학습은 어디로?
우리반 총 인원 5
투표한 사람 6
1. 서울 남산타워 3표
2. 경주 불국사 1표
3. 강원 양떼목장 1표
4. 경북 천문대 1표
공정선거
결과보기

다음은 체험학습 장소를 정하기 위해 만든 투표 프로그램입니다. 앗! 그런데 실행 결과를 보니 우리반 총 인원보다 투표한 사람이 1명 더 많아 오류가 발생했습니다. 아래 코드에서 오류가 발생한 위치에 동그라미 표시하고 그 이유를 설명하세요.

소피 오브젝트
시작하기 버튼을 클릭했을 때
대답 숨기기
우리반 학생은 모두 몇명입니까? 을(를) 묻고 대답 기다리기
우리반 총 인원 를 대답 (으)로 정하기
1 키를 눌렀을 때
만일 투표한 사람 값 ≤ 우리반 총 인원 값 (이)라면
투표한 사람 에 1 만큼 더하기
1번 에 1 만큼 더하기
2 키를 눌렀을 때
만일 투표한 사람 값 ≤ 우리반 총 인원 값 (이)라면
투표한 사람 에 1 만큼 더하기
2번 에 1 만큼 더하기
3 키를 눌렀을 때
만일 투표한 사람 값 ≤ 우리반 총 인원 값 (이)라면
투표한 사람 에 1 만큼 더하기
3번 에 1 만큼 더하기
4 키를 눌렀을 때
만일 투표한 사람 값 ≤ 우리반 총 인원 값 (이)라면
투표한 사람 에 1 만큼 더하기
4번 에 1 만큼 더하기
결과보기 글상자 오브젝트
오브젝트를 클릭했을 때
소리 박수갈채 3 초 재생하기
결과보기 신호 보내기
표 글상자 오브젝트
결과보기 신호를 받았을 때
1번 값 라고 앞에 추가하기
결과보기 신호를 받았을 때
2번 값 라고 앞에 추가하기
결과보기 신호를 받았을 때
3번 값 라고 앞에 추가하기
결과보기 신호를 받았을 때
4번 값 라고 앞에 추가하기

문제 해결 길잡이

투표한 사람이 우리반 총 인원보다 많아서 오류가 발생했으므로 이 변수가 사용된 곳을 집중적으로 조사하면 됩니다. 아래 코드에서 [투표한 사람▾ 값]과 [우리반 총 인원▾ 값]을 비교하고 있는데요. 부등호를 보니, 투표한 사람이 우리반 총 인원과 같을 경우에도 '만일... 이라면' 블록의 판단식이 참이 되어 그 안의 블록이 실행됩니다.

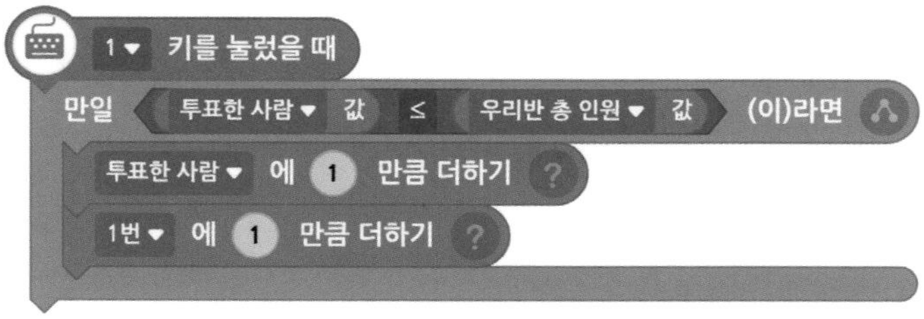
1▾ 키를 눌렀을 때
만일 투표한 사람▾ 값 ≤ 우리반 총 인원▾ 값 (이)라면
투표한 사람▾ 에 1 만큼 더하기
1번▾ 에 1 만큼 더하기

이런! 투표한 사람이 우리반 총 인원과 같으면, 투표를 더 이상 하지 않아도 되는데 투표의 기회를 주고 있네요. 부등호에 실수가 있었습니다.
모든 판단식에서 부등호를 아래와 같이 바꾸면 이제 문제가 해결됩니다.

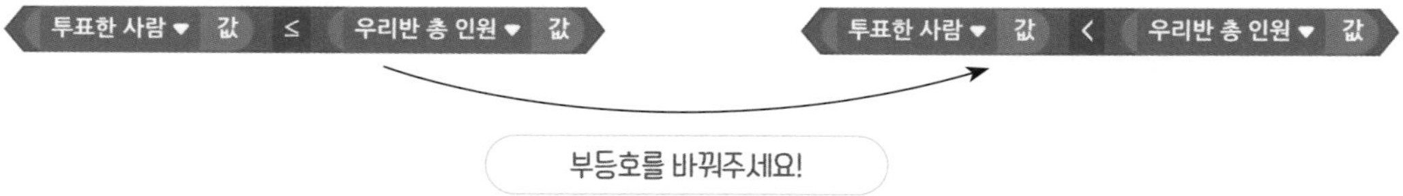
투표한 사람▾ 값 ≤ 우리반 총 인원▾ 값
투표한 사람▾ 값 < 우리반 총 인원▾ 값
부등호를 바꿔주세요!

정답 [투표한 사람▾ 값 ≤ 우리반 총 인원▾ 값]

부등호가 잘못 지정되어 투표한 사람과 우리반 총 인원이 같은데도 투표를 하는 코드가 실행되고 있었습니다.

학부모 길잡이

일상 생활에서는 숫자를 1부터 셉니다. 1, 2, 3, 4와 같이요. 반면, 코딩에서는 보통 0부터 숫자를 셉니다.
엔트리의 경우 리스트의 항목 번호가 1부터 시작하지만, 파이썬은 0부터 시작한답니다.

077 버킷 리스트 만들기

난이도★

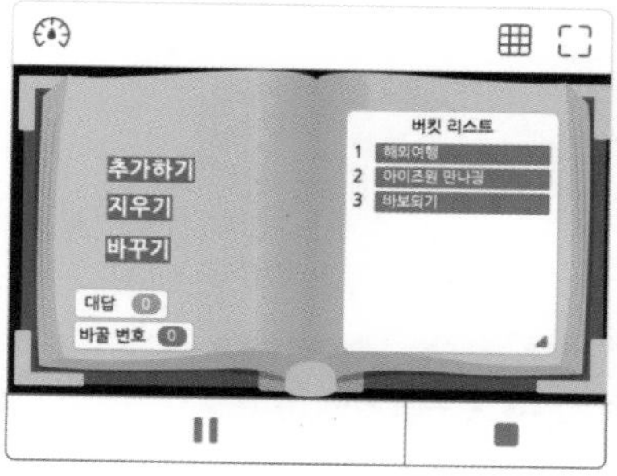
버킷 리스트
1 해외여행
3 바보되기
추가하기
지우기
바꾸기
대답 0
바꿀 번호 0

다음은 버킷 리스트 만들기 코드입니다. 실행화면에서 마우스로 '지우기' 버튼을 클릭하면 아래 코드에서 어떤 블록이 실행되는지 동그라미 표시를 하세요.

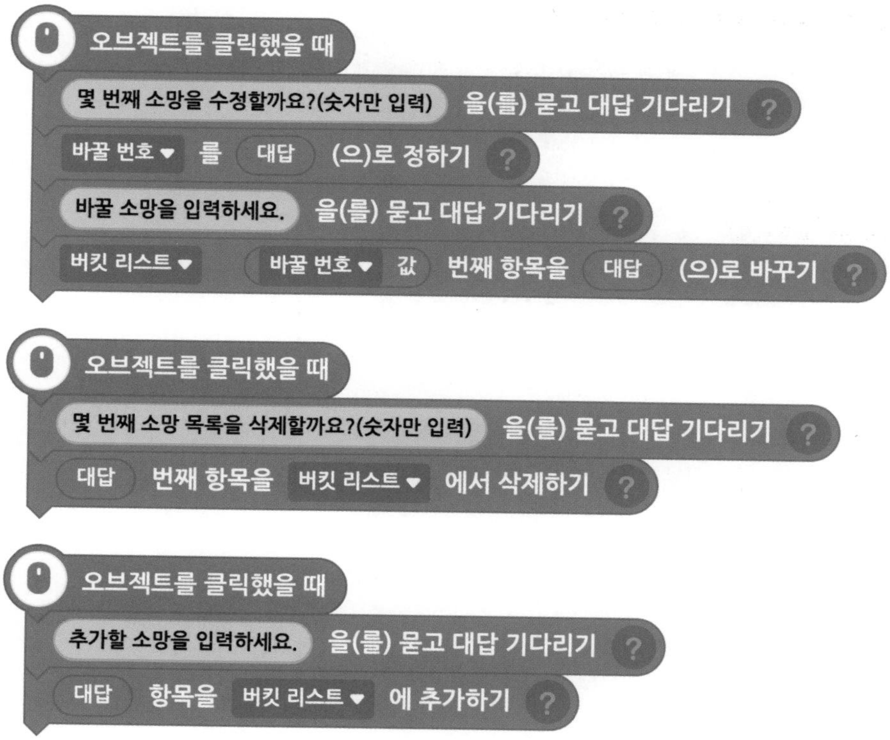
오브젝트를 클릭했을 때
몇 번째 소망을 수정할까요?(숫자만 입력) 을(를) 묻고 대답 기다리기
바꿀 번호 를 대답 (으)로 정하기
바꿀 소망을 입력하세요. 을(를) 묻고 대답 기다리기
버킷 리스트 바꿀 번호 값 번째 항목을 대답 (으)로 바꾸기
오브젝트를 클릭했을 때
몇 번째 소망 목록을 삭제할까요?(숫자만 입력) 을(를) 묻고 대답 기다리기
대답 번째 항목을 버킷 리스트 에서 삭제하기
오브젝트를 클릭했을 때
추가할 소망을 입력하세요. 을(를) 묻고 대답 기다리기
대답 항목을 버킷 리스트 에 추가하기

힌트 : 마우스로 오브젝트를 클릭하면 (오브젝트를 클릭했을 때) 가 실행됩니다. '지우기' 버튼을 클릭했으므로 '버킷리스트'에서 항목을 삭제하는 블록이 실행되어야 합니다.

문제 해결 길잡이

우선 코드를 함께 이해해봅시다.

①
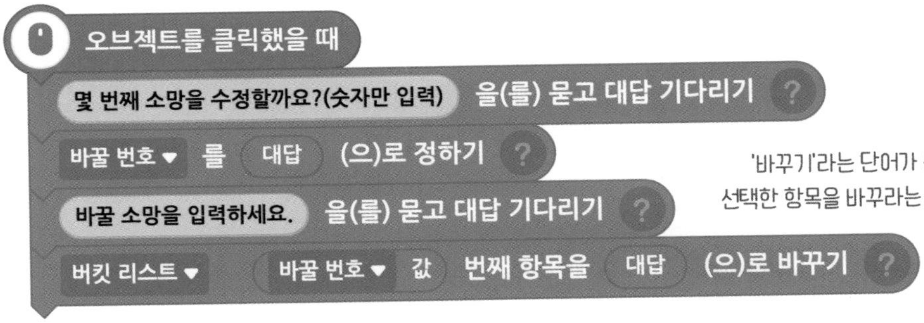

오브젝트를 클릭했을 때
몇 번째 소망을 수정할까요?(숫자만 입력) 을(를) 묻고 대답 기다리기
바꿀 번호 를 대답 (으)로 정하기
바꿀 소망을 입력하세요. 을(를) 묻고 대답 기다리기
버킷 리스트 바꿀 번호 값 번째 항목을 대답 (으)로 바꾸기

'바꾸기'라는 단어가 등장했네요. 선택한 항목을 바꾸라는 의미입니다.

②

오브젝트를 클릭했을 때
몇 번째 소망 목록을 삭제할까요?(숫자만 입력) 을(를) 묻고 대답 기다리기
대답 번째 항목을 버킷 리스트 에서 삭제하기

'삭제하기' 단어가 있는 것을 보니, 지우기를 위한 블록이겠네요.

③
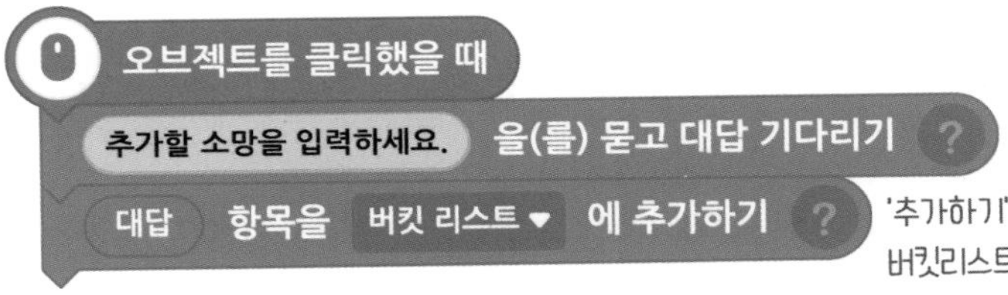

오브젝트를 클릭했을 때
추가할 소망을 입력하세요. 을(를) 묻고 대답 기다리기
대답 항목을 버킷 리스트 에 추가하기

'추가하기' 단어가 있는 것 을 보니, 버킷리스트에 항목을 추가하는 블록이라는 것을 알 수 있겠지요?

'지우기' 버튼을 누르면, 버킷 리스트에서 선택한 항목을 삭제해야 합니다. 블록에서 '삭제하기'라는 이름이 등장하므로 ②번 블록이 '지우기'와 관련된 코드랍니다.

정답

오브젝트를 클릭했을 때
몇 번째 소망 목록을 삭제할까요?(숫자만 입력) 을(를) 묻고 대답 기다리기
대답 번째 항목을 버킷 리스트 에서 삭제하기

078 주차 연습 시뮬레이션

난이도★★★

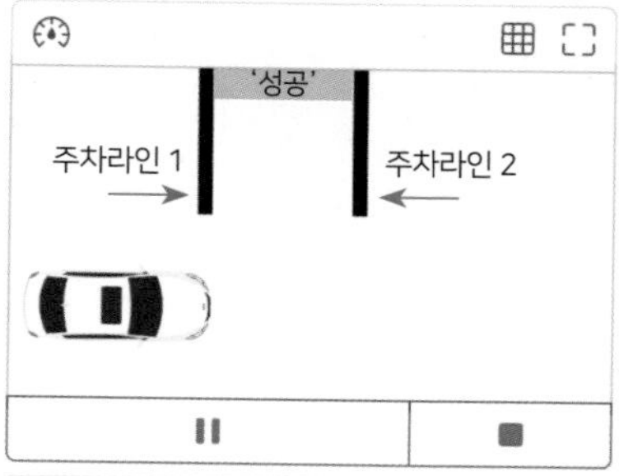
'성공'
주차라인 1
주차라인 2

다음은 화살표 키를 움직여 주차연습을 하는 프로그램입니다. 프로그램이 다음과 같이 동작하도록 설계되었다면, 빈칸에 들어갈 판단식을 보기에서 고르세요.

1. 위쪽 화살표 키를 누르면 위쪽 방향으로 10만큼 움직입니다.
2. 아래쪽 화살표 키를 누르면 아래쪽 방향으로 5만큼 움직입니다.
3. 왼쪽 화살표를 누른 상태에서 위쪽이나 아래쪽 화살표를 누르면 -10도만큼 회전합니다.
4. 오른쪽 화살표를 누른 상태에서 위쪽이나 아래쪽 화살표를 누르면 10도만큼 회전합니다.
5. 주차라인이나 벽에 닿으면 'Game Over'라고 말합니다.
6. '성공'이라는 글자에 닿으면 'Game Success!'라고 말합니다.

자동차 오브젝트

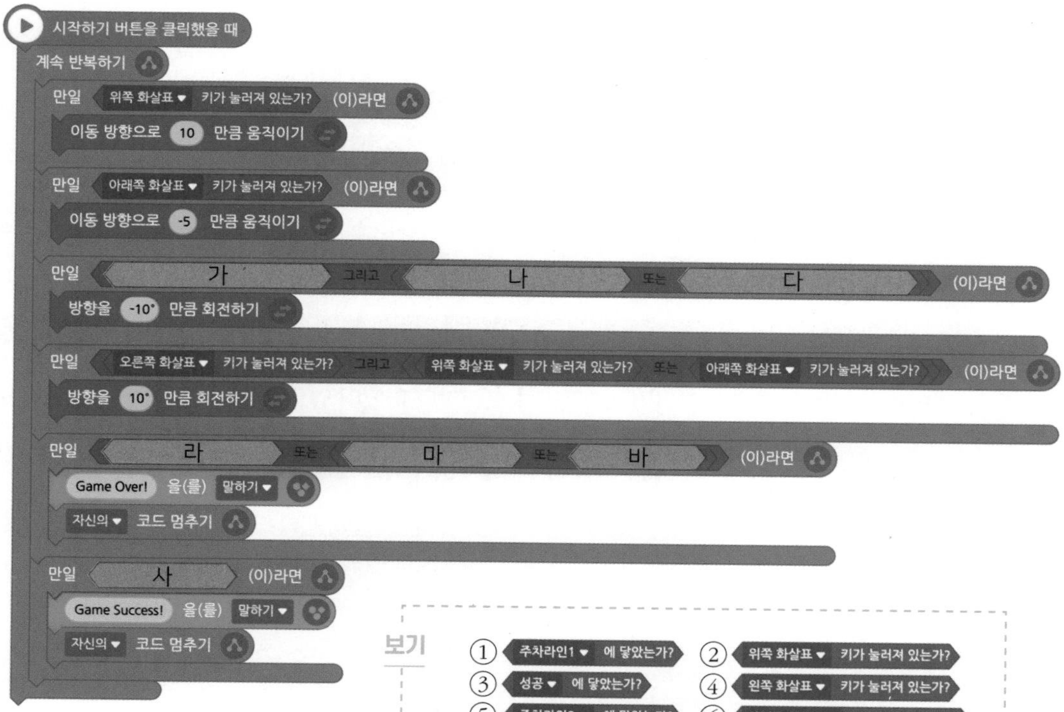
시작하기 버튼을 클릭했을 때
계속 반복하기
만일 위쪽 화살표 키가 눌러져 있는가? (이)라면
이동 방향으로 10 만큼 움직이기
만일 아래쪽 화살표 키가 눌러져 있는가? (이)라면
이동 방향으로 -5 만큼 움직이기
만일 가 그리고 나 또는 다 (이)라면
방향을 -10° 만큼 회전하기
만일 오른쪽 화살표 키가 눌러져 있는가? 그리고 위쪽 화살표 키가 눌러져 있는가? 또는 아래쪽 화살표 키가 눌러져 있는가? (이)라면
방향을 10° 만큼 회전하기
만일 라 또는 마 또는 바 (이)라면
Game Over! 을(를) 말하기
자신의 코드 멈추기
만일 사 (이)라면
Game Success! 을(를) 말하기
자신의 코드 멈추기

보기

① 주차라인1 에 닿았는가?
② 위쪽 화살표 키가 눌러져 있는가?
③ 성공 에 닿았는가?
④ 왼쪽 화살표 키가 눌러져 있는가?
⑤ 주차라인2 에 닿았는가?
⑥ 아래쪽 화살표 키가 눌러져 있는가?
⑦ 벽 에 닿았는가?

문제 해결 길잡이

아래 2개 항목에 대한 블록은 이미 코드에 들어가 있습니다.

1. 위쪽 화살표 키를 누르면 위쪽 방향으로 10만큼 움직입니다.
2. 아래쪽 화살표 키를 누르면 아래쪽 방향으로 5만큼 움직입니다.

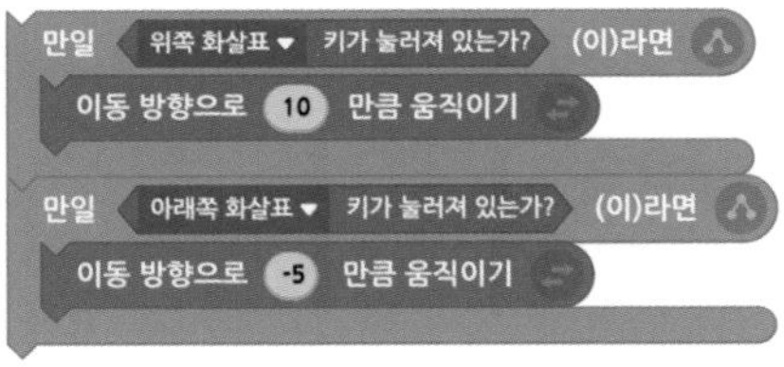
만일 위쪽 화살표 키가 눌러져 있는가? (이)라면
이동 방향으로 10 만큼 움직이기
만일 아래쪽 화살표 키가 눌러져 있는가? (이)라면
이동 방향으로 -5 만큼 움직이기

그럼 아래 항목을 읽고 빈칸을 채우면 되겠네요. 이해를 돕기 위해 '~면'이라고 끝나는 문장을 파란색으로 표시하였습니다.

3. 왼쪽 화살표를 누른 상태에서 위쪽이나 아래쪽 화살표를 누르면 -10도만큼 회전합니다.

3번의 경우, 왼쪽 화살표를 누른 상태에서 위쪽이나 아래쪽 화살표를 누른다고 했으므로, 아래와 같은 조합으로 키를 누르면 됩니다.

· 왼쪽 화살표 그리고 위쪽 화살표
· 왼쪽 화살표 그리고 아래쪽 화살표

① 왼쪽 화살표 키가 눌러져 있는가? 그리고 위쪽 화살표 키가 눌러져 있는가?
② 왼쪽 화살표 키가 눌러져 있는가? 그리고 아래쪽 화살표 키가 눌러져 있는가?
또는

이런 경우에 ①과 ② 판단식을 '또는'으로 연결합니다. 두 문장을 하나로 합치면 다음과 같은 블록이 조합됩니다.

왼쪽 화살표 키가 눌러져 있는가? 그리고 위쪽 화살표 키가 눌러져 있는가? 또는 아래쪽 화살표 키가 눌러져 있는가?

'만일... 이라면' 블록이 참이면 -10도만큼 회전한다고 되어 있으니, 아래와 같이 조립하면 됩니다.

만일 왼쪽 화살표 키가 눌러져 있는가? 그리고 위쪽 화살표 키가 눌러져 있는가? 또는 아래쪽 화살표 키가 눌러져 있는가? (이)라면
방향을 -10° 만큼 회전하기

4. 오른쪽 화살표를 누른 상태에서 위쪽이나 아래쪽 화살표를 누르면 10도만큼 회전합니다.

4번의 경우도 3번과 같이 판단식을 조립하면 되고, 10도만큼 회전하도록 코드를 작성합니다.

만일 오른쪽 화살표 ▾ 키가 눌러져 있는가? 그리고 위쪽 화살표 ▾ 키가 눌러져 있는가? 또는 아래쪽 화살표 ▾ 키가 눌러져 있는가? (이)라면
방향을 10° 만큼 회전하기

5. 주차라인이나 벽에 닿으면 'Game Over!'라고 말합니다.

이제, 5번의 경우를 살펴볼까요? '주차라인이나 벽에 닿으면'이라는 문장에서 주차라인이 2개이므로, 주차라인1과 주차라인2를 같이 고려해야 합니다. '이나'라는 단어를 사용한 것을 보면 판단식을 '또는' 으로 연결해야 한다는 느낌이 팍 오는데요.

주차라인1 ▾ 에 닿았는가?
또는
주차라인2 ▾ 에 닿았는가?
또는
벽 ▾ 에 닿았는가?

즉, 자동차가 세 개 중 하나를 건드리면 'Game Over!'라고 말하고 있네요.

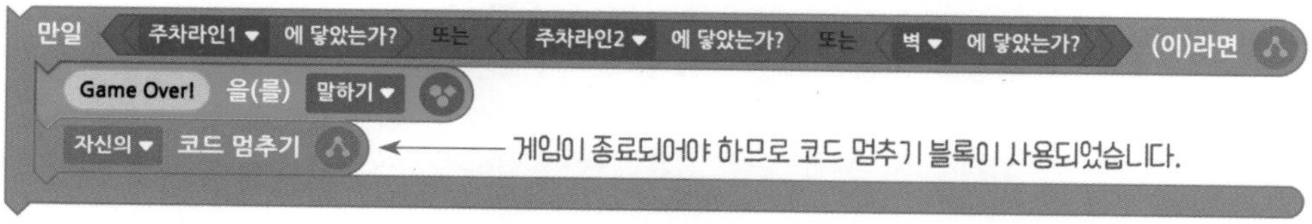
만일 주차라인1 ▾ 에 닿았는가? 또는 주차라인2 ▾ 에 닿았는가? 또는 벽 ▾ 에 닿았는가? (이)라면
Game Over! 을(를) 말하기 ▾
자신의 ▾ 코드 멈추기
게임이 종료되어야 하므로 코드 멈추기 블록이 사용되었습니다.

6. Success라는 글자에 닿으면 'Game Success!'라고 말합니다.

마지막으로 6번의 경우를 보겠습니다. '성공'이라는 글자에 '닿으면'을 위해 성공 ▾ 에 닿았는가? 를 사용하면 됩니다. 그리고 'Game Success!'를 말하도록 말하기 블록을 추가합니다.

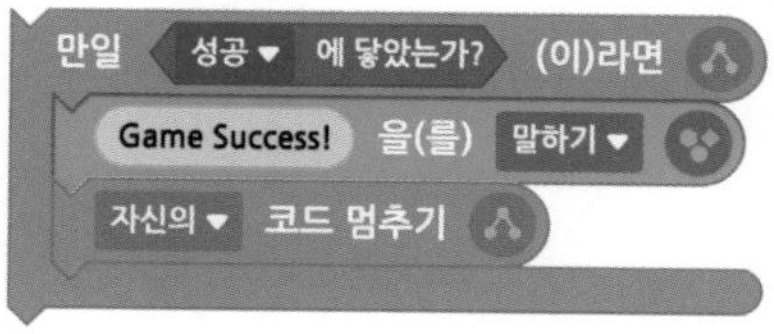
만일 성공 ▾ 에 닿았는가? (이)라면
Game Success! 을(를) 말하기 ▾
자신의 ▾ 코드 멈추기

정답 가: ④, 나: ②, 다: ⑥, 라: ①, 마: ⑤, 바: ⑦, 사: ③

개념 다지기

판단식은 A와 B에서 하나라도 참이면 전체식이 참이 됩니다.

A	B	A 또는 B (전체식)
참	참	참
참	거짓	참
거짓	참	참
거짓	거짓	거짓

판단식은 A와 B에서 하나라도 거짓이면 전체식이 거짓이 됩니다.

A	B	A 그리고 B (전체식)
참	참	참
참	거짓	거짓
거짓	참	거짓
거짓	거짓	거짓

다음은 'A 그리고 (B 또는 C)이라면'의 판단식입니다. 이 판단식은 어떤 결과를 내놓을까요?

3개의 조합으로 나올 수 있는 경우를 표로 정리해 생각해보겠습니다. A가 참이고, B 또는 C가 하나라도 참이면 전체 판단식이 참이 됩니다. 반면, A가 거짓인 상태에서 B 또는 C가 참이어도 전체 판단식이 거짓이 됩니다. 설명이 어렵다고요? 자, 아래표를 보세요!

A 그리고 (B 또는 C)가 모두 참일 때 전체식이 참이 됩니다.

B	C	A	B 또는 C	A 그리고 (B 또는 C)
참	참	참	참	참
참	참	거짓	참	거짓
참	거짓	참	참	참
참	거짓	거짓	참	거짓
거짓	참	참	참	참
거짓	참	거짓	참	거짓
거짓	거짓	참	거짓	거짓
거짓	거짓	거짓	거짓	거짓

B와 C 중 하나라도 참이면 (B 또는 C)이 참이 됩니다.

예를 들어, A가 거짓, B가 참, C가 참이라면 (B 또는 C)는 참이 됩니다. B 또는 C 중에 참이 하나 포함되었기 때문이지요. A 그리고 (B 또는 C) 에서 A는 거짓이고 (B 또는 C)는 참이므로 전체식은 거짓이 됩니다. 둘 중에 하나가 거짓이기 때문이지요.

079 발표자 뽑기 프로그램

난이도★★★

학생
1 서아
2 권우
3 연주
4 지호
5 지원
발표자
1 지호
2 지원
3 권우
번호 2

다음은 학생 목록에서 발표자를 뽑아주는 프로그램입니다. 발표자 수를 입력한 후 해당 인원만큼 학생목록에서 발표자를 뽑는데요. 아래 코드에서 가와 나에 들어갈 블록을 작성하세요.

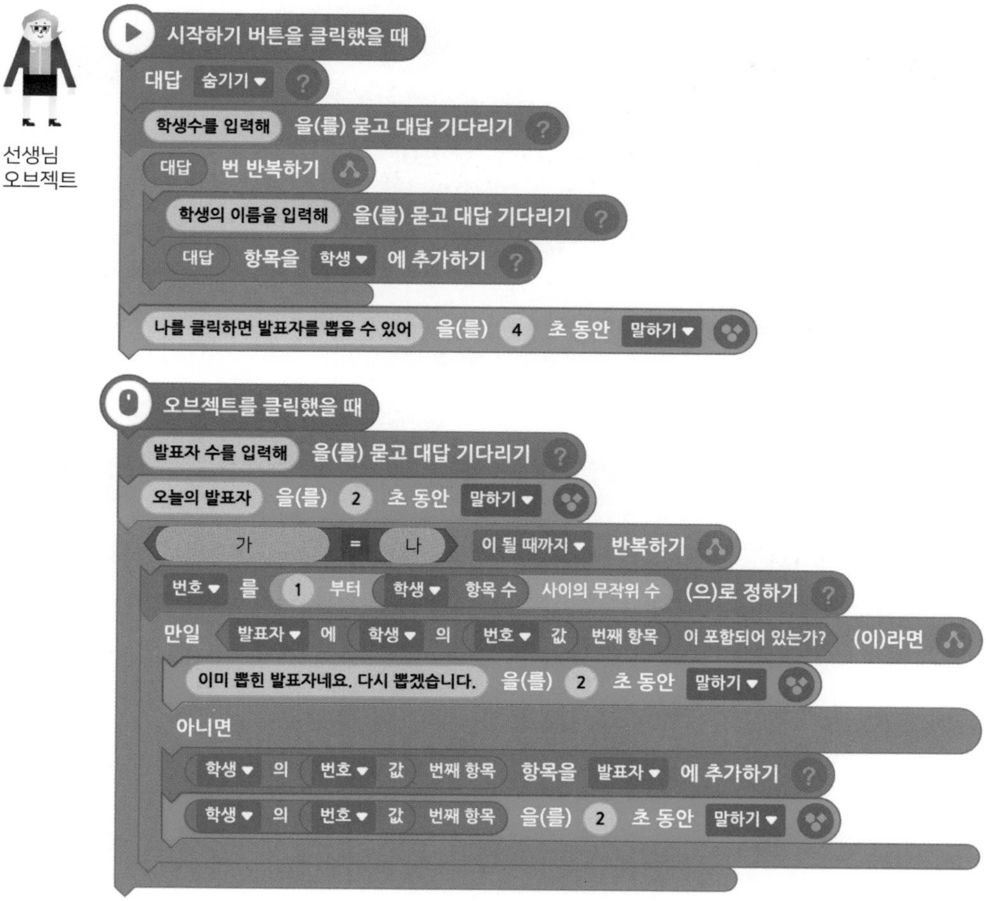

선생님
오브젝트
시작하기 버튼을 클릭했을 때
대답 숨기기
학생수를 입력해 을(를) 묻고 대답 기다리기
대답 번 반복하기
학생의 이름을 입력해 을(를) 묻고 대답 기다리기
대답 항목을 학생 에 추가하기
나를 클릭하면 발표자를 뽑을 수 있어 을(를) 4 초 동안 말하기
오브젝트를 클릭했을 때
발표자 수를 입력해 을(를) 묻고 대답 기다리기
오늘의 발표자 을(를) 2 초 동안 말하기
가 = 나 이 될 때까지 반복하기
번호 를 1 부터 학생 항목 수 사이의 무작위 수 (으)로 정하기
만일 발표자 에 학생 의 번호 값 번째 항목 이 포함되어 있는가? (이)라면
이미 뽑힌 발표자네요. 다시 뽑겠습니다. 을(를) 2 초 동안 말하기
아니면
학생 의 번호 값 번째 항목 항목을 발표자 에 추가하기
학생 의 번호 값 번째 항목 을(를) 2 초 동안 말하기

힌트 : 반복하기 블록을 몇 번 반복해야 하는지 생각해보세요.

문제 해결 길잡이

선생님를 클릭하면, 발표자 수를 입력하라고 질문을 합니다. ①번 블록에서 숫자를 입력하면 대답 에 들어가는데요. 즉, 3이라고 입력하면 '대답'에는 3이 들어가게 됩니다.
②번 블록의 '학생' 리스트에서 무작위로 발표 학생을 뽑는데요. 운이 나쁘다면 동일한 사람이 두 번 뽑힐 수도 있습니다. 이런 이유로 ③번 블록에서는 이미 뽑힌 학생이 발표자로 다시 뽑히면 다른 사람으로 뽑는 블록이 들어가 있습니다.

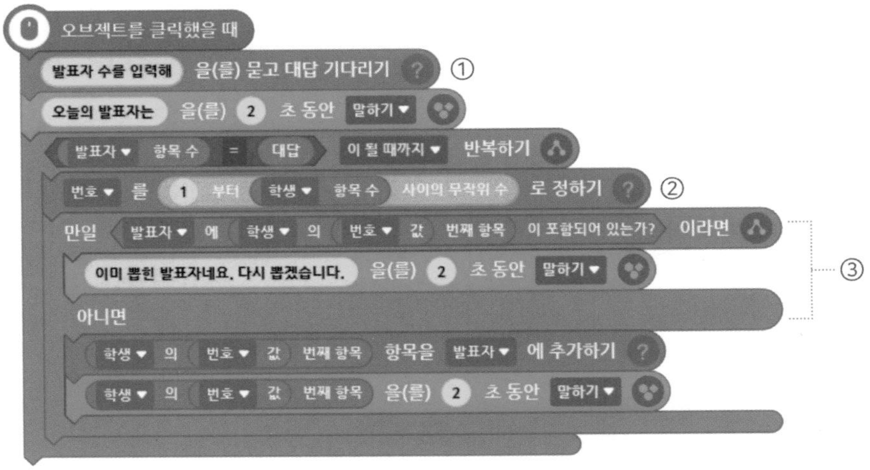
오브젝트를 클릭했을 때
발표자 수를 입력해 을(를) 묻고 대답 기다리기 ①
오늘의 발표자는 을(를) 2 초 동안 말하기
발표자 항목 수 = 대답 이 될 때까지 반복하기
번호 를 1 부터 학생 항목 수 사이의 무작위 수 로 정하기 ②
만일 발표자 에 학생 의 번호 값 번째 항목 이 포함되어 있는가? 이라면
이미 뽑힌 발표자네요. 다시 뽑겠습니다. 을(를) 2 초 동안 말하기
아니면
학생 의 번호 값 번째 항목 항목을 발표자 에 추가하기
학생 의 번호 값 번째 항목 을(를) 2 초 동안 말하기
③

③번 블록의 이런 경우를 고려한다면 반복횟수가 3번 이상이 되어야 합니다.
그래서 반복횟수를 '대답'으로 정하지 않고, '발표자' 항목수가 '대답'과 동일할 때까지 반복하도록 횟수를 정하고 있습니다.

대답 번 반복하기

(×)

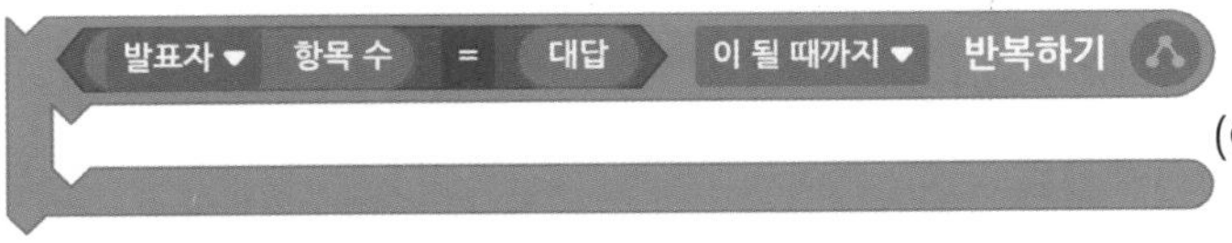
발표자 항목 수 = 대답 이 될 때까지 반복하기

(○)

정답

발표자 항목 수 = 대답

080 자동 일기예보

난이도★

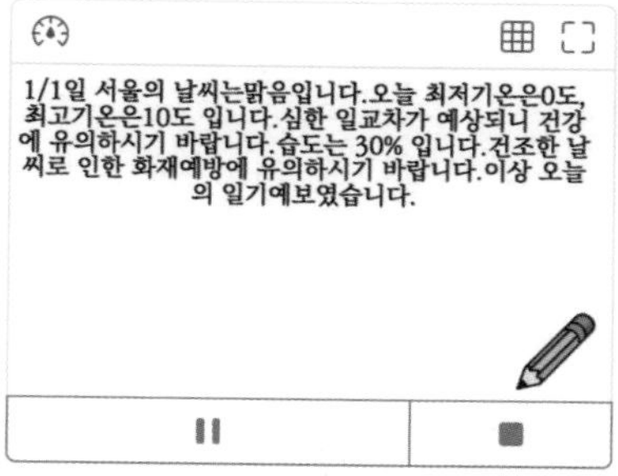
1/1일 서울의 날씨는맑음입니다.오늘 최저기온은0도,
최고기온은10도 입니다.심한 일교차가 예상되니 건강
에 유의하시기 바랍니다.습도는 30% 입니다.건조한 날
씨로 인한 화재예방에 유의하시기 바랍니다.이상 오늘
의 일기예보였습니다.

다음은 일기예보 작성을 위한 프로그램입니다. 각 변수의 값이 아래와 같을 때 코드를 분석해 일기예보의 내용을 작성하세요.

- 날짜 : 3월 5일, 지역: 서울, 날씨 : 맑음
- 최저기온 : 10, 최고기온 : 20, 습도: 25

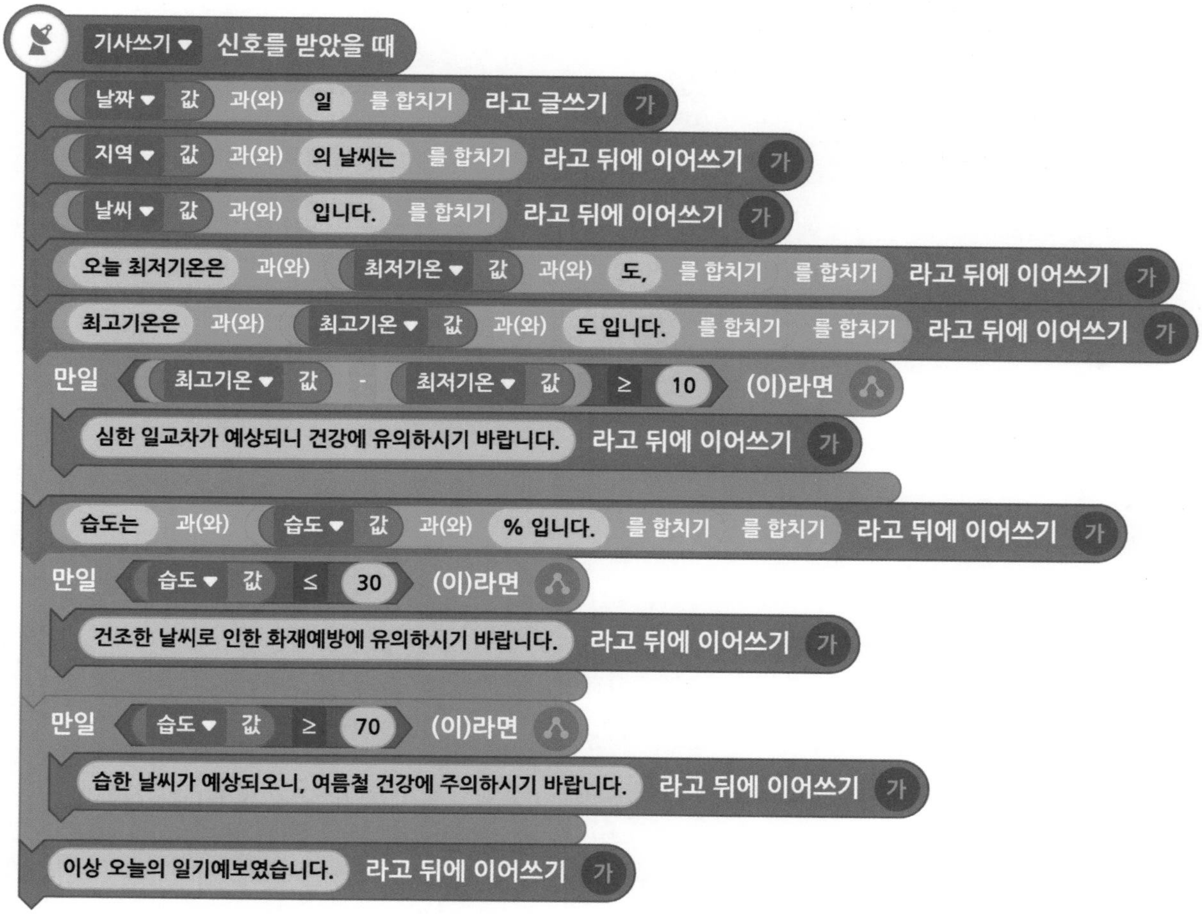
기사쓰기 신호를 받았을 때
날짜 값 과(와) 일 를 합치기 라고 글쓰기 가
지역 값 과(와) 의 날씨는 를 합치기 라고 뒤에 이어쓰기 가
날씨 값 과(와) 입니다. 를 합치기 라고 뒤에 이어쓰기 가
오늘 최저기온은 과(와) 최저기온 값 과(와) 도, 를 합치기 를 합치기 라고 뒤에 이어쓰기 가
최고기온은 과(와) 최고기온 값 과(와) 도 입니다. 를 합치기 를 합치기 라고 뒤에 이어쓰기 가
만일 최고기온 값 - 최저기온 값 ≥ 10 (이)라면
심한 일교차가 예상되니 건강에 유의하시기 바랍니다. 라고 뒤에 이어쓰기 가
습도는 과(와) 습도 값 과(와) % 입니다. 를 합치기 를 합치기 라고 뒤에 이어쓰기 가
만일 습도 값 ≤ 30 (이)라면
건조한 날씨로 인한 화재예방에 유의하시기 바랍니다. 라고 뒤에 이어쓰기 가
만일 습도 값 ≥ 70 (이)라면
습한 날씨가 예상되오니, 여름철 건강에 주의하시기 바랍니다. 라고 뒤에 이어쓰기 가
이상 오늘의 일기예보였습니다. 라고 뒤에 이어쓰기 가

생활학습 연계

문제 해결 길잡이

각 변수의 값을 대입해주면, 일기예보의 내용을 작성할 수 있습니다. '만일... 이라면' 블록은 판단식이 참이 되는 경우에 글을 써주기 있기 때문에 참과 거짓을 판단해가며 실행결과를 작성해야 합니다.

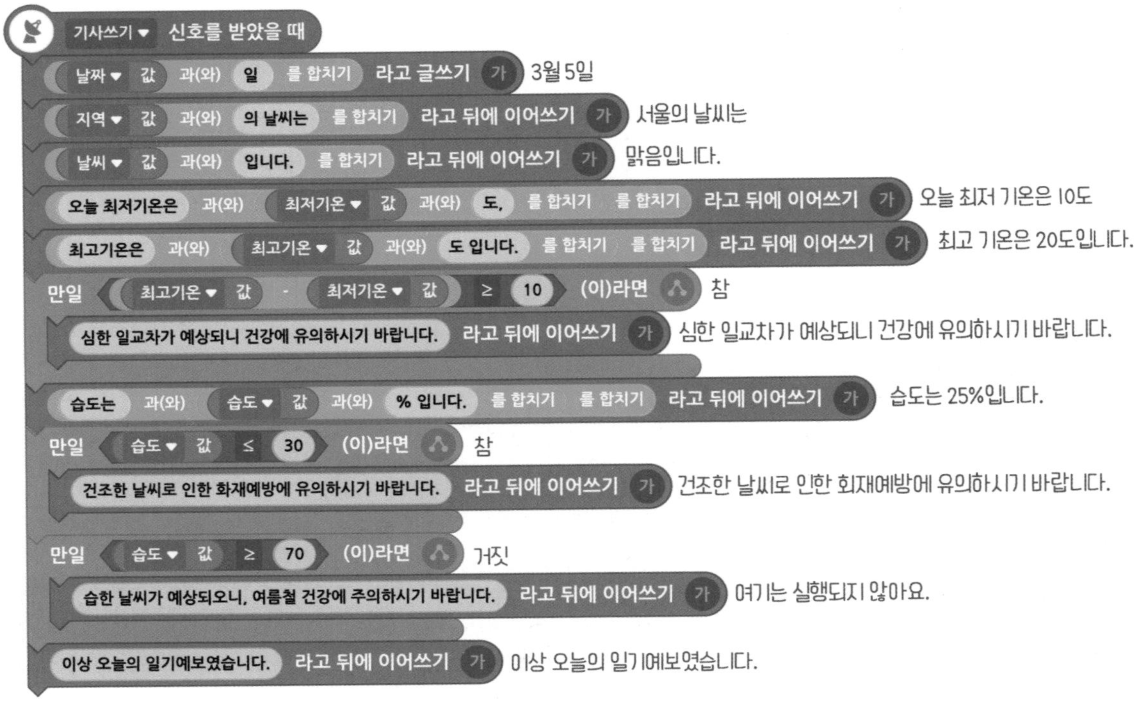

정답 3월 5일 서울의 날씨는 맑음입니다. 오늘 최저기온은 10도, 최고기온은 20도입니다. 심한 일교차가 예상되니 건강에 유의하시기 바랍니다. 습도는 25%입니다. 건조한 날씨로 인한 화재예방에 유의하시기 바랍니다. 이상 오늘의 일기예보였습니다.

081 전구의 밝기가 달라져요

난이도★

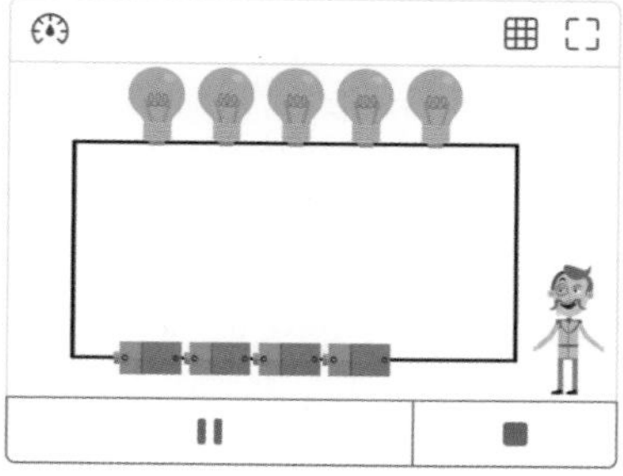

다음은 전구와 전지의 개수를 입력받아 화면에 표시해 주고 전지 개수에 따라 전구의 밝기가 달라지도록 코딩한 결과입니다. 아래 코드에서 빈칸에 공통적으로 들어갈 블록을 작성하세요.

전지 오브젝트

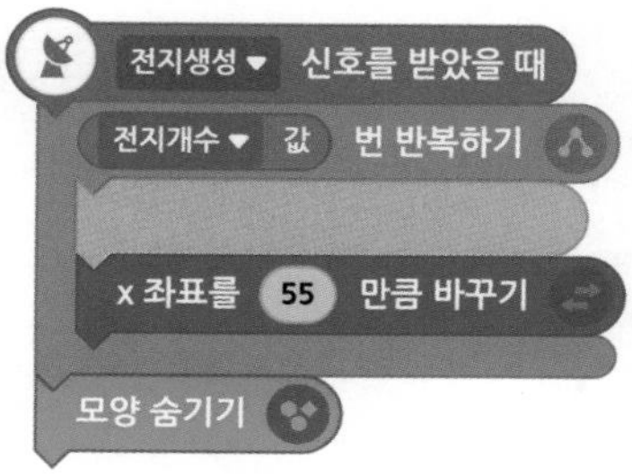

괴짜박사 오브젝트

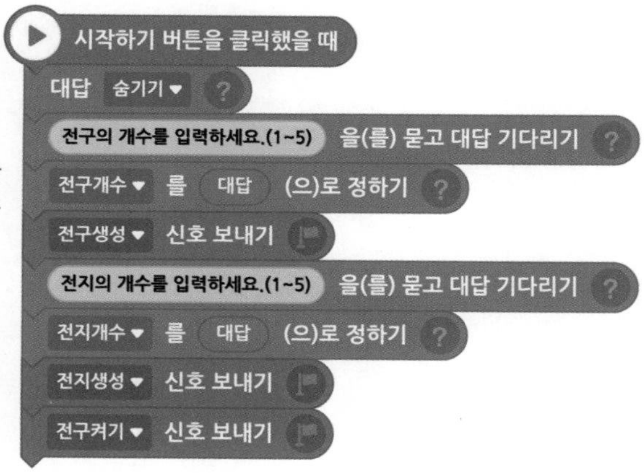

전구 오브젝트

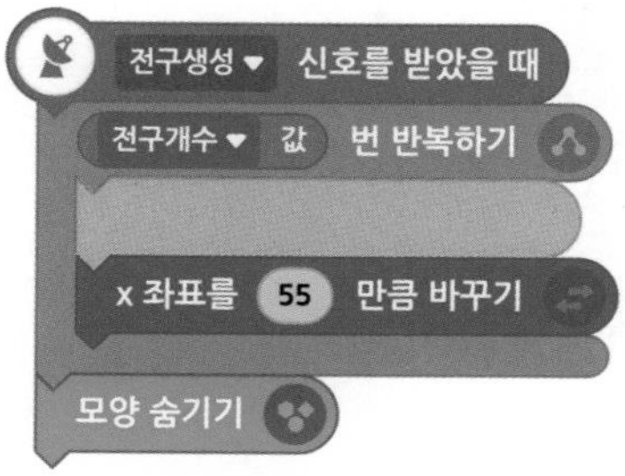

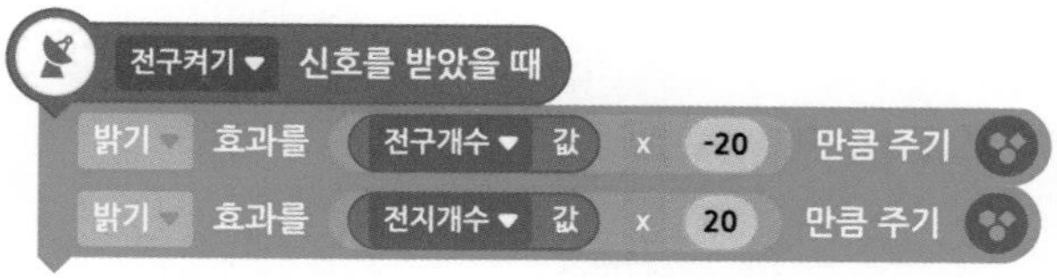

힌트 : 동일한 전지 오브젝트와 전구 오브젝트를 입력한 개수만큼 추가해줄 수 있는 블록이 필요합니다.

문제 해결 길잡이

입력한 값에 따라 동일한 전구와 전지를 x좌표만 바꾸면서 추가하고 있습니다.
동일한 객체를 추가하기 위해 `자신▾ 의 복제본 만들기` 를 사용하면 됩니다.

전지
오브젝트

```
전지생성▾ 신호를 받았을 때
전지개수▾ 값 번 반복하기
    
    x 좌표를 55 만큼 바꾸기
모양 숨기기
```

전구
오브젝트

```
전구생성▾ 신호를 받았을 때
전구개수▾ 값 번 반복하기
    
    x 좌표를 55 만큼 바꾸기
모양 숨기기
```

```
전구켜기▾ 신호를 받았을 때
밝기▾ 효과를 (전구개수▾ 값 x -20) 만큼 주기
밝기▾ 효과를 (전지개수▾ 값 x 20) 만큼 주기
```

정답 `자신▾ 의 복제본 만들기`

개념 다지기

- `자신▾ 의 복제본 만들기` 자신과 동일한 오브젝트를 만듭니다.
- `복제본이 처음 생성되었을때` 복제본 오브젝트가 만들어졌을 때 실행되어야 하는 블록을 이 블록 뒤에 붙입니다.
- `모든 복제본 삭제하기` 복제된 모든 오브젝트를 삭제합니다.
- `이 복제본 삭제하기` 복제된 자신의 오브젝트를 삭제합니다.

082 자동 온도 조정 장치

난이도★

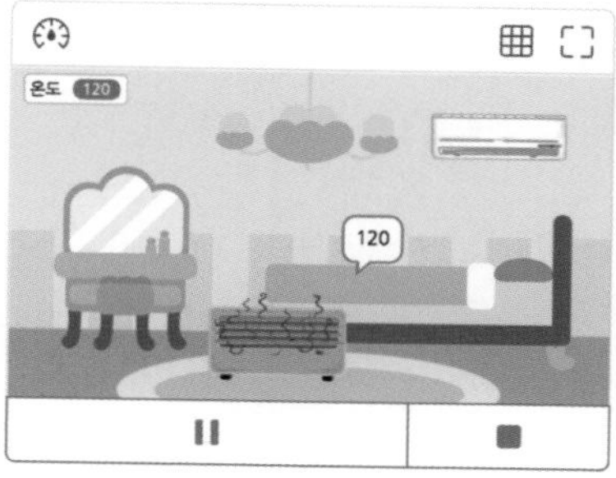
온도 120
120

다음은 센서로부터 입력받은 온도 데이터에 따라 에어컨과 히터를 제어하는 프로그램입니다. 온도 센서값이 170보다 크면 에어컨이 켜짐 모양으로 바뀌어야 하고, 155보다 작다면 히터가 켜짐 모양으로 바뀌어야 합니다. 아래 코드에서 빈칸에 들어갈 코드를 작성하세요.

에어컨
오브젝트

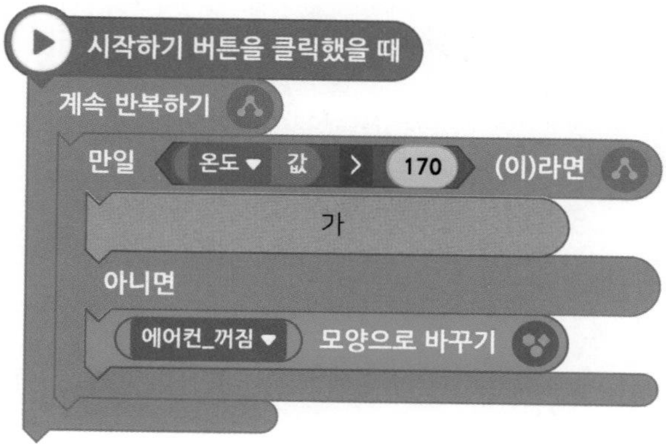
시작하기 버튼을 클릭했을 때
계속 반복하기
만일 온도 값 > 170 (이)라면
가
아니면
에어컨_꺼짐 모양으로 바꾸기

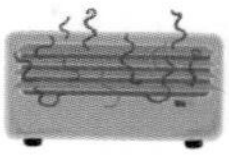

히터
오브젝트

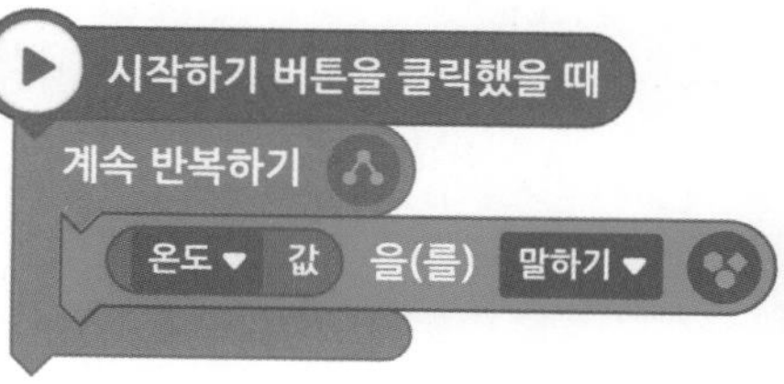
시작하기 버튼을 클릭했을 때
계속 반복하기
온도 값 을(를) 말하기

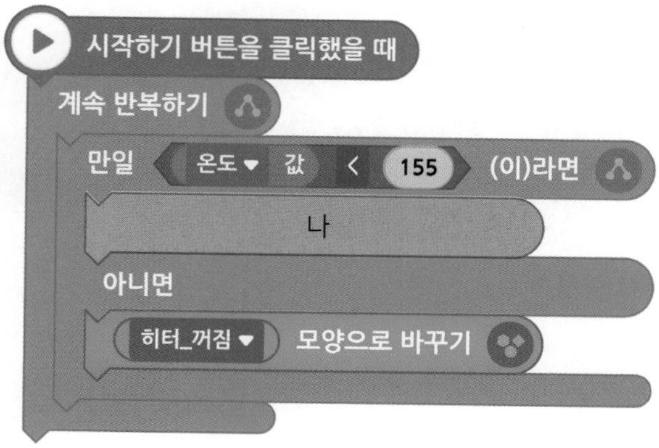
시작하기 버튼을 클릭했을 때
계속 반복하기
만일 온도 값 < 155 (이)라면
나
아니면
히터_꺼짐 모양으로 바꾸기

힌트 : 오브젝트 모양을 바꾸는 블록이 필요합니다.

문제 해결 길잡이

에어컨과 히터의 모양은 다음과 같이 두 가지가 있습니다.

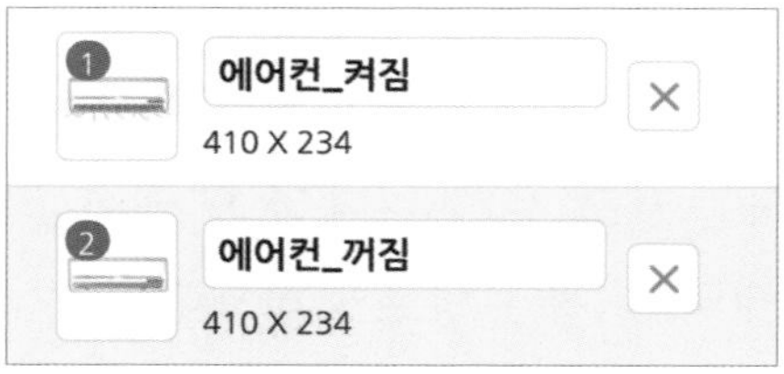

1 에어컨_켜짐
410 X 234
2 에어컨_꺼짐
410 X 234

에어컨 모양

1 히터_켜짐
339 X 226
2 히터_꺼짐
339 X 226

히터 모양

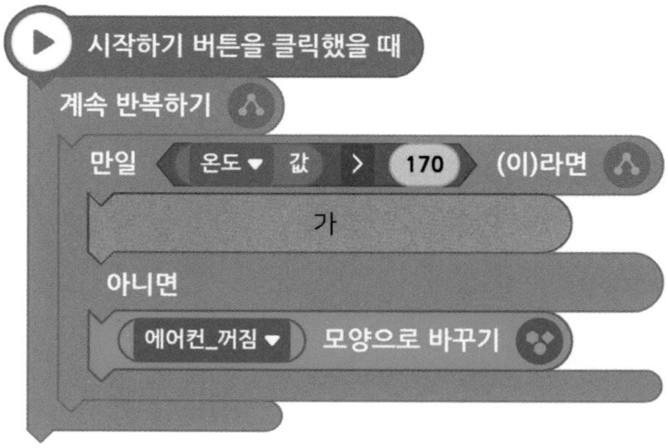

시작하기 버튼을 클릭했을 때
계속 반복하기
만일 온도 값 > 170 (이)라면
가
아니면
에어컨_꺼짐 모양으로 바꾸기

'아니면' 블록 안에

에어컨_꺼짐 ▾ 모양으로 바꾸기 가 있습니다.

만일 온도 센서 값이 170보다 크다면

아래의 블록이 '가'에 들어가면 되겠네요.

에어컨_켜짐 ▾ 모양으로 바꾸기

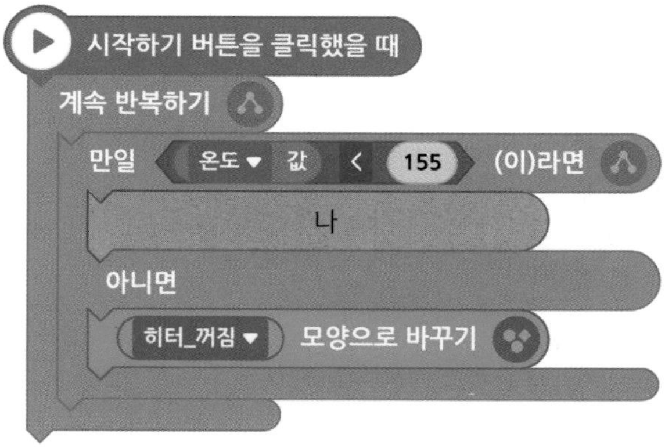

시작하기 버튼을 클릭했을 때
계속 반복하기
만일 온도 값 < 155 (이)라면
나
아니면
히터_꺼짐 모양으로 바꾸기

'아니면' 블록 안에

히터_꺼짐 ▾ 모양으로 바꾸기 가 있습니다.

만일 온도 센서값이 155보다 작다면

아래의 블록이 '나'에 들어가면 되겠습니다.

히터_켜짐 ▾ 모양으로 바꾸기

정답 가 에어컨_켜짐 ▾ 모양으로 바꾸기, 나 히터_켜짐 ▾ 모양으로 바꾸기

083 선생님 몰래 춤추기 게임

난이도★

선생님이 없을 때 학생이 춤을 추면 1점을 얻고, 선생님이 있을 때 춤을 추면 1점을 깎는 게임입니다. 그런데, 게임을 실행해보니 반대로 점수가 계산됩니다. 어디에 버그(오류)가 있는지 찾아보세요.

(참고: 학생이 춤추게 하기 위해서는 '학생' 오브젝트를 클릭해야 합니다.)

선생님 오브젝트

```
시작하기 버튼을 클릭했을 때
계속 반복하기
    상태▼ 를 선생님없음 (으)로 정하기
    모양 숨기기
    1 부터 4 사이의 무작위 수 초 기다리기
    모양 보이기
    상태▼ 를 선생님등장 (으)로 정하기
    1 부터 4 사이의 무작위 수 초 기다리기
```

```
걸림▼ 신호를 받았을 때
이녀석! 뭐하고 있는거야? 을(를) 2 초 동안 말하기▼
```

춤추는 학생 오브젝트

```
오브젝트를 클릭했을 때
만일 < 상태▼ 값 = 선생님등장 > (이)라면
    다음▼ 모양으로 바꾸기
    점수▼ 에 1 만큼 더하기
아니면
    걸림▼ 신호 보내기
    점수▼ 에 -1 만큼 더하기
```

게임 만들기 연계

문제 해결 길잡이

점수 계산에 오류가 있으므로 점수와 관련된 코드를 잘 살펴봅시다.

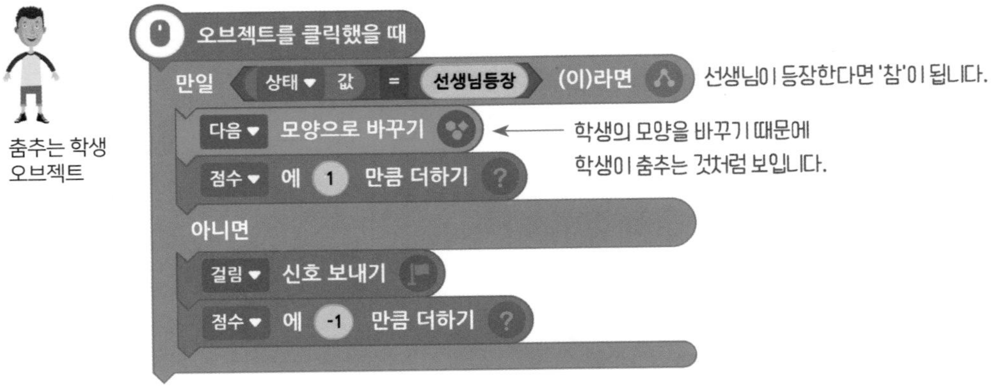

춤추는 학생 오브젝트
오브젝트를 클릭했을 때
만일 상태 값 = 선생님등장 (이)라면
선생님이 등장한다면 '참'이 됩니다.
다음 모양으로 바꾸기
학생의 모양을 바꾸기 때문에 학생이 춤추는 것처럼 보입니다.
점수 에 1 만큼 더하기
아니면
걸림 신호 보내기
점수 에 -1 만큼 더하기

'상태' 변수에 '선생님등장'이라는 값이 들어 있으면 점수를 1점 더합니다. 앗! 게임 규칙이랑 다르네요. 선생님이 없을 때 춤을 추면 1점을 준다고 했는데, 선생님이 있을 때 점수를 주네요.

'선생님등장'을 '선생님없음'으로 바꾸면 잘 될 것 같은 느낌이지요?

정답 

상태 값 = 선생님등장

판단식이 게임규칙과 다르게 작성되어 있습니다.

학부모 길잡이

실제 코딩에서도 상태 변화에 따라 코드가 동작하도록 프로그램을 만든답니다.
불이 켜진 상태, 열림 버튼이 눌린 상태 등 상태를 기반으로 동작하는 기능들이 많이 있거든요.
예를 들어볼까요? 스마트 홈 에서는 집안의 상태를 관찰해 보일러를 자동으로 제어합니다.
사람이 집 안에 있는 상태라면 적정 온도로 보일러를 가동시켜주고,
사람이 없는 상태라면 낮은 온도로 가동시켜주는 식이지요.

084 챗봇 프로그램

난이도★★

다음은 고객의 질문을 듣고 답변을 자동으로 해주는 챗봇 프로그램입니다. 고객의 질문에 엔트리봇이 어떻게 답변하는지 (가)와 (나)에 작성하세요.

번호	고객의 질문	엔트리봇 답변
1	영업시간이 어떻게 되나요?	9시부터 4시까지입니다.
2	은행 위치가 어디인가요?	(가)
3	어느 지점인가요?	(나)

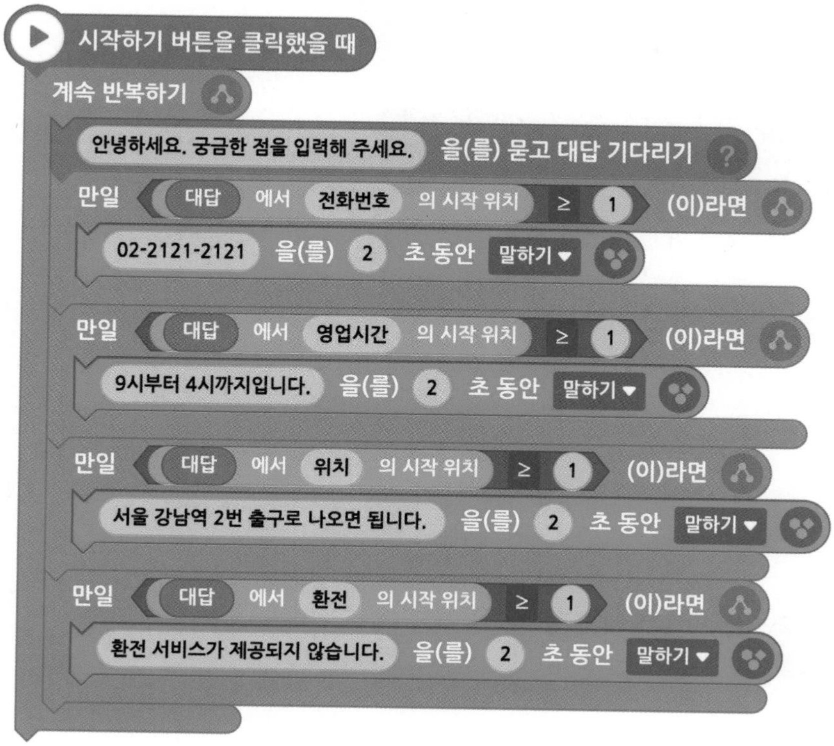

문제 해결 길잡이

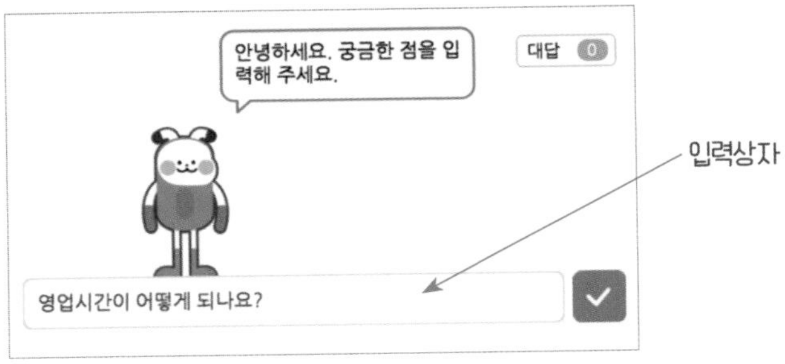

고객이 입력상자에 '영업시간이 어떻게 되나요?'라고 작성하면 대답 에 들어가는데요. 대답 에서 영업시간 의 시작 위치 블록은 '대답'에 들어가 있는 문장에서 영업시간의 위치를 알려줍니다. '영업시간'이라는 단어가 맨 첫번째에 있으므로, 1이라고 알려줍니다.
이 블록의 결과가 1이므로 판단식(1>=1)이 참이 되어 아래 말하기 블록이 실행됩니다.

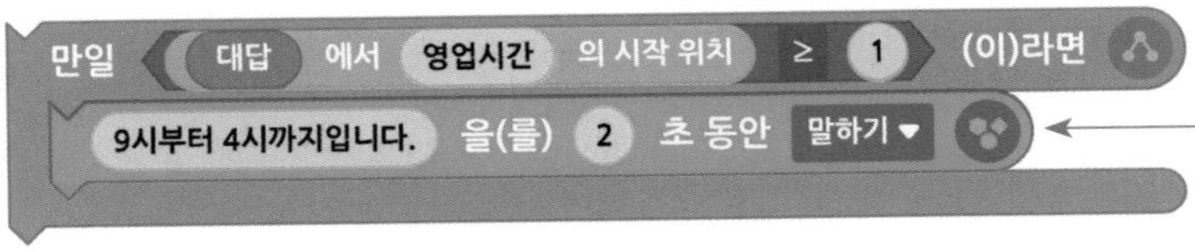

2번 질문은 '은행 위치가 어디인가요?'인데요. 이 문장에 '위치'라는 단어가 들어가 있기 때문에 '만일...이라면'의 판단식이 참이 되어 말하기 블록이 실행됩니다.

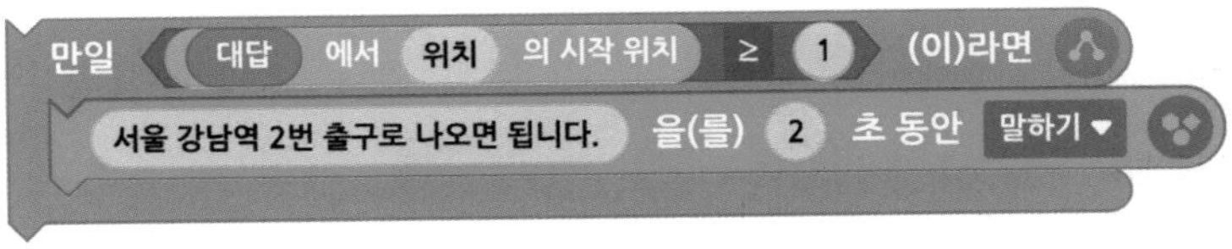

3번 질문은 '어느 지점인가요?'이군요. 판단식에서 참이 되는 블록이 없어서 말하기 블록이 실행되지 않습니다.

정답 (가) 서울 강남역 2번 출구로 나오시면 됩니다.
(나) 답변하지 않음

085 로그인 기능

난이도★★

다음은 로그인 기능을 작성한 코드입니다.

- 아이디와 비밀번호를 입력받고 입력한 정보가 맞으면 '로그인 성공'이라고 말해줍니다.
- 입력한 정보가 틀리면 '틀렸습니다'라고 말해주고, 아이디와 비밀번호를 다시 입력하도록 코드를 처음부터 실행합니다.

로그인 기능이 이와 같이 동작하도록 아래 코드에서 가와 나를 채우세요.(참고: '아이디 목록'과 '비밀번호 목록' 리스트에 아이디와 비밀번호가 등록되어 있습니다.)

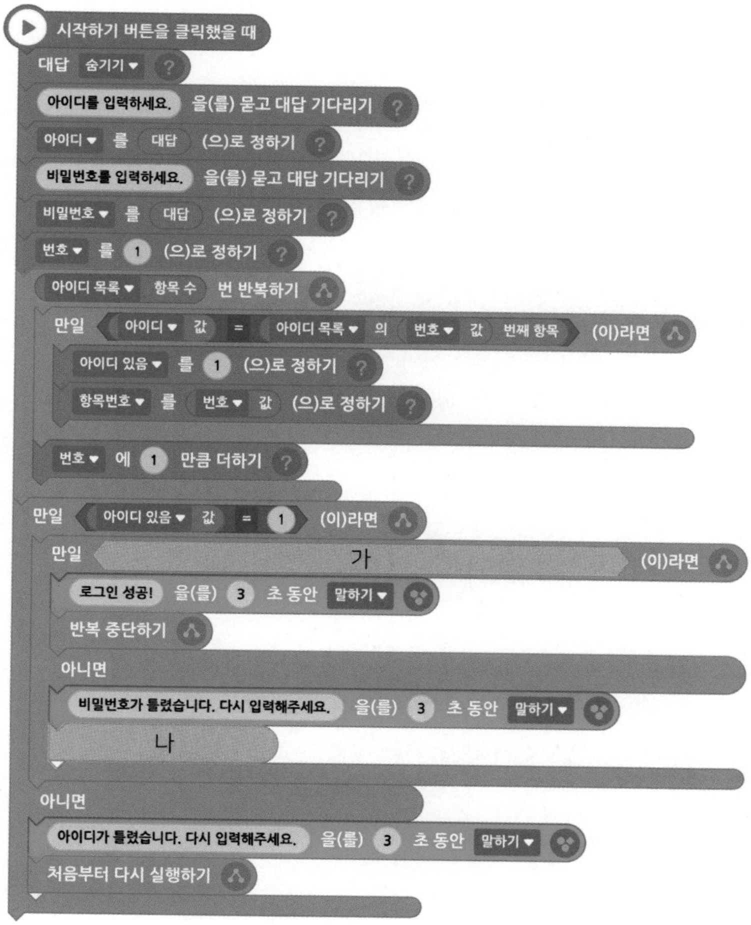

문제 해결 길잡이

[아이디 목록 ▾ 의 (번호 ▾ 값) 번째 항목] 과 [비밀번호 목록 ▾ 의 (항목번호 ▾ 값) 번째 항목] 블록을 보면 '아이디어 목록'과 '비밀번호 목록'이 리스트라는 것을 짐작할 수 있습니다.
위와 같은 블록을 사용하기 위해서는 아래와 같이 리스트가 추가되어 있어야 한답니다.

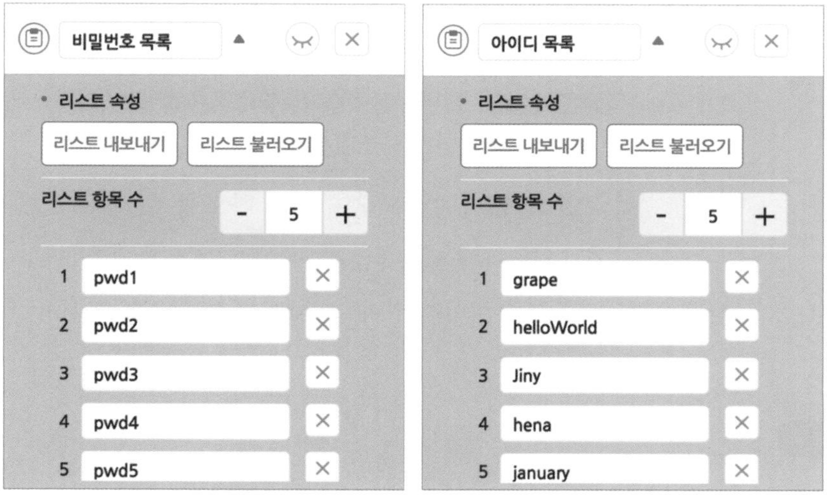

'가'의 판단식이 참이라면 아이디와 비밀번호가 모두 맞아 '로그인 성공'이라고 말하지만, 판단식이 거짓이 되는 경우 '비밀번호가 틀렸습니다'라고 말합니다. 그렇다면 '가'에는 입력한 비밀번호가 맞는지를 확인하는 판단식이 와야겠는데요!

가 ⟨(비밀번호 ▾ 값) = (비밀번호 목록 ▾ 의 (항목번호 ▾ 값) 번째 항목)⟩

'나'에는 비밀번호가 틀리면, 아이디와 비밀번호를 다시 입력할 수 있도록 코드를 처음부터 다시 시작하는 블록이 와야 합니다.

나 [처음부터 다시 실행하기]

정답 가 ⟨(비밀번호 ▾ 값) = (비밀번호 목록 ▾ 의 (항목번호 ▾ 값) 번째 항목)⟩
나 [처음부터 다시 실행하기]

086 회원가입 기능

난이도★

회원가입을 위해 아이디를 설정해주세요.

다음은 회원가입을 위해 아이디와 비밀번호를 설정하는 코드로 아래의 비밀번호 작성 규칙을 만족하는지 확인하고 있습니다.

· 비밀번호 길이가 8자리 이상이어야 합니다.
· 입력받은 두 개의 비밀번호가 동일해야 합니다.

아래 코드에서 비밀번호 작성 규칙을 만족하지 않을 경우 말하기 블록이 실행되는데요. 가와 나에 들어갈 문장을 작성하세요.

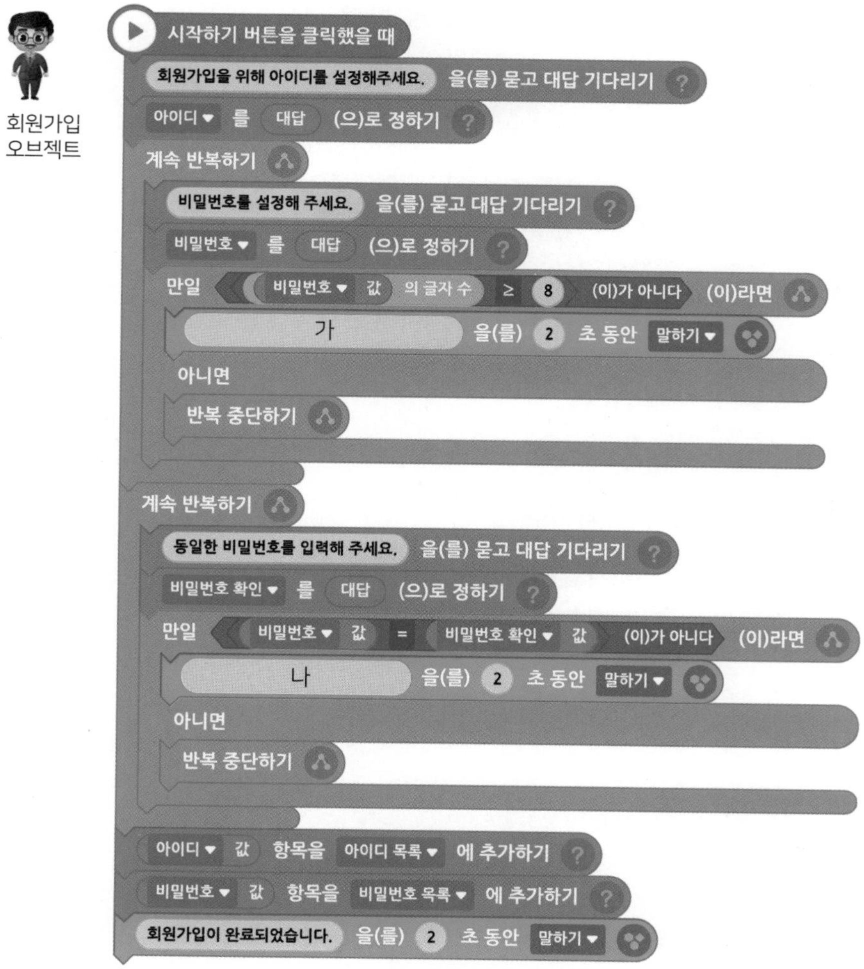

회원가입 오브젝트
시작하기 버튼을 클릭했을 때
회원가입을 위해 아이디를 설정해주세요. 을(를) 묻고 대답 기다리기
아이디 ▾ 를 대답 (으)로 정하기
계속 반복하기
비밀번호를 설정해 주세요. 을(를) 묻고 대답 기다리기
비밀번호 ▾ 를 대답 (으)로 정하기
만일 비밀번호 ▾ 값 의 글자 수 ≥ 8 (이)가 아니다 (이)라면
가 을(를) 2 초 동안 말하기 ▾
아니면
반복 중단하기
계속 반복하기
동일한 비밀번호를 입력해 주세요. 을(를) 묻고 대답 기다리기
비밀번호 확인 ▾ 를 대답 (으)로 정하기
만일 비밀번호 ▾ 값 = 비밀번호 확인 ▾ 값 (이)가 아니다 (이)라면
나 을(를) 2 초 동안 말하기 ▾
아니면
반복 중단하기
아이디 ▾ 값 항목을 아이디 목록 ▾ 에 추가하기
비밀번호 ▾ 값 항목을 비밀번호 목록 ▾ 에 추가하기
회원가입이 완료되었습니다. 을(를) 2 초 동안 말하기 ▾

문제 해결 길잡이

비밀번호의 글자수가 8자리보다 작으면 무슨 말을 해야 할까요? '비밀번호가 8자리 이상이어야 합니다'라는 말을 해야 한답니다.

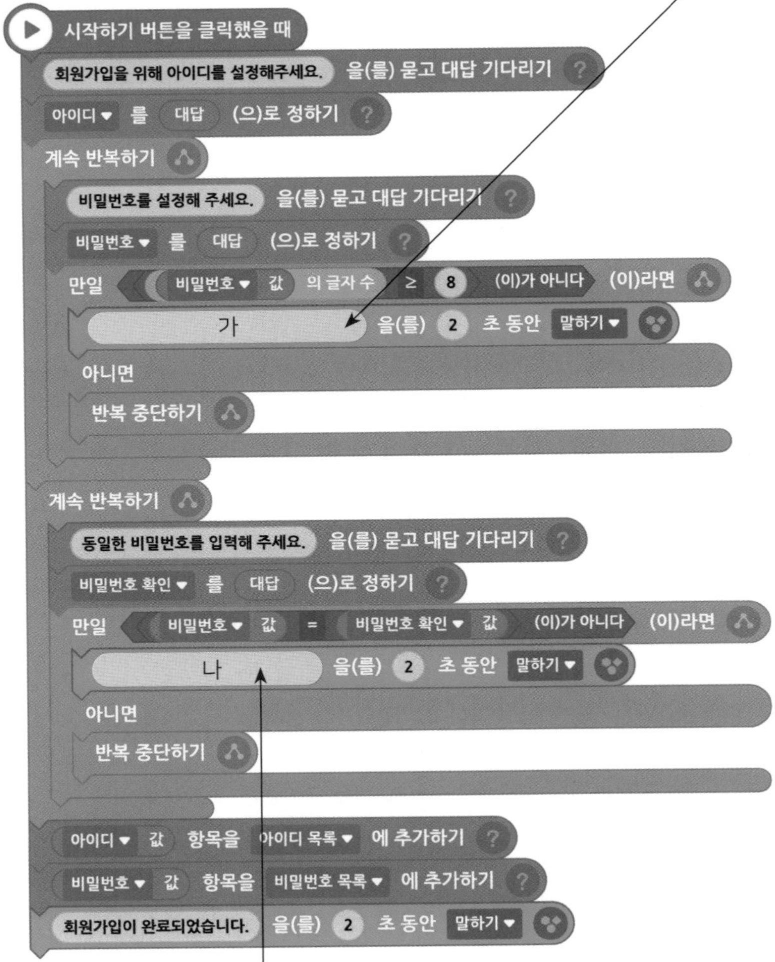

시작하기 버튼을 클릭했을 때
회원가입을 위해 아이디를 설정해주세요. 을(를) 묻고 대답 기다리기
아이디 를 대답 (으)로 정하기
계속 반복하기
비밀번호를 설정해 주세요. 을(를) 묻고 대답 기다리기
비밀번호 를 대답 (으)로 정하기
만일 비밀번호 값 의 글자 수 ≥ 8 (이)가 아니다 (이)라면
가 을(를) 2 초 동안 말하기
아니면
반복 중단하기
계속 반복하기
동일한 비밀번호를 입력해 주세요. 을(를) 묻고 대답 기다리기
비밀번호 확인 를 대답 (으)로 정하기
만일 비밀번호 값 = 비밀번호 확인 값 (이)가 아니다 (이)라면
나 을(를) 2 초 동안 말하기
아니면
반복 중단하기
아이디 값 항목을 아이디 목록 에 추가하기
비밀번호 값 항목을 비밀번호 목록 에 추가하기
회원가입이 완료되었습니다. 을(를) 2 초 동안 말하기

'비밀번호'와 '비밀번호 확인' 값이 동일하지 않다면, 무슨 말을 해야 할까요? 당연히 '비밀번호가 일치하지 않습니다'라고 말해야겠지요.

정답 가 비밀번호가 8자리 이상이어야 합니다.

나 비밀번호가 일치하지 않습니다.

087 실험 데이터 통계(1)

난이도★★

실험 데이터를 10번 입력해 주세요.
최댓값 0
최솟값 0
대답 0
실험데이터

다음은 과학자가 실험한 결과를 입력하면 평균, 최댓값, 최솟값을 구해주는 프로그램입니다. '최댓값 구하기' 함수 정의하기 블록 1을 참고해서 '최솟값 구하기'에 대한 함수 정의하기 블록 2를 조립해보세요.

과학자 오브젝트

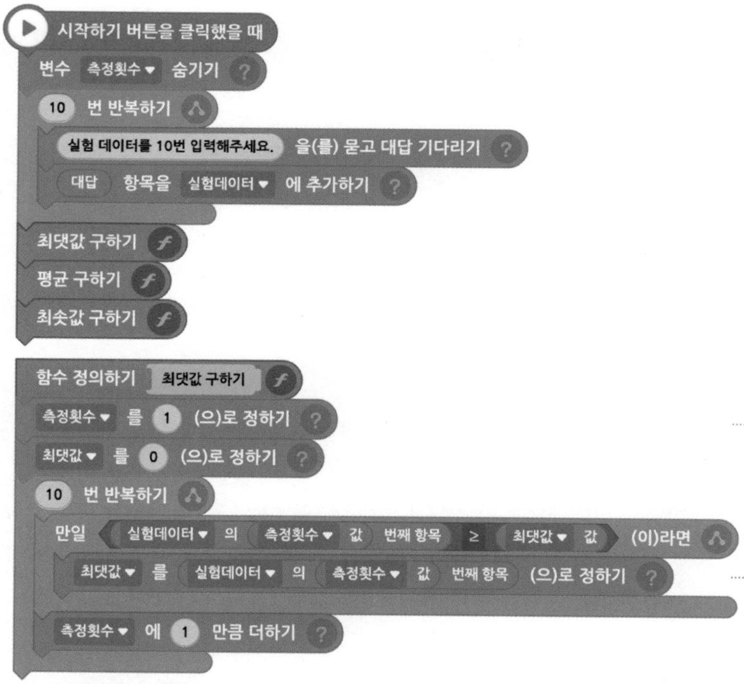
시작하기 버튼을 클릭했을 때
변수 측정횟수 숨기기
10 번 반복하기
실험 데이터를 10번 입력해주세요. 을(를) 묻고 대답 기다리기
대답 항목을 실험데이터 에 추가하기
최댓값 구하기
평균 구하기
최솟값 구하기
함수 정의하기 최댓값 구하기
측정횟수 를 1 (으)로 정하기
최댓값 를 0 (으)로 정하기
10 번 반복하기
만일 실험데이터 의 측정횟수 값 번째 항목 ≥ 최댓값 값 (이)라면
최댓값 를 실험데이터 의 측정횟수 값 번째 항목 (으)로 정하기
측정횟수 에 1 만큼 더하기

1 최댓값 구하기 함수

2 최솟값 구하기 함수

문제 해결 길잡이

최댓값 구하기 함수의 알고리즘을 이해해봅시다. 최댓값 구하기 함수에서는 '실험 데이터' 리스트의 항목들이 최댓값 변수 값보다 크다면, 최댓값 변수를 실험 데이터의 항목 값으로 바꿔줍니다.

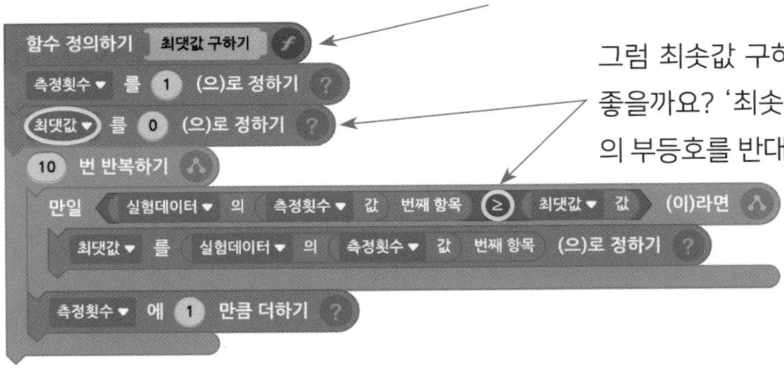

함수 정의하기 최댓값 구하기
측정횟수 를 1 (으)로 정하기
최댓값 를 0 (으)로 정하기
10 번 반복하기
만일 실험데이터 의 측정횟수 값 번째 항목 ≥ 최댓값 값 (이)라면
최댓값 를 실험데이터 의 측정횟수 값 번째 항목 (으)로 정하기
측정횟수 에 1 만큼 더하기

그럼 최솟값 구하기 함수를 어떻게 정의하면 좋을까요? '최솟값' 변수를 추가하고, 판단식의 부등호를 반대로 바꿔줍니다.

판단식의 동작과정을 생각해보기

실험데이터 의 측정횟수 값 번째 항목 ≥ 최댓값 값

은 실험 데이터 리스트의 항목과 최댓값 변수를 아래와 같이 비교해줍니다.

실험 데이터

1	2
2	5
3	4
4	5
5	6
6	7
7	8
8	6
9	5
10	4

1번째 항목(2)이 '최댓값' 변수 값(0)보다 **크다면** 이 항목의 값을 '최댓값' 변수에 넣어줍니다.

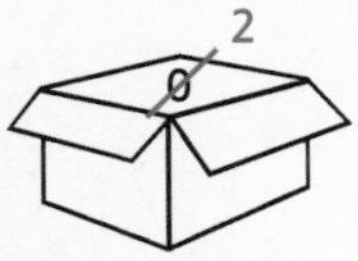

2
0

최댓값 변수

2번째 항목(5)이 '최댓값' 변수 값(2)보다 **크다면** 이 항목의 값을 '최댓값' 변수에 넣어줍니다.

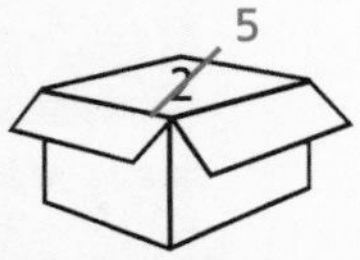

5
2

최댓값 변수

3번째 항목(4)이 '최댓값' 변수 값보다 **크지 않다면** '만일… 이라면' 안의 블록이 **실행되지 않아** '최댓값' 변수의 값이 변경되지 않습니다.

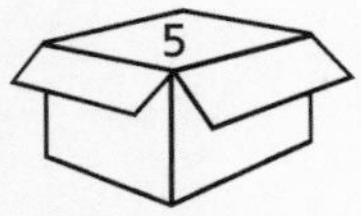

5

최댓값 변수

정답

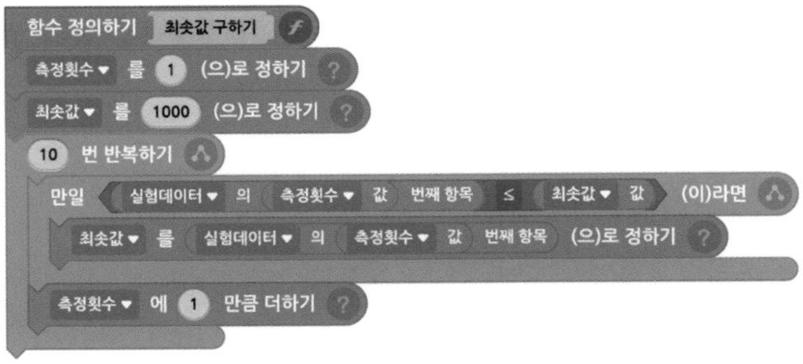

함수 정의하기 최솟값 구하기
측정횟수 를 1 (으)로 정하기
최솟값 를 1000 (으)로 정하기
10 번 반복하기
만일 실험데이터 의 측정횟수 값 번째 항목 ≤ 최솟값 값 (이)라면
최솟값 를 실험데이터 의 측정횟수 값 번째 항목 (으)로 정하기
측정횟수 에 1 만큼 더하기

088 실험 데이터 통계(2)

난이도★

입력상자에 측정횟수(예: 15)를 입력합니다.

다음 코드에서 입력상자에 작성한 값을 활용해 반복하기 블록의 반복횟수를 정하도록 가~다 빈칸을 채우고 입력값에 따라 질문의 문장이 바뀌도록 합치기 블록을 이용해 라 블록을 변경하세요.

과학자 오브젝트

```
시작하기 버튼을 클릭했을 때
변수 측정횟수▼ 숨기기
[        가        ]
(나) 번 반복하기
    실험 데이터를 10번 입력해주세요.(라) 을(를) 묻고 대답 기다리기
    대답 항목을 실험데이터▼ 에 추가하기
최댓값 구하기

함수 정의하기 최댓값 구하기
측정횟수▼ 를 1 (으)로 정하기
최댓값▼ 를 0 (으)로 정하기
(다) 번 반복하기
    만일 <(실험데이터▼ 의 (측정횟수▼ 값) 번째 항목) ≥ (최댓값▼ 값)> (이)라면
        최댓값▼ 를 (실험데이터▼ 의 (측정횟수▼ 값) 번째 항목) (으)로 정하기
    측정횟수▼ 에 1 만큼 더하기
```

엔트리 블록 목록(231쪽)을 참고해 작성해보세요.

문제 해결 길잡이

질문을 하고 입력을 받으려면, 아래 블록을 사용하면 됩니다.

측정 횟수를 입력하세요. 을(를) 묻고 대답 기다리기

사용자가 입력상자에 15라고 작성하면, 대답 에 담기게 되는데요. 반복하기 블록에 대답 을 쏙 끼어 넣어주면 됩니다.

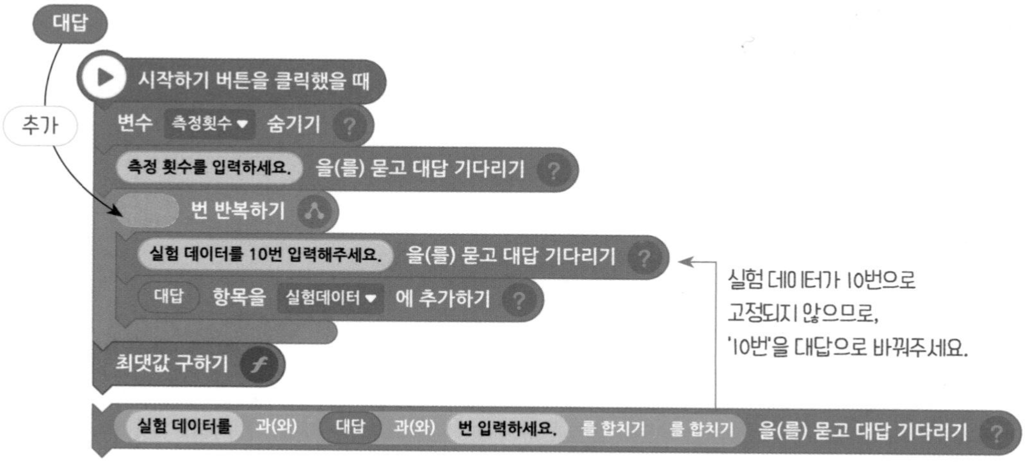
대답
추가
시작하기 버튼을 클릭했을 때
변수 측정횟수 숨기기
측정 횟수를 입력하세요. 을(를) 묻고 대답 기다리기
번 반복하기
실험 데이터를 10번 입력해주세요. 을(를) 묻고 대답 기다리기
대답 항목을 실험데이터 에 추가하기
최댓값 구하기
실험 데이터가 10번으로
고정되지 않으므로,
'10번'을 대답으로 바꿔주세요.
실험 데이터를 과(와) 대답 과(와) 번 입력하세요. 를 합치기 를 합치기 을(를) 묻고 대답 기다리기

대답에 들어간 숫자만큼 실험 데이터의 항목이 추가됩니다. 예를 들어, 대답이 15라면, '실험 데이터 항목수'도 15가 됩니다. '최댓값 구하기' 함수에서는 리스트 항목수만큼 반복하므로 '실험 데이터 항목수'를 빈칸에 넣어주면 됩니다.

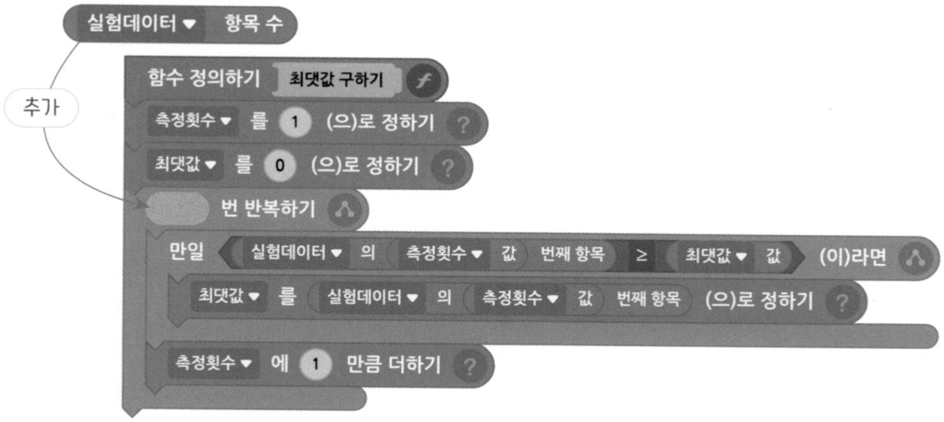
실험데이터 항목 수
추가
함수 정의하기 최댓값 구하기
측정횟수 를 1 (으)로 정하기
최댓값 를 0 (으)로 정하기
번 반복하기
만일 실험데이터 의 측정횟수 값 번째 항목 ≥ 최댓값 값 (이)라면
최댓값 를 실험데이터 의 측정횟수 값 번째 항목 (으)로 정하기
측정횟수 에 1 만큼 더하기

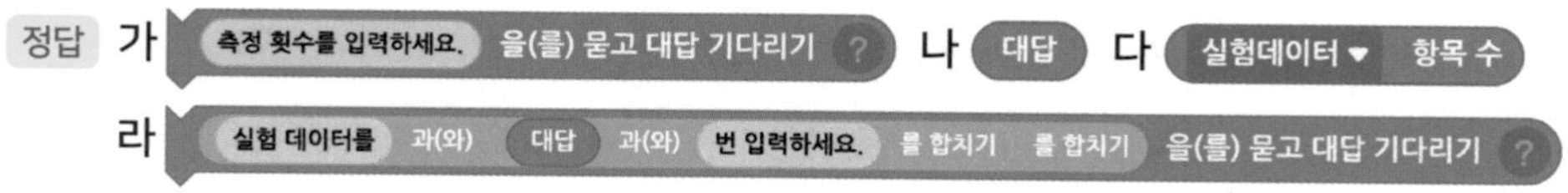
정답
가 측정 횟수를 입력하세요. 을(를) 묻고 대답 기다리기
나 대답
다 실험데이터 항목 수
라 실험 데이터를 과(와) 대답 과(와) 번 입력하세요. 를 합치기 를 합치기 을(를) 묻고 대답 기다리기

089 실험 데이터 통계(3)

난이도★

다음은 실험 데이터의 평균을 구하는 코드의 일부입니다. 빈칸에는 '실험 데이터' 리스트의 모든 항목값에 대한 합계를 구하는 코드가 추가되어야 합니다. 보기에 있는 블록을 모두 이용해 빈칸을 채우세요.

과학자 오브젝트

```
함수 정의하기 [평균 구하기]
측정횟수 를 (1) (으)로 정하기
(10) 번 반복하기
    [          ]
    측정횟수 에 (1) 만큼 더하기
평균 를 ((합계 값) / (10)) (으)로 정하기
```

보기

- (합계 값)
- (실험데이터 의 ( ) 번째 항목)
- (( ) + ( ))
- 합계 를 ( ) (으)로 정하기
- (측정횟수 값)

힌트 : '실험 데이터' 리스트의 모든 항목값을 더하는 블록이 와야 합니다.

문제 해결 길잡이

'실험 데이터'의 항목값은 다음의 과정을 통해 더해집니다.

실험 데이터

1	2
2	5
3	4
4	5
5	6
6	7
7	8
8	6
9	5
10	4

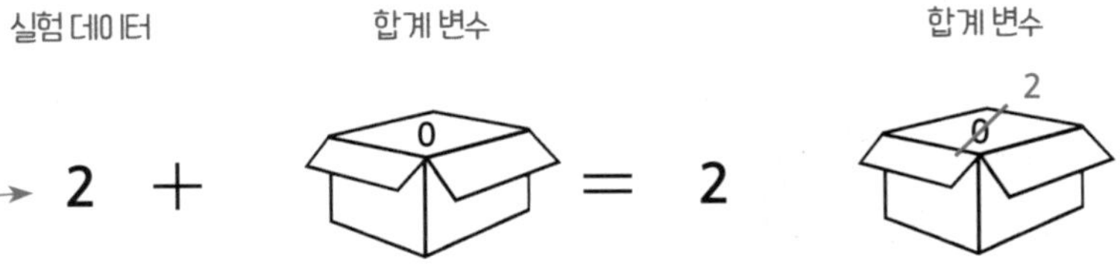
실험 데이터
합계 변수
합계 변수
2 + 0 = 2
2

'실험 데이터' 첫번째 항목(2)과 '합계' 변수 값(0)을 더합니다. 그리고, 더한 결과(2)를 '합계'변수로 정해줍니다.

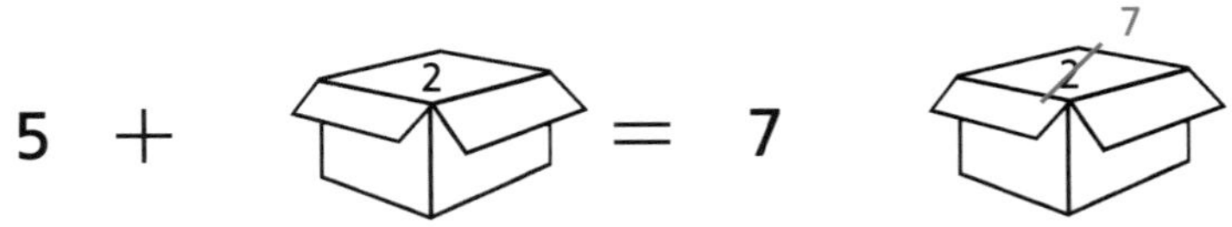
5 + 2 = 7
7

'실험 데이터' 두번째 항목(5)과 '합계' 변수 값(2)을 더합니다. 그리고, 더한 결과(7)를 '합계' 변수로 정해줍니다.

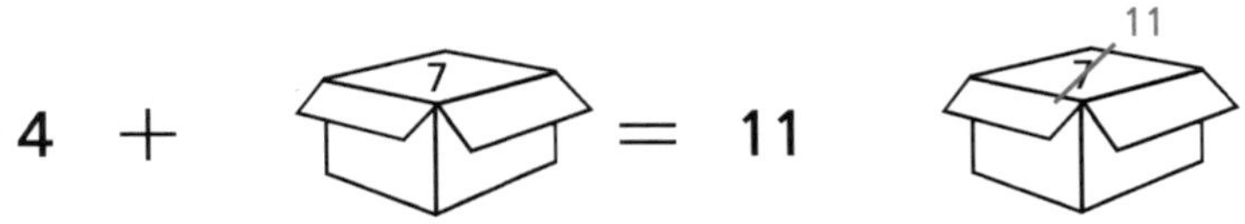
4 + 7 = 11
11

실험 데이터의 항목값과 합계 변수의 더하기 과정을 블록으로 조립하면 다음과 같습니다.

실험데이터 의 측정횟수 값 번째 항목 + 합계 값

위에서 더한 결과를 합계 변수에 넣도록 아래와 같이 블록을 조립합니다.

합계 를 실험데이터 의 측정횟수 값 번째 항목 + 합계 값 (으)로 정하기

정답

합계 를 실험데이터 의 측정횟수 값 번째 항목 + 합계 값 (으)로 정하기

090 드론 조종하기

난이도★

시작하기 버튼을 클릭하면 비행

esc 키를 누르면 착륙

시작하기 버튼을 클릭하면 왼쪽 그림과 같이 드론이 강을 따라 위쪽으로 날라가고 'esc' 키를 누르면 오른쪽 그림과 같이 강 옆 언덕에 착륙합니다. 아래 코드에서 비행을 멈추기 위한 블록을 빈칸에 작성하세요.

드론
오브젝트

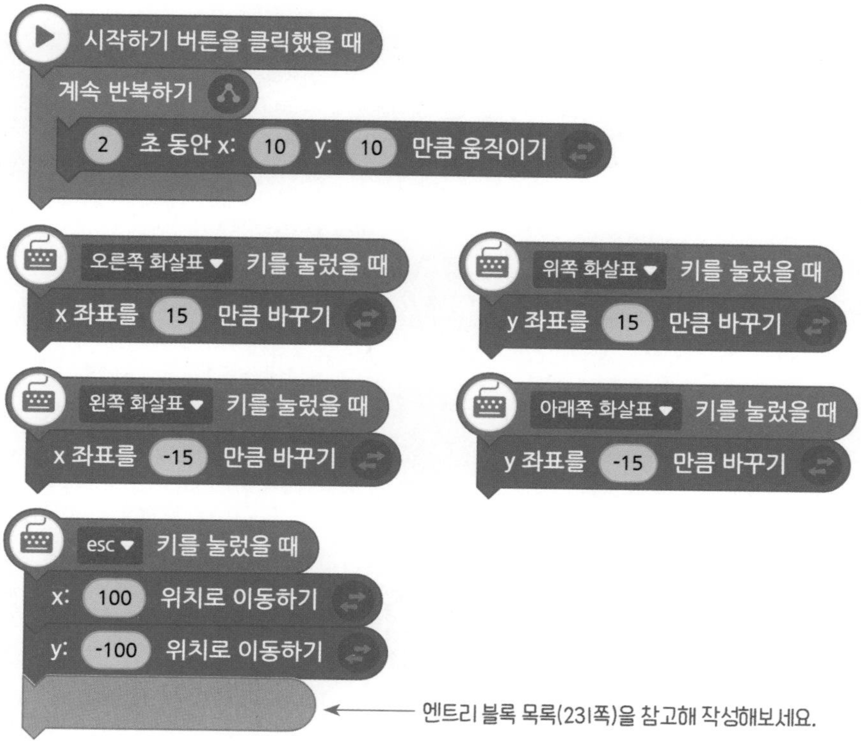
시작하기 버튼을 클릭했을 때
계속 반복하기
2 초 동안 x: 10 y: 10 만큼 움직이기
오른쪽 화살표 키를 눌렀을 때
x 좌표를 15 만큼 바꾸기
위쪽 화살표 키를 눌렀을 때
y 좌표를 15 만큼 바꾸기
왼쪽 화살표 키를 눌렀을 때
x 좌표를 -15 만큼 바꾸기
아래쪽 화살표 키를 눌렀을 때
y 좌표를 -15 만큼 바꾸기
esc 키를 눌렀을 때
x: 100 위치로 이동하기
y: -100 위치로 이동하기
엔트리 블록 목록(231쪽)을 참고해 작성해보세요.

문제 해결 길잡이

시작하기 버튼을 클릭하면 '계속 반복하기' 블록이 실행됩니다. 'esc' 키를 눌렀을 때 반복하기 블록을 멈추려면, 모든 코드 멈추기 블록을 사용하면 됩니다.

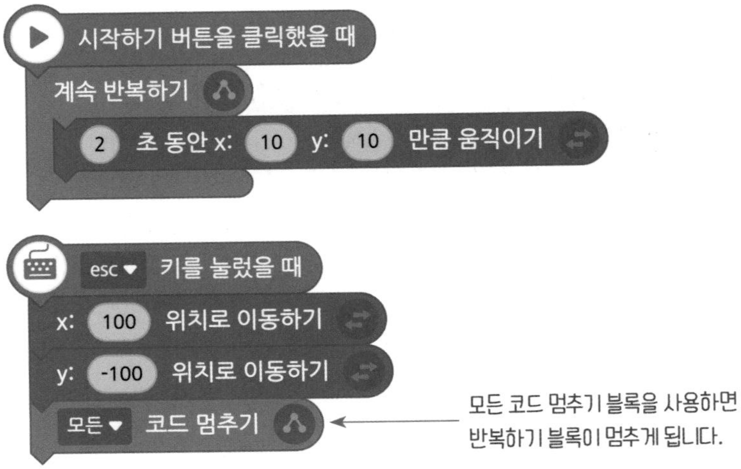

시작하기 버튼을 클릭했을 때
계속 반복하기
2 초 동안 x: 10 y: 10 만큼 움직이기
esc 키를 눌렀을 때
x: 100 위치로 이동하기
y: -100 위치로 이동하기
모든 코드 멈추기
모든 코드 멈추기 블록을 사용하면
반복하기 블록이 멈추게 됩니다.

여기서 잠깐!

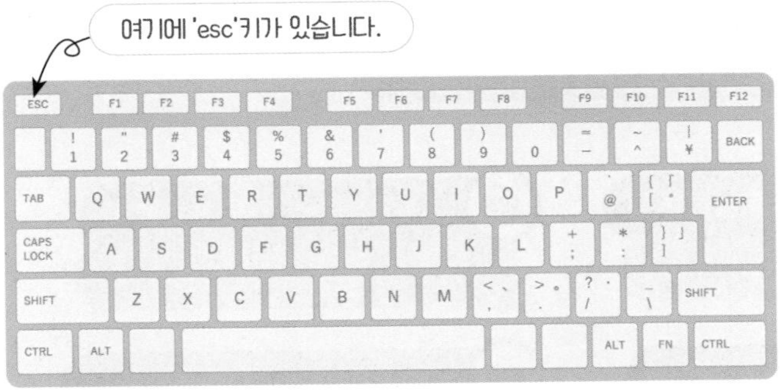

여기에 'esc'키가 있습니다.

학부모 길잡이

각각의 블록이 어떻게 동작하는지 이해할 수 있어야 코드를 작성할 수 있는 능력이 생깁니다.
엔트리 블록 목록을 자주 보고 블록을 내가 생각하는 대로 조립해볼 수 있도록 가이드해주세요.
코딩 공부는 실수하면서 더 많이 배울 수 있다는 점도 기억해주세요!

091 도형의 넓이 구하기

난이도★★

도형을 클릭하면 넓이를 계산해 줄게요.
대답 0

왼쪽은 도형의 넓이를 구하는 프로그램으로 오브젝트를 클릭하면 다음과 같이 실행됩니다.

- 원을 클릭하면 반지름을 입력받아 넓이를 구합니다.
- 사각형을 클릭하면 가로와 세로 길이를 입력받아 넓이를 구합니다.
- 삼각형을 클릭하면 밑변과 높이를 입력받아 넓이를 구합니다.

이와 같이 프로그램이 동작하도록 아래 코드에서 빈칸에 들어갈 블록을 작성하세요.

원 오브젝트

```
오브젝트를 클릭했을 때
반지름을 작성하세요. 을(를) 묻고 대답 기다리기
[ 가 ] 를 대답 (으)로 정하기
원의 넓이는 과(와) 반지름▾ 값 x 반지름▾ 값 x 3.14 를 합치기 과(와) 입니다. 를 합치기 을(를) 3 초 동안 말하기▾
```

사각형 오브젝트

```
오브젝트를 클릭했을 때
가로 길이를 작성하세요. 을(를) 묻고 대답 기다리기
가로▾ 를 대답 (으)로 정하기
세로 길이를 작성하세요. 을(를) 묻고 대답 기다리기
세로▾ 를 대답 (으)로 정하기
사각형 넓이는 과(와) [ 나 ] 를 합치기 과(와) 입니다. 를 합치기 을(를) 3 초 동안 말하기▾
```

삼각형 오브젝트

```
오브젝트를 클릭했을 때
밑변을 작성하세요. 을(를) 묻고 대답 기다리기
[ 다 ] 를 대답 (으)로 정하기
높이를 작성하세요. 을(를) 묻고 대답 기다리기
높이▾ 를 대답 (으)로 정하기
삼각형 넓이는 과(와) [ 라 ] 를 합치기 과(와) 입니다. 를 합치기 을(를) 3 초 동안 말하기▾
```

문제 해결 길잡이

원의 넓이를 구하기 위해서는 반지름을 입력받아야 하므로 빈칸에는 '반지름'이 들어가야 합니다.

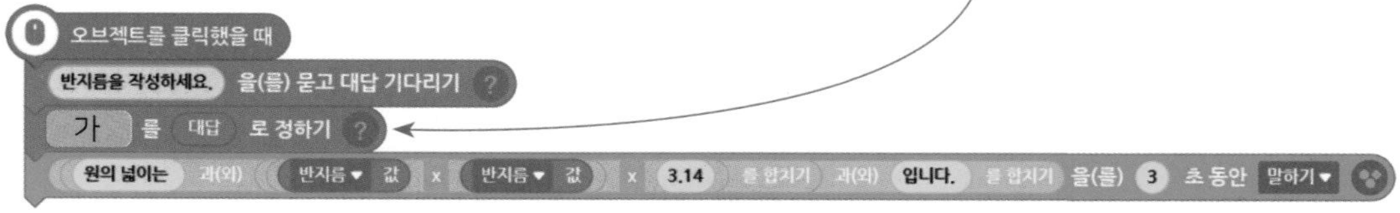

사각형의 넓이를 구해야 하므로 (가로) X (세로)의 계산식이 들어가야 합니다.

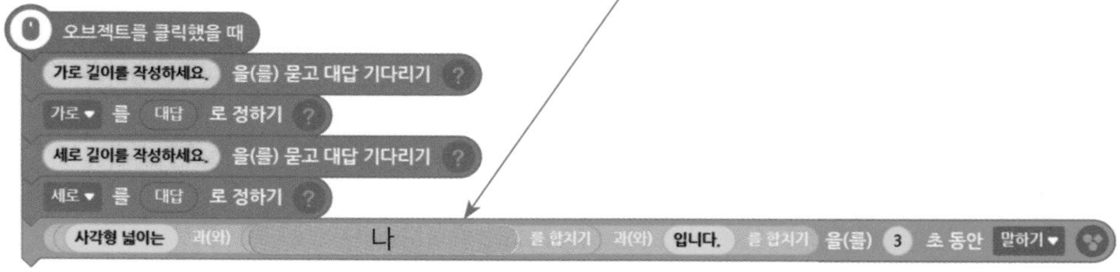

삼각형의 넓이를 구하기 위해서는 '밑변'과 '높이'가 필요합니다. 여기는 '밑변'을 입력받아야 합니다.

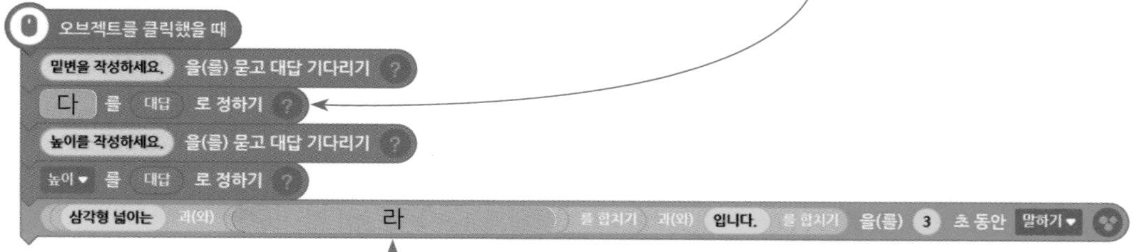

삼각형의 넓이를 구해야 하므로 (밑변) X (높이) / 2의 계산식이 들어가야 합니다 .

정답

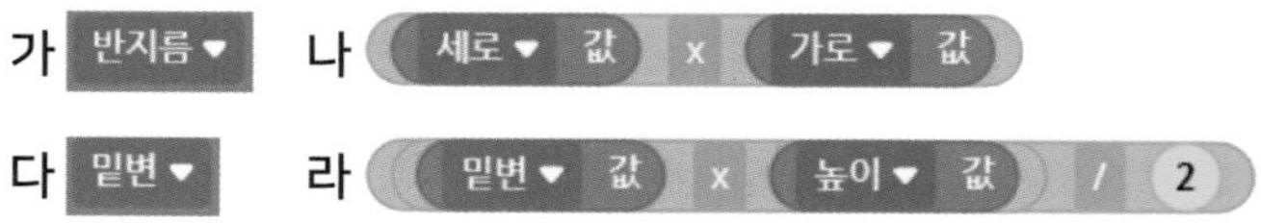

092 자동차 사고 예방

난이도★

다음은 자동차를 오른쪽으로 천천히 이동하다가 어린이가 자동차 센서에 닿으면 차를 멈추도록 하는 코드입니다. 아래 빈칸에 무슨 블록이 들어가야 하는지 작성하세요.

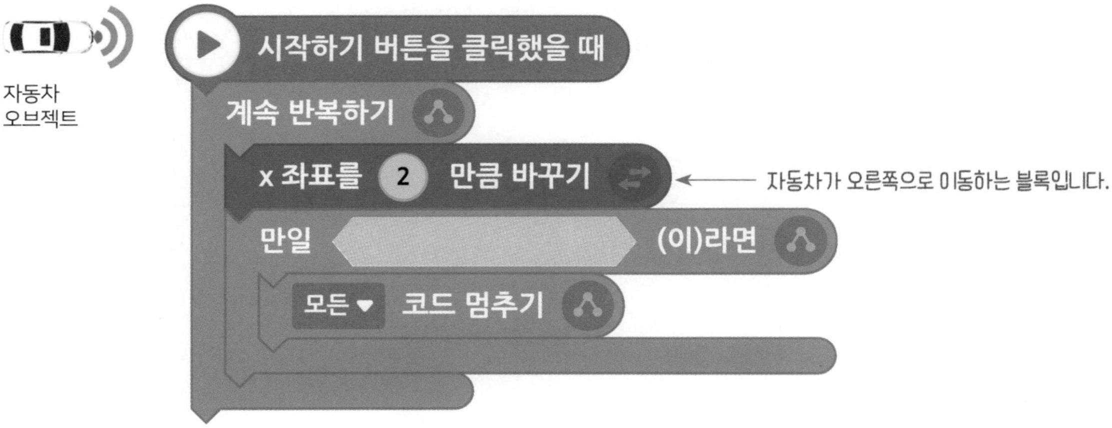

힌트 : '만일… 이라면' 블록에는 판단식이 들어갑니다.

문제 해결 길잡이

자동차
오브젝트

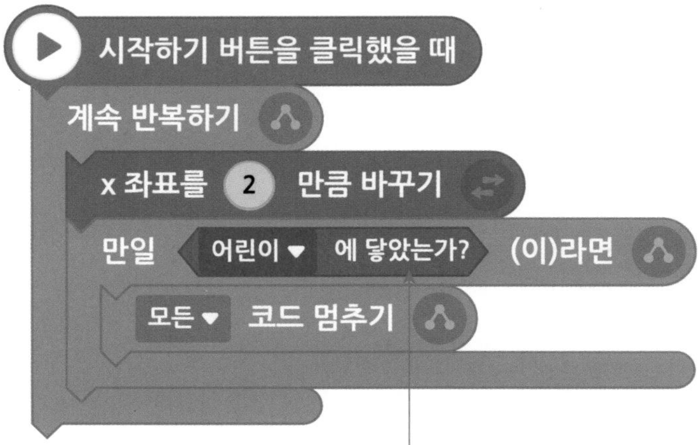

자동차가 이동하다가 어린이에 닿으면 차를 멈춰야 합니다.
이를 위해서는 '만일... 이라면' 블록에 '어린이에 닿았는가?'라는 판단식이 들어가야 합니다.

정답

학부모 길잡이

코딩을 하다보면, 이벤트를 처리하기 위해 '만일... 이라면' 블록을 사용합니다.
예를 들어, 화재 감지기에 불이 감지되었을 때, 실내 온도가 낮을 때,
문이 열렸을 때와 같은 경우를 코딩에서는 이벤트라고 말한답니다.
객체 지향 프로그램(Object Oriented Programming)은 객체(오브젝트)를 중심으로
코드를 작성하는 방법입니다. 엔트리의 경우, 오브젝트를 중심으로
코드를 작성할 수 있으므로 이것도 객체 지향 프로그래밍 언어랍니다.

093 상품 결제하기(1)

난이도★★

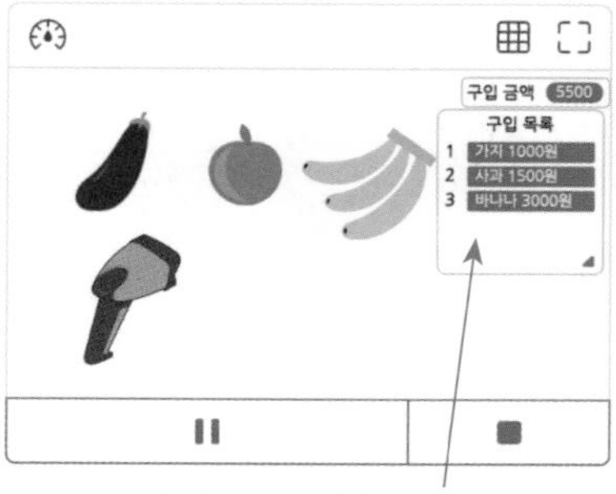

구입 목록에 상품명 및 가격이 추가됩니다.

해피마트에서 사용되는 상품 계산 프로그램을 만들려고 합니다. 바코드 스캐너로 물건을 찍으면 구입 목록에 구매 내용이 추가되고 구입 금액이 계산되어야 하는데요. 구입 목록 리스트에 상품명 및 가격(예: 가지 1000원)을 추가하는 블록을 빈칸에 작성하세요.

가지 오브젝트

```
시작하기 버튼을 클릭했을 때
계속 반복하기
  만일 <바코드리더▼ 에 닿았는가?> (이)라면
    구입 금액▼ 에 (1000) 만큼 더하기
    가
    반복 중단하기
```

바나나 오브젝트

```
시작하기 버튼을 클릭했을 때
계속 반복하기
  만일 <바코드리더▼ 에 닿았는가?> (이)라면
    구입 금액▼ 에 (3000) 만큼 더하기
    나
  반복 중단하기
```

사과 오브젝트

```
시작하기 버튼을 클릭했을 때
계속 반복하기
  만일 <바코드리더▼ 에 닿았는가?> (이)라면
    구입 금액▼ 에 (1500) 만큼 더하기
    다
    반복 중단하기
```

힌트 : '구입 목록' 리스트에 항목을 추가하면 됩니다.

문제 해결 길잡이

구입 목록을 만들려면 리스트를 사용해야 합니다. 실행화면을 보니, 리스트 이름이 '구입 목록'이군요. 구입 목록에 '가지 1000원', '사과 1500원', '바나나 3000원'으로 추가되어 있습니다.

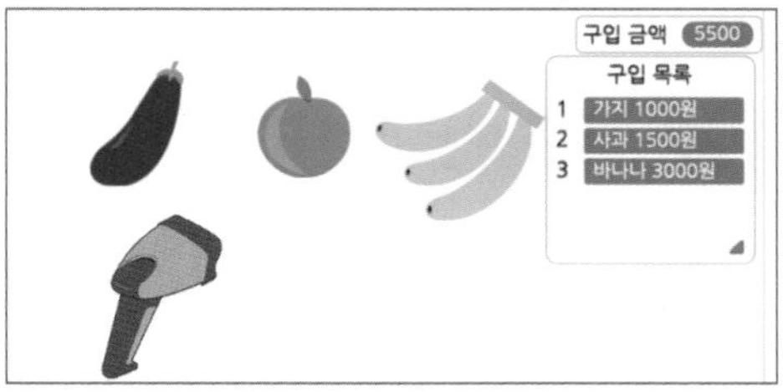

구입 금액 5500
구입 목록
1 가지 1000원
2 사과 1500원
3 바나나 3000원

이와 같이 구입 목록에 항목을 추가하기 위해서는 아래 블록을 사용하면 된답니다.

10 항목을 구입 목록 에 추가하기 ?

그리고, 원하는 내용을 항목으로 추가하기 위해 아래와 같이 노란색 위치에 원하는 글자를 작성하면 되지요.

가지 1000원 항목을 구입 목록 에 추가하기 ?

정답 가 나 다

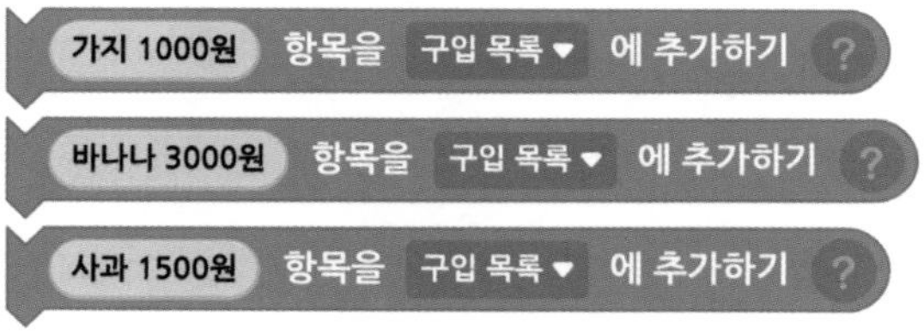

가지 1000원 항목을 구입 목록 에 추가하기 ?
바나나 3000원 항목을 구입 목록 에 추가하기 ?
사과 1500원 항목을 구입 목록 에 추가하기 ?

학부모 길잡이

개발자들은 목록을 나열하기 위해 리스트를 자주 사용합니다.
파이썬에서도 아래와 같이 리스트를 사용한답니다.
my_expression= ["Joy", "Hope", "Love", Angry"]

094 상품 결제하기(2)

난이도★★

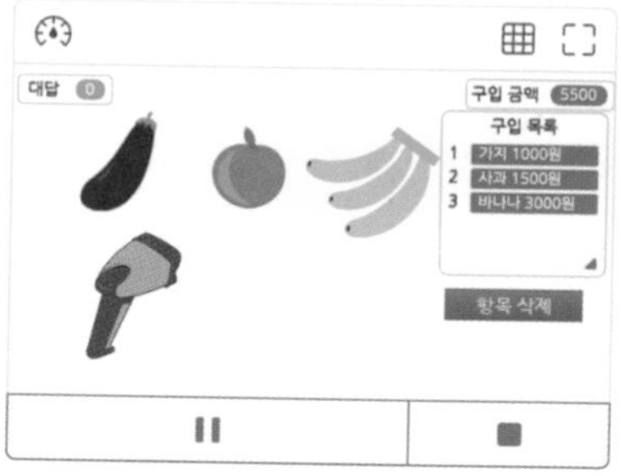

대답 0
구입 금액 5500
구입 목록
1 가지 1000원
2 사과 1500원
3 바나나 3000원
항목 삭제

다음은 상품 계산 프로그램의 코드 일부입니다. 구입 목록에서 상품을 하나 빼는 블록을 추가하려고 합니다. '항목삭제' 버튼을 클릭하면 삭제할 항목 번호를 묻고, 대답한 내용에 따라 구입 목록 리스트에서 선택한 항목을 삭제하는 블록을 추가하세요.

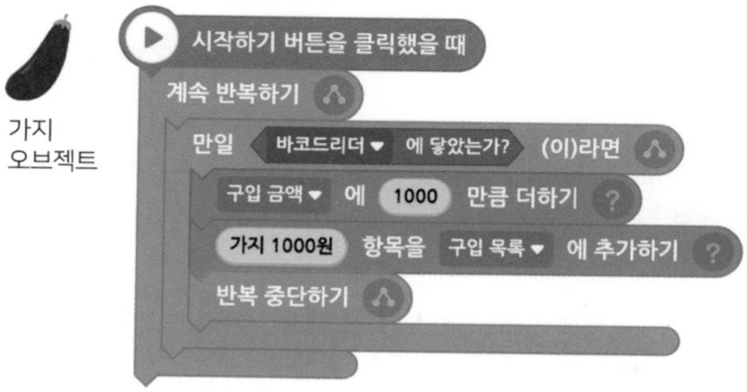

가지 오브젝트
시작하기 버튼을 클릭했을 때
계속 반복하기
만일 바코드리더 에 닿았는가? (이)라면
구입 금액 에 1000 만큼 더하기
가지 1000원 항목을 구입 목록 에 추가하기
반복 중단하기

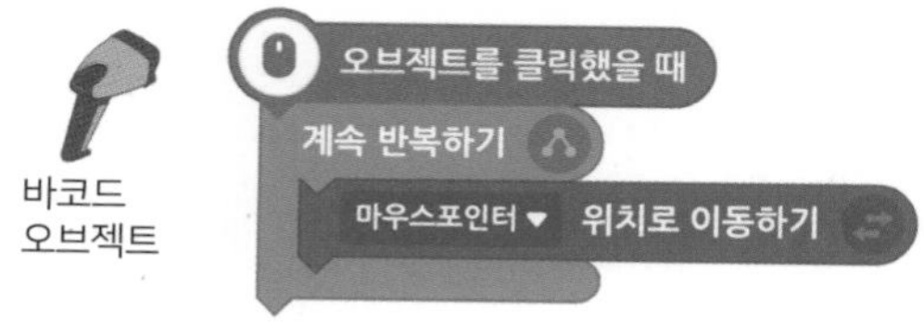

바코드 오브젝트
오브젝트를 클릭했을 때
계속 반복하기
마우스포인터 위치로 이동하기

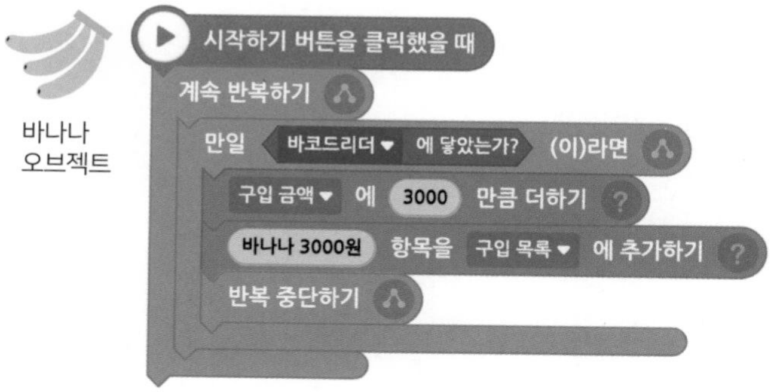

바나나 오브젝트
시작하기 버튼을 클릭했을 때
계속 반복하기
만일 바코드리더 에 닿았는가? (이)라면
구입 금액 에 3000 만큼 더하기
바나나 3000원 항목을 구입 목록 에 추가하기
반복 중단하기

항목 삭제
항목 삭제 오브젝트
오브젝트를 클릭했을 때

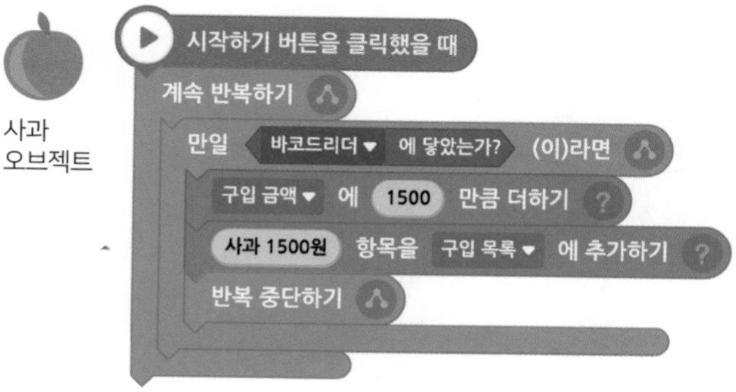

사과 오브젝트
시작하기 버튼을 클릭했을 때
계속 반복하기
만일 바코드리더 에 닿았는가? (이)라면
구입 금액 에 1500 만큼 더하기
사과 1500원 항목을 구입 목록 에 추가하기
반복 중단하기

힌트 : 리스트에서 선택한 항목을 삭제하는 블록을 사용하세요.

문제 해결 길잡이

원하는 항목을 입력받기 위해 묻고 답하기 블록을 사용합니다.

```
삭제할 항목 번호를 입력하세요. 을(를) 묻고 대답 기다리기 ?
```

그런 다음, 대답 에 들어간 항목을 리스트에서 삭제하도록 다음 블록을 추가합니다.

```
대답 번째 항목을 구입 목록▼ 에서 삭제하기 ?
```

개념 다지기

아래 블록을 사용해 리스트에서 원하는 항목을 삭제할 수 있습니다.
예를 들어, 아래 블록은 '구입 목록' 리스트에서 1번째 항목을 삭제해줍니다.

```
1 번째 항목을 구입 목록▼ 에서 삭제하기 ?
```

구입 목록

1	가지 1000원
2	사과 1500원
3	바나나 3000원

→

구입 목록

1	사과 1500원
2	바나나 3000원

1번 항목을 삭제하면,
2번와 3번 항목 번호가
1번과 2번으로 변경됩니다.

정답

```
오브젝트를 클릭했을 때
삭제할 항목 번호를 입력하세요. 을(를) 묻고 대답 기다리기 ?
대답 번째 항목을 구입 목록▼ 에서 삭제하기 ?
```

095 상품 결제하기(3)

난이도★★

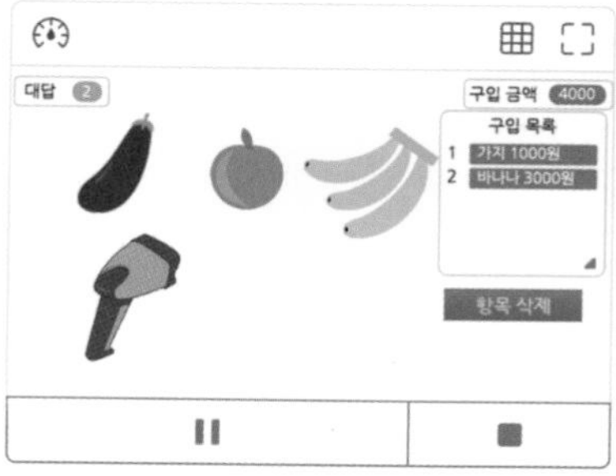

대답 2
구입 금액 4000
구입 목록
1 가지 1000원
2 바나나 3000원
항목 삭제

상품 결제 프로그램에서 상품 하나를 삭제하는 기능을 추가했습니다. 항목 삭제 후 구입 금액도 감액하기 위해 가~다에 들어갈 내용을 작성하세요. (참고: 가지는 1000원, 사과는 1500원, 바나나는 3000원입니다.)

바코드 오브젝트

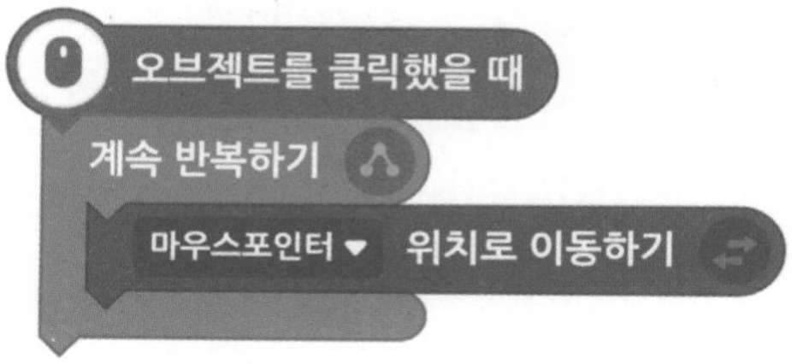

오브젝트를 클릭했을 때
계속 반복하기
마우스포인터 ▾ 위치로 이동하기

항목 삭제

항목 삭제 오브젝트

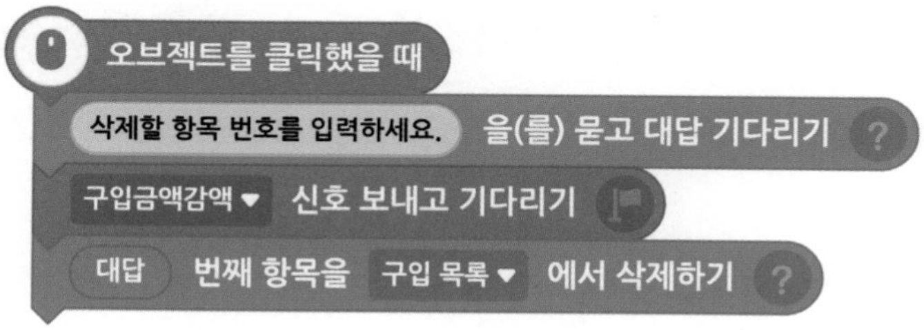

오브젝트를 클릭했을 때
삭제할 항목 번호를 입력하세요. 을(를) 묻고 대답 기다리기
구입금액감액 ▾ 신호 보내고 기다리기
대답 번째 항목을 구입 목록 ▾ 에서 삭제하기

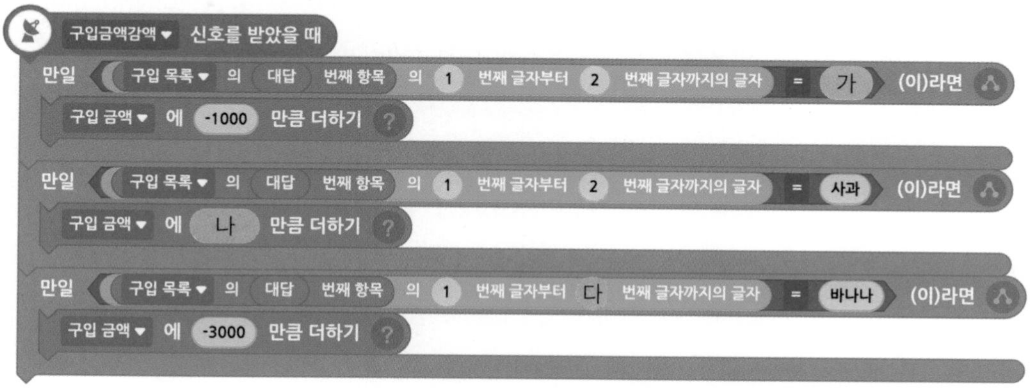

구입금액감액 ▾ 신호를 받았을 때
만일 구입 목록 ▾ 의 대답 번째 항목 의 1 번째 글자부터 2 번째 글자까지의 글자 = 가 (이)라면
구입 금액 ▾ 에 -1000 만큼 더하기
만일 구입 목록 ▾ 의 대답 번째 항목 의 1 번째 글자부터 2 번째 글자까지의 글자 = 사과 (이)라면
구입 금액 ▾ 에 나 만큼 더하기
만일 구입 목록 ▾ 의 대답 번째 항목 의 1 번째 글자부터 다 번째 글자까지의 글자 = 바나나 (이)라면
구입 금액 ▾ 에 -3000 만큼 더하기

문제 해결 길잡이

[구입 목록▾ 의 대답 번째 항목] 은 내가 답변한 항목을 '구입 목록' 리스트에서 가져옵니다. 즉, '대답'에 1이 들어가 있으면 구입 목록의 1번째 항목인 '가지 1000원'을 가져옵니다.

구입 목록

1 가지 1000원
2 사과 1500원
3 바나나 3000원

[구입 목록▾ 의 대답 번째 항목 의 1 번째 글자부터 2 번째 글자까지의 글자] 블록은 '가지 1000원'에서 1부터 2번째 글자를 뽑아옵니다. 그럼 '가지'가 뽑아지겠군요. 아래 블록을 이용해 뽑혀진 글자가 '가지'인지, '사과'인지, '바나나'인지를 판단합니다.

구입 목록▾ 의 대답 번째 항목 의 1 번째 글자부터 2 번째 글자까지의 글자 = 가지
가
구입 목록▾ 의 대답 번째 항목 의 1 번째 글자부터 2 번째 글자까지의 글자 = 사과
구입 목록▾ 의 대답 번째 항목 의 1 번째 글자부터 3 번째 글자까지의 글자 = 바나나

선택한 글자가 사과라면, 구입금액에 -1500원 빼주는 블록이 실행되어야 합니다.

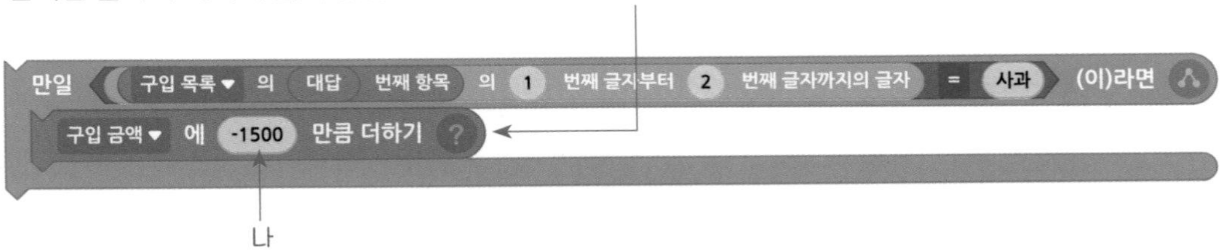
만일 구입 목록▾ 의 대답 번째 항목 의 1 번째 글자부터 2 번째 글자까지의 글자 = 사과 (이)라면
구입 금액▾ 에 -1500 만큼 더하기
나

만약 '대답'에 3이 들어가 있으면 구입 목록의 3번째 항목인 '바나나 3000원'을 가져옵니다. 그리고 아래 블록에 따라 '바나나 3000원'에서는 1부터 3번째 글자를 뽑아야 합니다. 여기서 '3번째'인 이유는 '바나나'의 글자가 3자리이기 때문이지요.

구입 목록▾ 의 대답 번째 항목 의 1 번째 글자부터 3 번째 글자까지의 글자
다

정답 가: 가지, 나: -1500, 다: 3

096 상품 결제하기(4)

난이도★★★

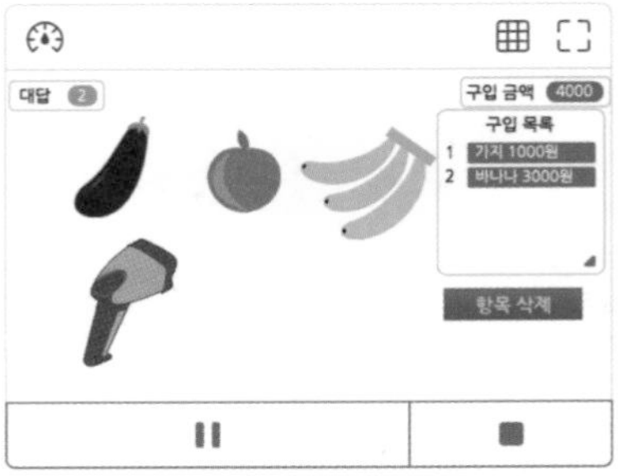
대답 2
구입 금액 4000
구입 목록
1 가지 1000원
2 바나나 3000원
항목 삭제

상품 결제 프로그램에서 항목 삭제 기능을 다음과 같이 두 가지 방법으로 코드를 작성할 수 있습니다. '가' 코드는 오류가 나지 않지만, '나' 코드는 오류가 발생해 코드 실행이 멈춥니다. 그 이유를 설명하세요.

가

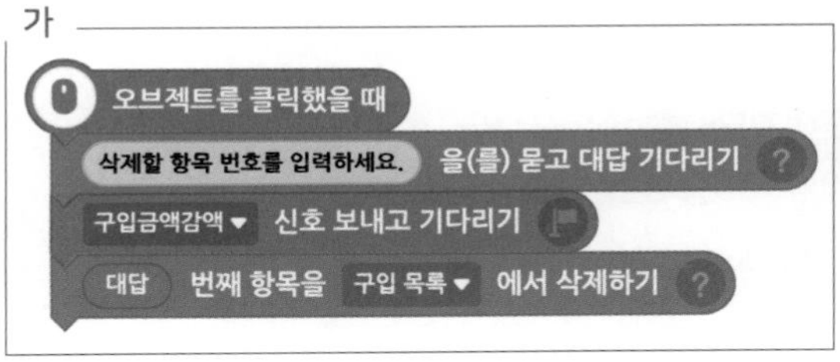
오브젝트를 클릭했을 때
삭제할 항목 번호를 입력하세요. 을(를) 묻고 대답 기다리기
구입금액감액 신호 보내고 기다리기
대답 번째 항목을 구입 목록 에서 삭제하기

나

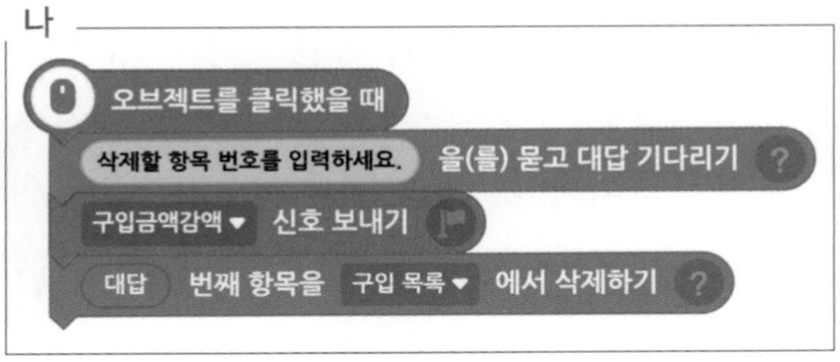
오브젝트를 클릭했을 때
삭제할 항목 번호를 입력하세요. 을(를) 묻고 대답 기다리기
구입금액감액 신호 보내기
대답 번째 항목을 구입 목록 에서 삭제하기

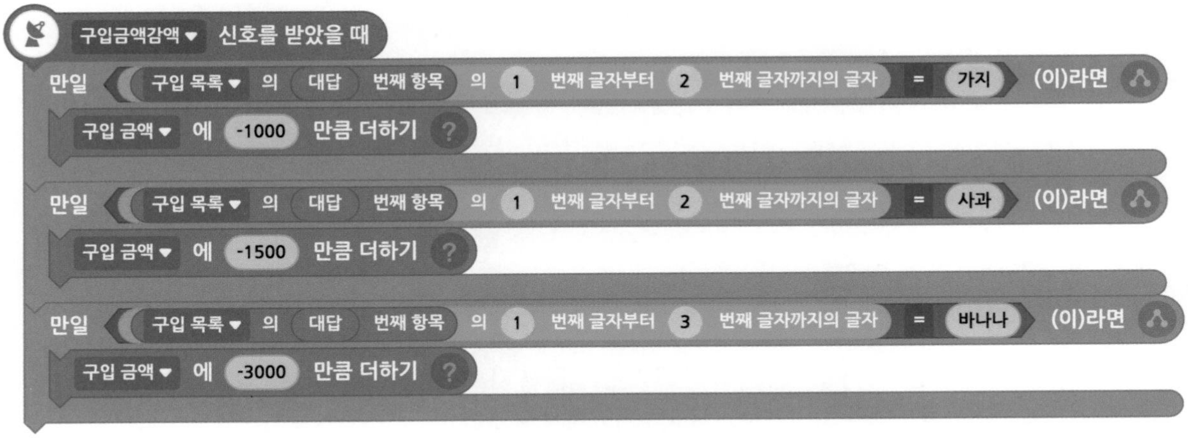
구입금액감액 신호를 받았을 때
만일 구입 목록 의 대답 번째 항목 의 1 번째 글자부터 2 번째 글자까지의 글자 = 가지 (이)라면
구입 금액 에 -1000 만큼 더하기
만일 구입 목록 의 대답 번째 항목 의 1 번째 글자부터 2 번째 글자까지의 글자 = 사과 (이)라면
구입 금액 에 -1500 만큼 더하기
만일 구입 목록 의 대답 번째 항목 의 1 번째 글자부터 3 번째 글자까지의 글자 = 바나나 (이)라면
구입 금액 에 -3000 만큼 더하기

문제 해결 길잡이

우선 '가' 코드와 '나' 코드의 차이가 무엇인지 살펴보겠습니다.
'가' 코드에는 [구입금액감액 ▾ 신호 보내고 기다리기] 가 사용되었지만,
'나' 코드에는 [구입금액감액 ▾ 신호 보내기] 가 사용되었군요.

가 —

```
오브젝트를 클릭했을 때
  삭제할 항목 번호를 입력하세요. 을(를) 묻고 대답 기다리기
  구입금액감액 ▾ 신호 보내고 기다리기
  대답 번째 항목을 구입 목록 ▾ 에서 삭제하기
```

나 —

```
오브젝트를 클릭했을 때
  삭제할 항목 번호를 입력하세요. 을(를) 묻고 대답 기다리기
  구입금액감액 ▾ 신호 보내기
  대답 번째 항목을 구입 목록 ▾ 에서 삭제하기   ①
```

'나' 코드에서 오류가 나는 이유는 [구입금액감액 ▾ 신호 보내기] 가 실행되고 바로 [대답 번째 항목을 구입 목록 ▾ 에서 삭제하기] 가 실행되기 때문입니다.

만약, '바나나'를 삭제하도록 선택했다면, ①번 블록이 아래 ②번 블록보다 먼저 실행될 수 있습니다. 항목이 삭제된 상태에서 ②번 블록이 실행되면, 오류가 발생합니다. 왜냐하면, 이미 삭제된 항목을 찾으려고 하니 오류가 발생하는 것이지요.

```
구입금액감액 ▾ 신호를 받았을 때
  만일 ((구입 목록 ▾ 의 대답 번째 항목) 의 1 번째 글자부터 2 번째 글자까지의 글자 = 가지) (이)라면
    구입 금액 ▾ 에 -1000 만큼 더하기
  만일 ((구입 목록 ▾ 의 대답 번째 항목) 의 1 번째 글자부터 2 번째 글자까지의 글자 = 사과) (이)라면
    구입 금액 ▾ 에 -1500 만큼 더하기
  만일 ((구입 목록 ▾ 의 대답 번째 항목) 의 1 번째 글자부터 3 번째 글자까지의 글자 = 바나나) (이)라면   ②
    구입 금액 ▾ 에 -3000 만큼 더하기
```

그러므로 '가' 코드처럼 [구입금액감액 ▾ 신호 보내고 기다리기] 를 사용해야 합니다. 이 블록을 사용하면 신호를 받은 블록이 모두 실행될 때까지 기다리기 때문에 오류가 발생하지 않는답니다.

정답 **신호를 받은 블록의 실행이 모두 끝나기도 전에 삭제하기 블록이 실행됩니다. 그렇기 때문에 삭제된 항목을 참조하는 오류가 발생합니다.**

097 계산기 프로그램(1)

난이도★★

다음은 계산기 프로그램을 위한 코드입니다. 아래 코드에서 몇 개의 함수가 정의되었는지 세어보세요.

안경 낀 학생 오브젝트

```
시작하기 버튼을 클릭했을 때
연산자 기호를 마우스로 클릭해 주세요. 을(를) 2 초 동안 말하기▼
```

더하기 오브젝트

```
오브젝트를 클릭했을 때
숫자 입력 받기
첫번째 숫자▼ 값 두번째 숫자▼ 값 더하기
```

곱하기 오브젝트

```
오브젝트를 클릭했을 때
숫자 입력 받기
첫번째 숫자▼ 값 두번째 숫자▼ 값 곱하기
```

빼기 오브젝트

```
오브젝트를 클릭했을 때
숫자 입력 받기
첫번째 숫자▼ 값 두번째 숫자▼ 값 빼기
```

나누기 오브젝트

```
오브젝트를 클릭했을 때
숫자 입력 받기
첫번째 숫자▼ 값 두번째 숫자▼ 값 나누기
```

문제 해결 길잡이

아래 블록이 함수입니다.

숫자 입력 받기

'숫자 입력 받기' 함수를 사용하면 '함수 정의하기'에 연결된 블록이 실행됩니다.

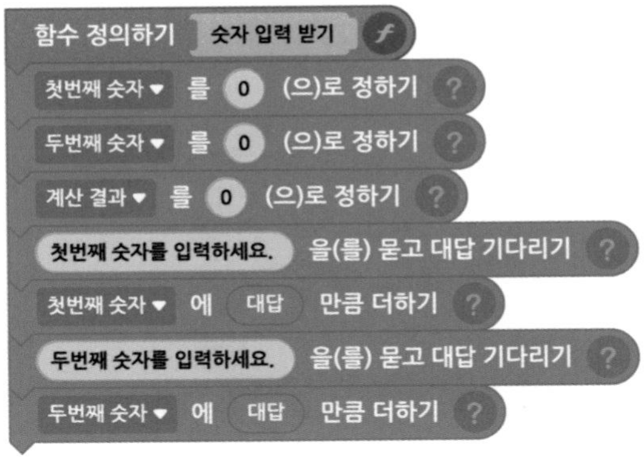
함수 정의하기 숫자 입력 받기
첫번째 숫자 를 0 (으)로 정하기
두번째 숫자 를 0 (으)로 정하기
계산 결과 를 0 (으)로 정하기
첫번째 숫자를 입력하세요. 을(를) 묻고 대답 기다리기
첫번째 숫자 에 대답 만큼 더하기
두번째 숫자를 입력하세요. 을(를) 묻고 대답 기다리기
두번째 숫자 에 대답 만큼 더하기

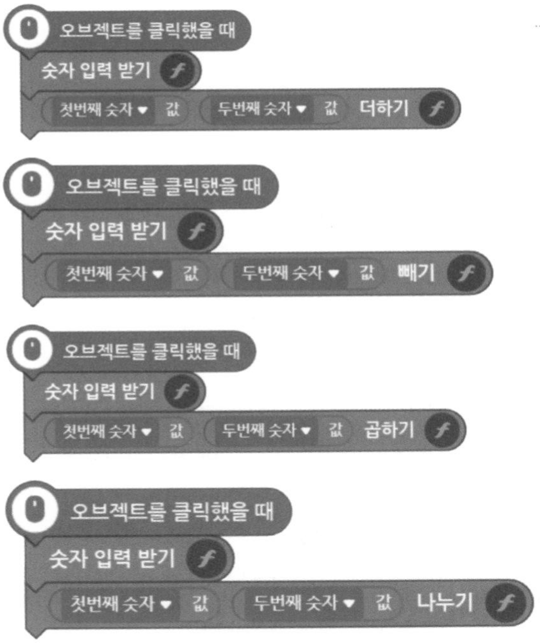
오브젝트를 클릭했을 때
숫자 입력 받기
첫번째 숫자 값 두번째 숫자 값 더하기
오브젝트를 클릭했을 때
숫자 입력 받기
첫번째 숫자 값 두번째 숫자 값 빼기
오브젝트를 클릭했을 때
숫자 입력 받기
첫번째 숫자 값 두번째 숫자 값 곱하기
오브젝트를 클릭했을 때
숫자 입력 받기
첫번째 숫자 값 두번째 숫자 값 나누기

함수가 총 8번 사용되었는데요.

숫자 입력 받기
함수는 4번 사용되었군요. 함수가 4번 사용되었지만 '함수 정의하기'는 한 번만 하면 됩니다. 더하기, 빼기, 곱하기, 나누기 함수가 4개 정의되어 있으므로, 총 5개의 함수가 정의되어 있습니다.

정답 5개의 함수가 정의되어 있습니다.

098 계산기 프로그램(2)

난이도★★

계산기 코드의 실행 순서를 분석하려고 합니다. 시작하기 버튼을 클릭한 후 곱하기 오브젝트를 클릭할 경우 블록 실행 순서를 괄호에 작성하세요.

1→2→4→(　)→(　)→(　)→(　)→(　)→(　)→(　)→(　)→(　)→(　)→(　)→(　)

시작하기 버튼을 클릭했을 때
1 연산자 기호를 마우스로 클릭해 주세요. 을(를) 2 초 동안 말하기
곱하기 오브젝트
오브젝트를 클릭했을 때
2 숫자 입력 받기
3 첫번째 숫자 값 두번째 숫자 값 곱하기
4 함수 정의하기 숫자 입력 받기
5 첫번째 숫자 를 0 (으)로 정하기
6 두번째 숫자 를 0 (으)로 정하기
7 계산 결과 를 0 (으)로 정하기
8 첫번째 숫자를 입력하세요. 을(를) 묻고 대답 기다리기
9 첫번째 숫자 에 대답 만큼 더하기
10 두번째 숫자를 입력하세요. 을(를) 묻고 대답 기다리기
11 두번째 숫자 에 대답 만큼 더하기
12 함수 정의하기 문자/숫자값 문자/숫자값 곱하기
13 연산자 를 X (으)로 정하기
14 계산 결과 를 문자/숫자값 x 문자/숫자값 (으)로 정하기

문제 해결 길잡이

2번 블록이 실행되면, 4번으로 이동해 이 함수에 연결된 블록(4~11)들을 실행해줍니다. 그런 다음 함수를 호출한 원래 실행 위치로 돌아가기 때문에 3번 블록이 실행되지요. 3번 블록은 곱하기 '함수'이므로, 12~13번 블록이 실행된답니다.

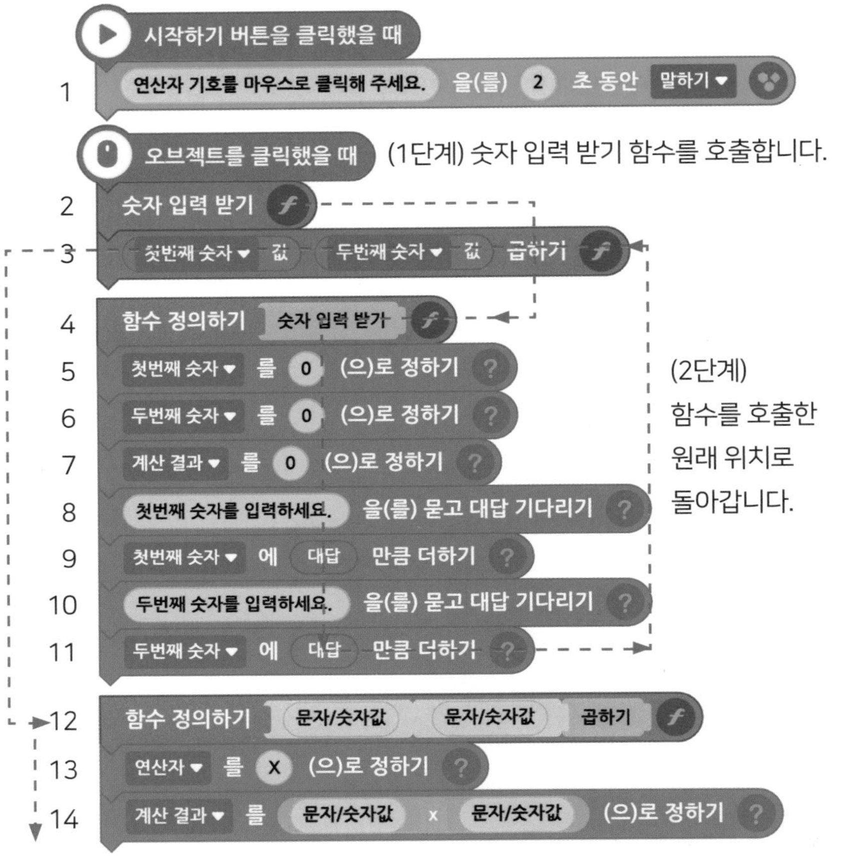

시작하기 버튼을 클릭했을 때
1 연산자 기호를 마우스로 클릭해 주세요. 을(를) 2 초 동안 말하기
오브젝트를 클릭했을 때
(1단계) 숫자 입력 받기 함수를 호출합니다.
2 숫자 입력 받기
3 첫번째 숫자 값 두번째 숫자 값 곱하기
4 함수 정의하기 숫자 입력 받기
5 첫번째 숫자 를 0 (으)로 정하기
6 두번째 숫자 를 0 (으)로 정하기
7 계산 결과 를 0 (으)로 정하기
8 첫번째 숫자를 입력하세요. 을(를) 묻고 대답 기다리기
9 첫번째 숫자 에 대답 만큼 더하기
10 두번째 숫자를 입력하세요. 을(를) 묻고 대답 기다리기
11 두번째 숫자 에 대답 만큼 더하기
(2단계)
함수를 호출한
원래 위치로
돌아갑니다.
12 함수 정의하기 문자/숫자값 문자/숫자값 곱하기
13 연산자 를 X (으)로 정하기
14 계산 결과 를 문자/숫자값 x 문자/숫자값 (으)로 정하기

정답 1→2→4→(5)→(6)→(7)→(8)→(9)→(10)→(11)→(3)→(12) →(13)→(14)

학부모 길잡이

블록이 연결된 순서대로만 코드가 실행되지 않습니다.
신호 보내기나 함수가 있으면 실행 순서가 바뀔 수 있답니다.

099 계산기 프로그램(3)

난이도★

수학 연계

다음 코드에서 사용자가 입력한 값이 (대답), (첫번째 숫자 ▼)와 같은 변수를 거쳐 이동합니다. ①, ②번 블록을 통해 사용자가 입력한 값이 어떤 변수를 거쳐 이동하는지 이동경로를 (가)와 (나)에 작성하세요.

① 대답 →	첫번째 숫자 →	(가)
② 대답 →	(나) →	문자/숫자값2

안경 낀 학생 오브젝트

```
시작하기 버튼을 클릭했을 때
  연산자 기호를 마우스로 클릭해 주세요. 을(를) 2 초 동안 말하기 ▼
```

✖

곱하기 오브젝트

```
오브젝트를 클릭했을 때
  숫자 입력 받기
  첫번째 숫자 ▼ 값  두번째 숫자 ▼ 값  곱하기

함수 정의하기 숫자 입력 받기
  첫번째 숫자 ▼ 를 0 (으)로 정하기
  두번째 숫자 ▼ 를 0 (으)로 정하기
  계산 결과 ▼ 를 0 (으)로 정하기
  첫번째 숫자를 입력하세요. 을(를) 묻고 대답 기다리기   ①
  첫번째 숫자 ▼ 에 대답 만큼 더하기
  두번째 숫자를 입력하세요. 을(를) 묻고 대답 기다리기   ②
  두번째 숫자 ▼ 에 대답 만큼 더하기

함수 정의하기 문자/숫자값 1  문자/숫자값 2  나누기
  연산자 ▼ 를 / (으)로 정하기
  계산 결과 ▼ 를 (문자/숫자값 1 / 문자/숫자값 2) (으)로 정하기
```

문제 해결 길잡이

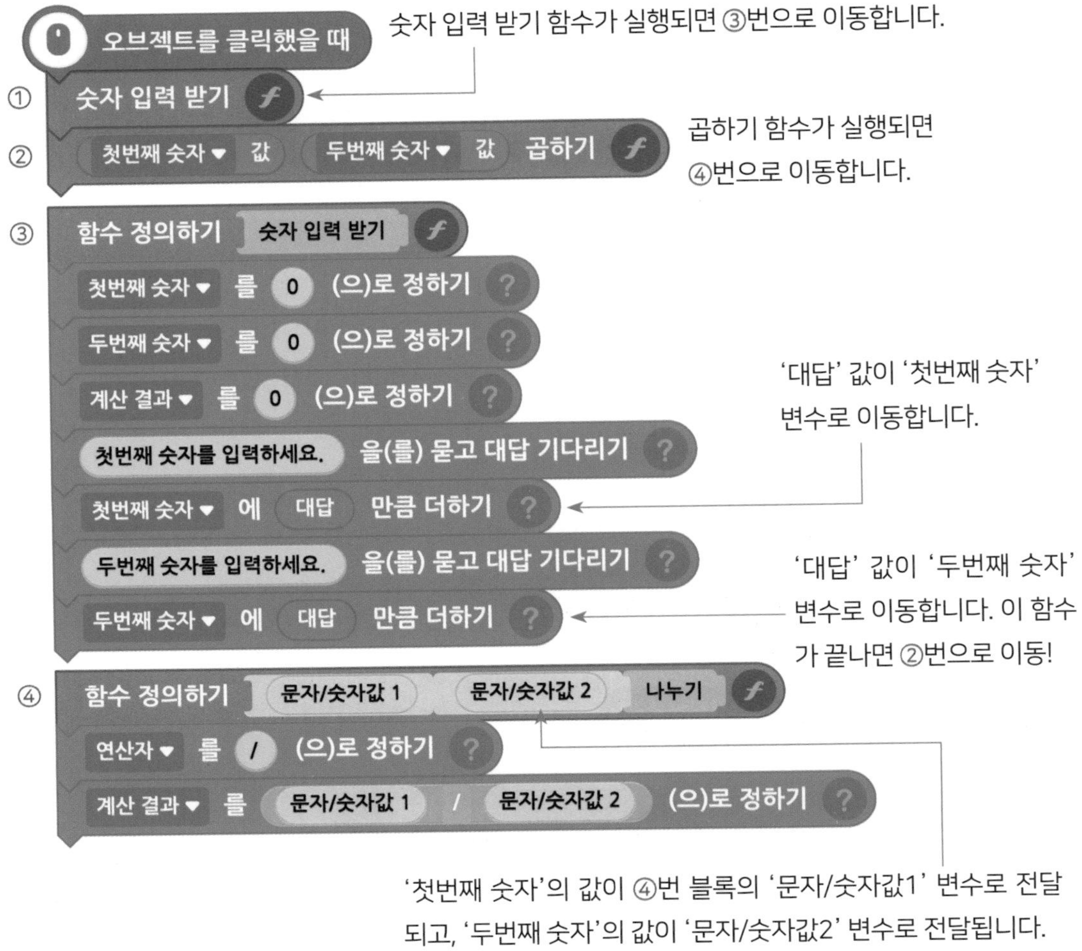

오브젝트를 클릭했을 때
① 숫자 입력 받기
② 첫번째 숫자 값 두번째 숫자 값 곱하기
③ 함수 정의하기 숫자 입력 받기
첫번째 숫자 를 0 (으)로 정하기
두번째 숫자 를 0 (으)로 정하기
계산 결과 를 0 (으)로 정하기
첫번째 숫자를 입력하세요. 을(를) 묻고 대답 기다리기
첫번째 숫자 에 대답 만큼 더하기
두번째 숫자를 입력하세요. 을(를) 묻고 대답 기다리기
두번째 숫자 에 대답 만큼 더하기
④ 함수 정의하기 문자/숫자값 1 문자/숫자값 2 나누기
연산자 를 / (으)로 정하기
계산 결과 를 문자/숫자값 1 / 문자/숫자값 2 (으)로 정하기
숫자 입력 받기 함수가 실행되면 ③번으로 이동합니다.
곱하기 함수가 실행되면 ④번으로 이동합니다.
'대답' 값이 '첫번째 숫자' 변수로 이동합니다.
'대답' 값이 '두번째 숫자' 변수로 이동합니다. 이 함수가 끝나면 ②번으로 이동!
'첫번째 숫자'의 값이 ④번 블록의 '문자/숫자값1' 변수로 전달되고, '두번째 숫자'의 값이 '문자/숫자값2' 변수로 전달됩니다.

정답

대답 →	첫번째 숫자 →	문자/숫자값1
대답 →	두번째 숫자 →	문자/숫자값2

100 계산기 프로그램(4)

난이도★★

첫번째 숫자 0
연산자 0
두번째 숫자 0
계산 결과 0
첫번째 숫자를 입력하세요.
+ − ✖ ÷

계산기 프로그램에서 곱하기 오브젝트를 클릭한 후 두 개 숫자(3, 6)를 입력하고 '계산 결과'를 확인해보니 잘못된 값(0)이 표시됩니다. 아래의 함수를 분석한 후 코드의 오류 원인을 찾고, 올바르게 고치세요.

더하기 함수

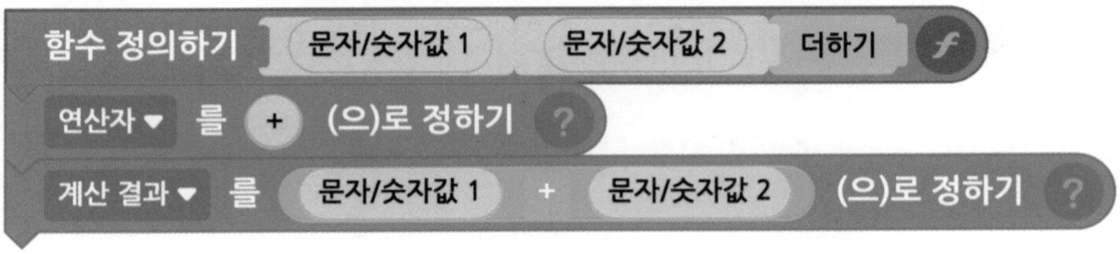
함수 정의하기 문자/숫자값 1 문자/숫자값 2 더하기
연산자 를 + (으)로 정하기
계산 결과 를 문자/숫자값 1 + 문자/숫자값 2 (으)로 정하기

빼기 함수

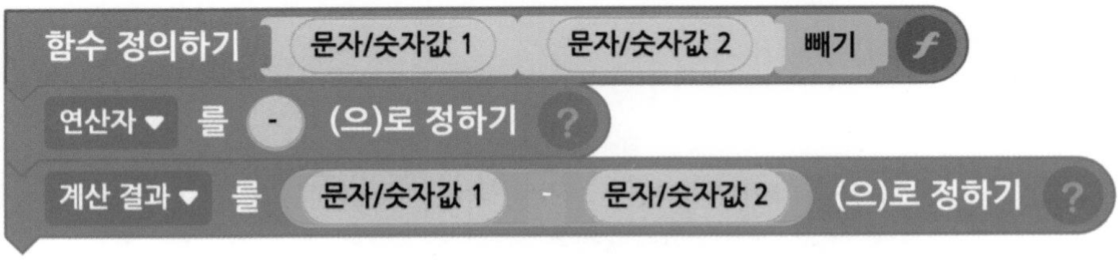
함수 정의하기 문자/숫자값 1 문자/숫자값 2 빼기
연산자 를 - (으)로 정하기
계산 결과 를 문자/숫자값 1 - 문자/숫자값 2 (으)로 정하기

곱하기 함수

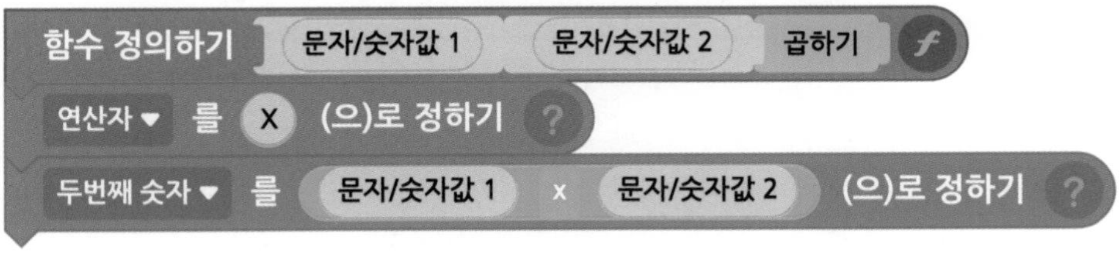
함수 정의하기 문자/숫자값 1 문자/숫자값 2 곱하기
연산자 를 X (으)로 정하기
두번째 숫자 를 문자/숫자값 1 x 문자/숫자값 2 (으)로 정하기

나누기 함수

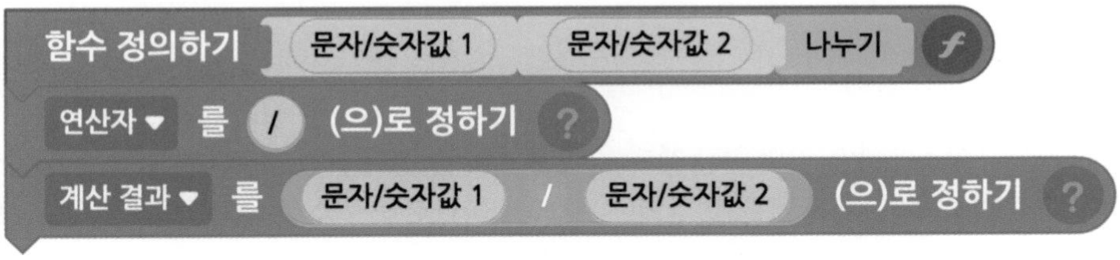
함수 정의하기 문자/숫자값 1 문자/숫자값 2 나누기
연산자 를 / (으)로 정하기
계산 결과 를 문자/숫자값 1 / 문자/숫자값 2 (으)로 정하기

문제 해결 길잡이

'계산 결과'에 두 숫자의 연산 결과가 들어갑니다. 예를 들어, 더하기 함수에서는 '문자/숫자값1'과 '문자/숫자값2'의 더한 결과를 '계산 결과'로 정하고 있습니다.

더하기 함수

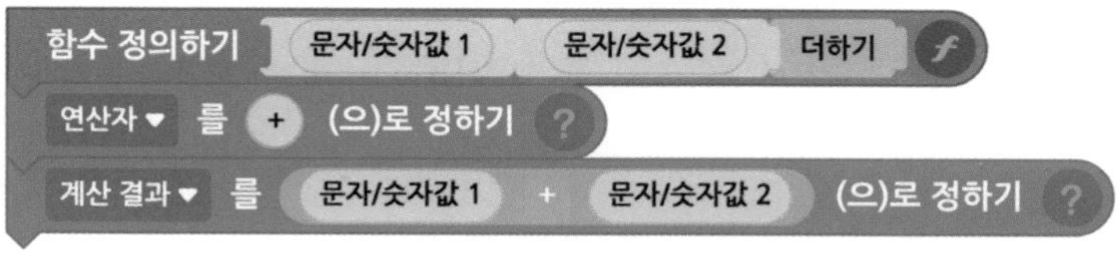
함수 정의하기 문자/숫자값 1 문자/숫자값 2 더하기
연산자 를 + (으)로 정하기
계산 결과 를 문자/숫자값 1 + 문자/숫자값 2 (으)로 정하기

빼기 함수

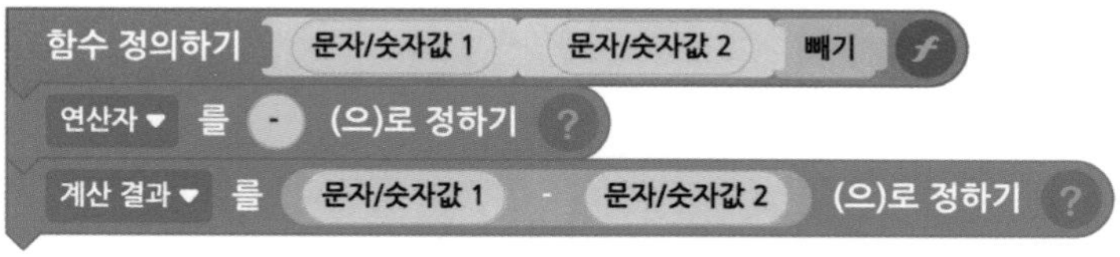
함수 정의하기 문자/숫자값 1 문자/숫자값 2 빼기
연산자 를 - (으)로 정하기
계산 결과 를 문자/숫자값 1 - 문자/숫자값 2 (으)로 정하기

나누기 함수

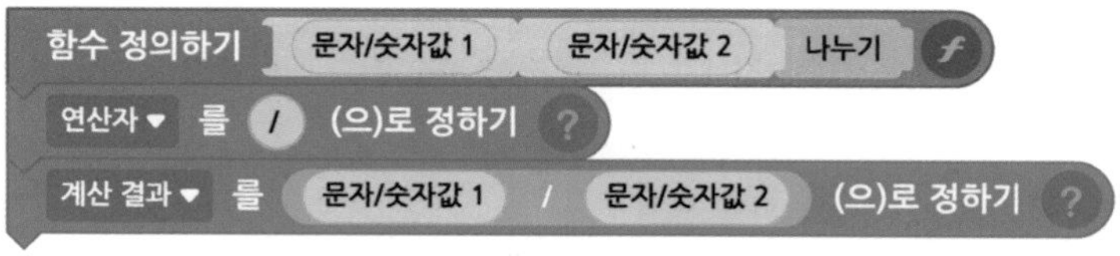
함수 정의하기 문자/숫자값 1 문자/숫자값 2 나누기
연산자 를 / (으)로 정하기
계산 결과 를 문자/숫자값 1 / 문자/숫자값 2 (으)로 정하기

곱하기에서 오류가 발생했기 때문에 곱하기 함수에서 오류(버그)가 있을 가능성이 매우 높습니다. 이런! 두 값의 연산 결과를 '두번째 숫자' 변수에 정하는 오류가 있었네요. 이것을 '계산 결과' 변수로 고쳐야겠습니다.

곱하기 함수

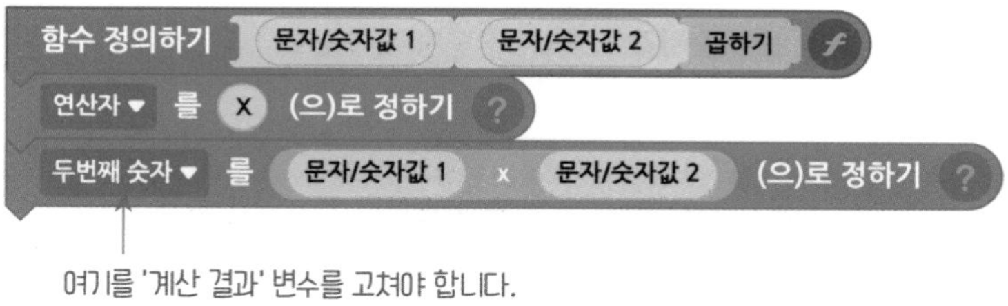
함수 정의하기 문자/숫자값 1 문자/숫자값 2 곱하기
연산자 를 X (으)로 정하기
두번째 숫자 를 문자/숫자값 1 x 문자/숫자값 2 (으)로 정하기
여기를 '계산 결과' 변수를 고쳐야 합니다.

정답 **곱하기 함수에서 두 값의 연산 결과를 '계산 결과' 변수에 담았어야 하는데 '두번째 숫자' 변수에 담고 있습니다. '계산 결과' 변수의 초기값이 0이므로 이 변수의 값이 0으로 표시되었습니다.**

엔트리 블록 목록

시작

- 시작하기 버튼을 클릭했을 때
- q▾ 키를 눌렀을 때
- 마우스를 클릭했을 때
- 마우스 클릭을 해제했을 때
- 오브젝트를 클릭했을 때
- 오브젝트 클릭을 해제했을 때
- 대상 없음▾ 신호를 받았을 때
- 대상 없음▾ 신호 보내기
- 대상 없음▾ 신호 보내고 기다리기
- 장면이 시작되었을 때
- 장면 1▾ 시작하기
- 다음▾ 장면 시작하기

흐름

- 2 초 기다리기
- 10 번 반복하기
- 계속 반복하기
- 참 이 될 때까지▾ 반복하기
- 만일 참 (이)라면
- 만일 참 (이)라면 / 아니면
- 참 이(가) 될 때까지 기다리기
- 모든▾ 코드 멈추기
- 반복 중단하기
- 처음부터 다시 실행하기
- 복제본이 처음 생성되었을 때
- 자신▾ 의 복제본 만들기
- 이 복제본 삭제하기
- 모든 복제본 삭제하기

움직임

- 이동 방향으로 10 만큼 움직이기
- 화면 끝에 닿으면 튕기기
- x 좌표를 10 만큼 바꾸기
- y 좌표를 10 만큼 바꾸기
- 2 초 동안 x: 10 y: 10 만큼 움직이기
- x: 10 위치로 이동하기
- y: 10 위치로 이동하기
- x: 0 y: 0 위치로 이동하기
- 2 초 동안 x: 10 y: 10 위치로 이동하기
- 엔트리봇▾ 위치로 이동하기
- 2 초 동안 엔트리봇▾ 위치로 이동하기
- 방향을 90° 만큼 회전하기
- 이동 방향을 90° 만큼 회전하기
- 2 초 동안 방향을 90° 만큼 회전하기
- 2 초 동안 이동 방향 90° 만큼 회전하기
- 방향을 90° (으)로 정하기
- 이동 방향을 90° (으)로 정하기
- 90° 방향으로 10 만큼 움직이기
- 엔트리봇▾ 쪽 바라보기

생김새

- 모양 보이기
- 모양 숨기기
- 안녕! 을(를) 4 초 동안 말하기▾
- 말하기 지우기
- 안녕! 을(를) 말하기▾
- 엔트리봇_걷기1▾ 모양으로 바꾸기
- 다음▾ 모양으로 바꾸기
- 색깔▾ 효과를 10 만큼 주기
- 색깔▾ 효과를 100 (으)로 정하기
- 효과 모두 지우기
- 크기를 10 만큼 바꾸기
- 크기를 100 (으)로 정하기
- 상하 모양 뒤집기
- 좌우 모양 뒤집기
- 맨 앞으로▾ 보내기

붓

- 도장 찍기
- 그리기 시작하기
- 그리기 멈추기
- 붓의 색을 ☐ (으)로 정하기
- 붓의 색을 무작위로 정하기
- 붓의 굵기를 1 만큼 바꾸기
- 붓의 굵기를 1 (으)로 정하기
- 붓의 투명도를 10 % 만큼 바꾸기
- 붓의 투명도를 50 % 로 정하기
- 모든 붓 지우기

가 글상자

- 글상자 글상자▾ 의 내용
- 엔트리 라고 글쓰기
- 엔트리 라고 뒤에 이어쓰기
- 엔트리 라고 앞에 추가하기
- 텍스트 모두 지우기

판단

- 마우스를 클릭했는가?
- q▾ 키가 눌러져 있는가?
- 마우스포인터▾ 에 닿았는가?
- 10 = 10
- 10 > 10
- 10 < 10
- 10 ≥ 10
- 10 ≤ 10
- 참 그리고▾ 참
- 참 또는▾ 거짓
- 참 (이)가 아니다

계산

10 + 10 / 10 - 10 / 10 x 10 / 10 / 10 / 0 부터 10 사이의 무작위 수

마우스 x▾ 좌표 / 엔트리봇▾ 의 x 좌푯값▾ / 소릿값 / 10 / 10 의 몫▾ / 10 의 제곱▾

초시계 값 / 초시계 시작하기▾ / 초시계 숨기기▾ / 현재 연도▾ / 엔트리봇▾ 까지의 거리

강아지 짖는 소리▾ 소리의 길이 / 사용자이름 / 엔트리 의 글자 수 / 안녕! 과(와) 엔트리 를 합치기

안녕 엔트리! 의 1 번째 글자 / 안녕 엔트리! 의 2 번째 글자부터 5 번째 글자까지의 글자

안녕 엔트리! 에서 엔트리 의 시작 위치 / 안녕 엔트리! 의 안녕 을(를) 반가워 로 바꾸기 / Hello Entry! 의 대문자▾

자료

안녕! 을(를) 묻고 대답 기다리기 / 대답 숨기기▾ / 영어단어 목록▾ 의 1 번째 항목

10 항목을 영어단어 목록▾ 에 추가하기 / 1 번째 항목을 영어단어 목록▾ 에서 삭제하기

10 을(를) 영어단어 목록▾ 의 1 번째에 넣기 / 영어단어 목록▾ 에 10 이 포함되어 있는가?

영어단어 목록▾ 1 번째 항목을 10 (으)로 바꾸기 / 영어단어 목록▾ 항목 수

리스트 영어단어 목록▾ 보이기 / 리스트 영어단어 목록▾ 숨기기 / 대답 / 변수▾ 값

변수▾ 에 10 만큼 더하기 / 변수▾ 를 10 (으)로 정하기 / 변수 변수▾ 보이기

함수

함수 정의하기 함수 / 함수 / 이름 / 문자/숫자값 / 판단값 / 이름 10 참

소리

소리 강아지 짖는 소리▾ 재생하기 / 소리 강아지 짖는 소리▾ 1 초 재생하기 / 모든 소리 멈추기

소리 강아지 짖는 소리▾ 1 초 부터 10 초까지 재생하기 / 소리 강아지 짖는 소리▾ 재생하고 기다리기

소리 강아지 짖는 소리▾ 1 초 재생하고 기다리기 / 소리 크기를 10 % 만큼 바꾸기

소리 강아지 짖는 소리▾ 1 초 부터 10 초까지 재생하고 기다리기 / 소리 크기를 10 % 로 정하기

엔트리 블록코딩 100제

1판 1쇄 펴냄 2021년 9월 10일
1판 3쇄 펴냄 2024년 1월 25일

지은이 김현정

주간 김현숙 | **편집** 김주희, 이나연
디자인 이현정, 전미혜
마케팅 백국현(제작), 문윤기 | **관리** 오유나

펴낸곳 궁리출판 | **펴낸이** 이갑수

등록 1999년 3월 29일 제300-2004-162호
주소 10881 경기도 파주시 회동길 325-12
전화 031-955-9818 | **팩스** 031-955-9848
홈페이지 www.kungree.com
전자우편 kungree@kungree.com
페이스북 /kungreepress | **트위터** @kungreepress
인스타그램 /kungree_press

ISBN 978-89-5820-671-2 03560

책값은 뒤표지에 있습니다.
파본은 구입하신 서점에서 바꾸어 드립니다.